生态环境管理研究

范帆◎著

中国原子能出版社
China Atomic Energy Press

图书在版编目（CIP）数据

生态环境管理研究 / 范帆著. -- 北京 : 中国原子能出版社, 2021.6

ISBN 978-7-5221-1452-1

Ⅰ. ①生… Ⅱ. ①范… Ⅲ. ①生态环境—环境管理—研究—中国 Ⅳ. ①X321.2

中国版本图书馆CIP数据核字(2021)第117895号

生态环境管理研究

出版发行	中国原子能出版社（北京市海淀区阜成路 43 号　100048）
责任编辑	刘 佳
印　　刷	廊坊市蓝海德彩印有限公司
经　　销	全国新华书店
开　　本	787 mm × 1092 mm　1/16
字　　数	280 千字
印　　张	15
版　　本	2021 年 6 月第 1 版　2022 年 9 月第 2 次印刷
书　　号	ISBN 978-7-5221-1452-1
定　　价	80.00 元

前　言

环境生态学是生态学和环境科学之间的交叉学科，是生态学的重要应用学科之一。环境生态学是研究人类干扰下生态系统内部变化机制和规律以及对人类的不利影响，寻求被破坏生态系统恢复、重建和保护对策的一门科学。即用生态学的理论来阐明人与环境的相互作用，用生态学的方法来解决环境问题。

为了保护生态环境，防止建设项目在建设和运营过程中造成的生态破坏，促进社会、经济和生态的可持续发展，有必要开展生态环境管理。生态环境管理是政府环境保护部门根据国家和地方政府制定的有关自然资源和生态保护的法律、法规、规章、技术规范和标准进行的一项技术性很强的行政工作。有效管理自然资源开发项目的生态环境影响是其日常工作的重要组成部分。

生态环境管理目的是为了保护生态环境，防止建设项目在施工和运行期间引起的生态破坏，促进社会的、经济的和生态的可持续发展。具体地讲，建设项目的生态环境管理是为了：保护自然资源，保护自然资源的可持续供给能力；保护生物多样性，特别强调保护珍稀、濒危物种和脆弱的生态系统；为消除或削减建设项目可能引起的生态影响而制定行之有效的防护、补偿、替代、恢复的管理方案，使“谁开发谁保护、谁破坏谁恢复、谁利用谁补偿”的政策能在建设项目的生态管理过程中得到全面落实。

由于编者水平有限，书稿难免存在一定的不足与缺陷，希望广大读者多提宝贵意见，以便我们不断改进和完善。

目 录

第一章 生态系统与生态平衡保护

第一节 生态系统的概念

一、什么是生态系统

生态系统的定义是在给定的时空内，相关的生物和其生存环境之间的相互作用，以及生物和生物之间的相互作用，两者之间通过物质的循环、能量的流动以及它们之间的信息交换组成一个有着紧密联系的自然整体。

生态系统属于一个范围较大的概念，任何生物群体和它们的生存环境都是一个完整的生态系统。生态系统的范围大小不一，小的话可以是一个水滴、一抔黄土、一块绿地、一个池塘等等，大范围的生态系统可以是到一座城市、一个地区、一条流域、一个国家、甚至包含着整个的生物圈。

二、生态系统分类

在地球上有很多的生态系统类型，根据不同的划分依据可以将其划分成不同的种类。

（一）按生态系统形成的动力和影响进行分类

按照这个分类元素的话，生态系统会被分为三类：自然生态系统、半自然生态系统和人工生态系统。

所有不受人类干预和支持并且依赖于生物体和环境的自我调节能力，在一定时空范围内保持相对稳定的生态系统的都是自然生态系统。例如原始森林、冻原、海洋生态系统等。

根据人类生存需求进行建立，受到人类活动强烈干扰的生态系统属于人工生态系统，例如城市、农田、人工林和人造气候室等等。

一些受到人类干预但还是保持一定自然状态的生态系统是半自然生态系统，例如由人类管理的天然草地和天然森林。

（二）根据环境性质和生态系统的形态特征进行分类

按照这个分类的标准，可以将其划分为以下两种类型：水生生态系统、陆生生态系统。

根据水体的物理和化学特性，水生生态系统又可以分为淡水生态系统、海洋生态系统和湿地生态系统三种类型。淡水生态系统分为流水生态系统（例如河流生态系统）和静水生生态系统（例如湖泊生态系统）；海洋生态系统可分为沿海生态系统、浅海生态系统、珊瑚礁生态系统和远洋生态系统；湿地生态系统是水生生态系统与陆地生态系统之间的过渡生态系统。

根据纬度和环境因素（例如阳光，湿度和热量），陆地生态系统分为很多种类型，主要有：森林生态系统（例如温带针叶林和温带落叶林生态系统、热带森林生态系统）、草地生态系统、荒漠生态系统、苔原生态系统（例如极地苔原生态系统，高山苔原生态系统）、农田生态系统、城市生态系统等多种类型。

三、生态系统的三个共同特征

（一）能量流动、物质循环和信息传递功能

生态系统具有三个主要功能：能量流动、物质循环和传递信息。

众所周知的是，太阳属于地球上所有生态系统的能量来源，借助光合作用，绿色植物吸收太阳能，将其固定在它们产生的有机物中；食草动物吃掉植物后，会从植物中获取部分能量来生长、发育和繁殖；食肉动物捕食食草动物后，便从草食动物身上获取能量，经过这种传递流程，能量就从低营养水平转移到了高营养水平。

生态系统的第二大功能就是物质循环，它指的是在生物群落与无机环境之间的组成生物体基本元素（如碳、氢、氧、氮等）的不间断的周期性运动。由于物质循环的全球性质，它也称为生物地球化学循环，或简称为生物地化循环。物质循环的特征包括基本元素的循环和反复的周期性运动。

对于沟通生物群落与其生存环境之间以及生物群落中各种生物之间的关系来说，生态系统信息的传递有着十分关键的作用。这些传递的信息包括营养信息、物理化学信息行为信息，它们最终通过基因和酶的作用，通过激素和神经系统反映出来，对调节生态系统发挥着关键的影响。

（二）具有自我调节能力

生态系统还有自动调整和恢复稳定状态的能力。它的组成越多样化，能量流和物质循

环的路径就会愈加繁复，这种可调节性就越强。相反，生态系统的组成越单一，结构越简单，它的可调节性就会越小。但是，这种能力也有一定范围，超过该范围将无法进行调节，生态系统将被破坏。导致生态系统失调的三个主要因素是：种族构成发生变化、环境因素发生变化、信息系统遭到破坏。

对生态系统自我调节能力的研究可以为人类制定环境标准和实施环境科学管理奠定前提条件。

（三）动态系统

生态系统是一个动态的开放系统，可以在系统内或不同生态系统之间转移能量、材料和信息。

第二节　生态系统的组成与结构

一、生态系统的组成

我们可以将生态系统的构成分成有生命和无生命成分两部分。

（一）无生命成分

在生态系统中，无生命成分包括太阳辐射能、二氧化碳、水、有机质以及气候等物理条件，这些条件中的太阳辐射能是生物代谢产生的能源，而二氧化碳等物质属于生物代谢的材料。

在整个生态系统中，无生命成分发挥着重要的作用，它是一些生物生存的必要环境，同时它还为这些生物的成长和发育提供了必要的营养来源。

有生命和无生命的成分在同一时间和空间中形成一个有机的单元结构。在这个结构中，能量和物质之间存在着一种转换的关系，在特定的前提条件下保持相对平衡的状态。

（二）生命成分

生物群落是生态系统中最主要的组成部分。虽然在整个生存空间中存在着数以万计的生物物种，按照它们获取生存资源和能量以及它们在能量流动和物质循环中所扮演的角色，我们可以将这些生物物种分为三种类型：生产者、消费者和分解者。

1. 生产者

生产者是一种自养生物，可以通过简单的无机物质制作食物，主要包括所有的绿色植物，一部分藻类和一些合成细菌等等。

以上所提及的这些生物可以根据光合作用从无机物质（例如水和二氧化碳）中合成有机化合物（例如碳水化合物，蛋白质和脂肪），可以把太阳辐射产生的能量转换为化学能，该化学能以合成有机物质的分子键形式存储。植物的光合作用只能借助阳光在植物的叶绿体内产生。当绿色植物合成蛋白质和脂肪时，它们需要15种以上的元素和无机物质，例如氮，磷，硫和镁等。通过光合作用，生产者不仅为其生存、生长和繁殖提供营养和能量，而且他们生产的有机物质是消费者和分解者的唯一能源。生态系统的消费者和分解者都在一定程度上直接或间接依赖于生产者。没有生产者，就不会有消费者或分解者的存在。

2. 消费者

归根结底，消费者主要是以植物作为生存的必需品的。直接将植物作为食物的动物被称为草食动物或一级消费者，例如蝗虫，兔子和马等。吃草食动物的动物被称为食肉动物或二级消费者，例如吃兔子的狐狸和吃羚羊的狮子。此外，还有三级消费者和四级消费者，以及最顶级的肉食动物。消费者还包括同时吃植物和动物的一部分杂食动物。有些鱼是杂食动物。它们主要以藻类、水生植物和无脊椎动物为食。也有许多动物的饮食习惯会随着季节和年龄的变化会有所不同。蔽日常见的麻雀，它在秋冬季节主要是以植物为作为生存的基础资源，然而夏季繁殖的季节就会以一些昆虫作为能量来源。食碎屑者也是消费者的一种类型，这类消费者有一个较为明显的特征就是仅食用动植物的残骸。此外，消费者还包括寄生虫。寄生虫以其他生物的组织、营养物以及分泌物为食。综上所述，消费者主要指以其他生物为食的各种动物，包括食草动物、食肉动物、杂食动物和寄生动物。

3. 分解者

在生态系统中把没有生命体征的动植物分解成更为简单的化合物是分解者的主要任务，在最后会被分解为最简单的无机物质，这些物质会被释放到自然环境中，供生产者重新吸收。分解过程对于物质和能量的转换来讲是十分关键的，这就是为什么在任何生态系统种分解者是必不可少的存在元素。如果一个完整的生态系统中缺少这种生物的话，动植物的各种残骸就会迅速积累，对物质循环以及信息传递产生不可预估的影响，生态系统中的各种营养物质数量在短时间内就会迅速下降，从而使得整个生态系统迅速瓦解和崩溃。

因为有机物的降解过程是一个逐步降解的复杂流程，所以除了细菌和真菌两种外，其他以动植物废料和腐殖质为食的大小动物在整个过程中也起着重要作用。例如，秃鹰会吃大型动物的尸体，一些甲虫、白蚁、软体动物等会以朽木、粪便和腐烂物质为食物。有一些专家学者称这些动物为大分解者，而细菌和真菌则为小分解者。

不同种类的生态系统有着不同的特定组成部分。比如，在陆地生态系统中，生产者是各种各样的陆地植物，各种各样的陆地动物属于消费者，土壤微生物在整个生态系统中扮演着分解者的角色。在水生生态系统中，生产者是各种浮游植物和水生植物，漂浮植物和挺水植物也包括在内，各种水生动物就是消费者，包括浮游动物和底栖生物，各种水生微生物就相当于土壤微生物，都属于分解者。在不同类型的生态系统中，无生命部分也会有很多不同的地方。

二、生态系统的结构

（一）生态系统的形态结构

1. 空间配置

在整个生态系统中，各种动植物和微生物的种类和数量的空间分布形成了垂直和水平的两种结构。

森林生态系统的垂直结构在整个生态系统中是最为典型的，这种结构有着明显的分层。在地上的部分，从上到下有乔木层、灌木层、草本植物层和苔藓地衣层。乔木层顶部的叶子接收但非常充足的阳光，灌木层只能接受从乔木层透射的残留阳光。被灌木层再次减弱的阳光会被草本层使用，相当于人射光的1%～5%。穿过草本层到达苔藓地衣层的阳光通常仅约占入射光的1%。在地下部分的生物分为浅根系、深根系和根际微生物。动物与植物相比有着空间活动的能力，但动物的生存直接或间接取决于植物，所以在整个生态系统中，动物也附着在植物的各个层面上，并随着植物的分层而呈现出分层分布的现象。由于不同的饮食习惯，许多鸟类在林冠、树干、林下灌木和草丛中觅食和筑巢，许多野兽在地面上建造生存空间等。

2. 时间配置

同一生态系统在不同时期或不同季节都会表现出某些周期性的变化。例如，我国的长白山森林生态系统在冬天到处都是雪山，春天的时候冰雪都会融化，到处都是生机勃勃的景象。到了夏天的时候，到处都是鲜花，争奇斗艳；等到秋天的时候就又是一片金黄的景象。一年四个季节的定期变化构成了长白山森林生态系统的“季相”。

除了周期性的季节性变化外，这种不同的时间配置还表现为月相变化和昼夜周期性的变化，例如白天和黑夜蝴蝶和蛾会交替出现，以及部分鱼类会在白天和黑夜之间进行垂直迁移等等现象。

（二）生态系统的营养结构

生态系统中的生产者会为消费者和分解者提供一定的生存营养。消费者还可以为分解者提供生存营养。分解者将分解后的残骸转移到环境中，然后将其提供给生产者进行吸收和使用。由于不同生态系统的组成不同，营养结构的具体表现形式也会存在着差异。

1. 食物链

这个概念指各种生物之间的摄食关系。借助食物链，能量会在整个生态系统内传递。

根据各种生物类型之间的关系，食物链可分为以下四种：

首先，捕食食物链是指一个生物在吃另一个生物而构成的食物链，这两种生物都是有生命的。捕食食物链是以生产者作为食物链的起点。比如，植物——食草动物——食肉动物，这类型的食物链既存在于水中，也存在于陆地环境中。

其次，碎食食物链，这类型的食物链以碎食（树木的枯枝落叶等）为起点。该食物链的原始食物来源是碎食物。在细菌和真菌的作用下，高等植物叶片的碎片添加了小藻类，形成了碎屑状的食物。它的组成形式为：碎食物→碎食物消费者→小型肉食性动物→大型肉食性动物。在一片森林中，以食物残渣的形式会消耗掉90%的净生产。

第三，寄生食物链，主要是宿主和寄生虫组成。它从较大的生物逐渐发展为较小的生物，将大型动物作为起点，其次为小型动物、微型动物以及一些细菌和病毒。后者与前者具有寄生的关系。比如：会存在哺乳动物或鸟类→跳蚤→原生动物→细菌→病毒这样的食物链模式。

第四，腐生性食物链以动植物的残骸为起点。被分解的动植物残骸被土壤或水中的微生物分解并利用。两者之间属于腐生关系。

在生态系统中，不同类型的食物链有以下明显的特征：

首先，在同一个食物链中，通常存在多种生物，它们之间的饮食和其他生活方式都有存在部分差异。

其次，在一个生态系统中并不只有一条食物链，这些食物链之间的长度和营养数目都有差异。在一系列的取食与被取食的过程中，会有大量的化学能转化为热量，并在转化的过程中会耗散掉。所以在自然生态系统中，营养级的数量并不是没有限度的。在人工生态系统中，人们可以随意调整食物链的长度。

第三，在不同的生态系统中，食物链的比例各不相同。

第四，在任何生态系统中，各种食物链之间总是会一起产生某种影响。

2. 食物网

在整个生态系统中，食物营养关系非常的繁复。因为一种生物体经常吃几种食物，而几个消费者也同时会消费多种食物，因此食物链之间错综复杂，并且多个食物链连接在一起形成食物网。这种食物网不仅维持了生态系统的相对平衡，而且还促进了生物体的进化，成为自然世界发展与进化的驱动力。通常情况下，食物网越复杂，相对的生态系统就会越稳定；相反食物网越简单，生态系统不会很稳定。

3. 营养级和生态金字塔

营养级属于食物链中的一个关键环节。指的是食物链中同一环节所有生物的总数目。食物链的出现使人们清晰的了解到生物之间的垂直营养关系，而营养级的出现也表明了食物链中各个环节的水平联系。因此，营养级与各级生产者和消费者属于不同类型的概念，并且是从不同角度进行的划分。这个概念的建立为研究生态系统中生物之间的营养关系和分析能量流奠定了基础。

一般食物链的起点都是绿色植物和所有自养生物，也就是第一环节，构成了第一营养级。所有食用植物的动物，例如牛、兔子等，都是第二营养级，被叫做草食动物营养级。以食草动物为食的小型食肉动物，例如第三营养级的狐狸、老鹰等。像第三级消费者一样，大型食肉动物是第四营养级，依此类推，食物链中有几个环节，就会有几个营养级别。

在所有的生态系统中，从绿色植物开始，当能量沿着营养层流动时，每次通过一个营养层的数量都会引起能量的变化，这是由于对于所有级别的消费者而言，先前级别的某些有机物不适合消费或已经将能量分解完毕。摄入的一部分有机物以粪便的形式将其排泄在自然环境之中，另一部分被动物吸收和利用。在吸收和使用的部分中，很多的成分会用于呼吸代谢、维持生命，最后转化为热量消耗，仅剩下一小部分用于吸收，形成新的组织。因为存在这样的情况，第二营养级，也就是草食动物的产量会比第一营养级植物的产量少得多。按照这样的生产模式，第三营养级的产量会远小于第二营养级，第四营养级的产量会小于第三营养级等等。

第三节　生态系统的功能

一、能量流动

能量对于整个生态系统来说有着非常重要的作用，在所有的生命活动中能量属于前提条件。所有的生命活动都伴随着能量的变化。如果没有能量转换，就不会有生命或生态系统。能量转换是生态系统的重要功能之一，能量的传递和转化基于热力学的两个定律。

热力学的第一定律指的是：在自然界中发生的所有现象中，能量都不能被消灭或从无到有产生，它只能以严格相等的比例从一种形式转换为另一种形式。以此可以了解到，如果系统的能量发生变化，则环境的能量也必须相应地发生变化，两者之间的变化属于同向变化，生态系统与能量之间的关系也类似与此。生态系统中的生物借助光合作用增加的能量等于环境中太阳减少的能量，总能量仍然会保持不变。不同之处在于，太阳能转换为潜能，作为生态系统中能量的输入，这本身表现为生态系统对太阳能的影响。

对能量转移和转化进行重要概括的就是热力学第二定律。简而言之，在能量的传递和转换过程中，一部分能量可以继续传递和工作，还会有一部分是无法持续传递和做功，这一部分能量就会以热能的形式消散。比如蒸汽机的工作原理，燃煤时，一部分能量转化为蒸汽驱动机器工作，余下的一部分能量以热量的形式散发到周围的空间中。生态系统中也是如此，当某些生物将以能量作为食物时，在生物体之间就会进行能量传递时，食物中的相当一部分能量分解为热量并消散，其余的则用于合成新的组织，作为潜在的能量存储于生态系统中。

因此，一些动物利用食物中的潜力时，通常会将其大部分转化为热量，只有一小部分转化为新的潜能。所以每当能量在生物体之间传递的时候，很大一部分的能量就会分解为热量并耗散在周围的空间中。这也是食物链中环节和营养级通常不超过 5 ~ 6 个的具体原因。

二、物质循环

维持生命不仅取决于能源的供应，而且还取决于各种化学元素。在一般情况下，大多数生物的生命中会存在必不可少的 20 多种元素，除此之外只有少量的几种元素会辅助它们的日常生存，但是这些辅助元素对于某些生物来说就是必要的生存元素。一些生物所需的大量元素包括碳，氧，氢，氮和磷，其含量超过生物干重的 1%；有硫，氯，钾等，其含量占生物干重的 0.2% ~ 1%；还会有生物体中的溴、铬、钴、氟、镓等元素，这些元素的含量通常会小于生物体干重 0.2%。

生物地球化学循环可以分为水循环、气体循环和沉积循环几种类型。

（一）水循环

在生态系统中水循环所扮演的角色有着十分关键的影响，大多数生物的体内会含有 70% 的水分，而且水与各种生物之间的活动有着非常密切的联系。水在一个地方会侵蚀岩石，另一个地方又会将侵蚀物留下来，导致随时间推移会发生一些地理变化。在水域中携带的大量化学物质，包括各种盐和气体，这些化学物质进行反复的循环，对土地上各种养分的分布产生了很大的影响。此外，能量传递和利用的时候，水循环也会对其一定的作用。地球上大部分热能会被用来将冰融化成水，升高水的温度，然后将水变成蒸汽。

水循环的主要途径是通过蒸发从地表进入大气，同时又通过降水从大气返回地表。每年，地球表面的蒸发量和全球降水量是大致相似的，因此这两个相对的过程之间就会存在一种稳定的状态。而太阳在这个过程中扮演的是蒸发和降水的驱动力角色，同时它也是水循环的主要驱动力。地球表面主要有陆地和海洋两部分，陆地上的降水量一般会多于蒸发量，而在海洋中蒸发量会多于降水量。

全球的水循环对地球的热量平衡会有着关键的影响。地球上最大的热量出入存在于低纬度地区，相反最小的却是在北极地区。在38°至39°纬度的区域中，冷热的出入属于比较稳定的状态。高纬度的过冷将通过大气中的南北热量交换和温暖的洋流来缓解。从全球的角度来看，水循环显示了地球物理和地理环境之间的紧密相互作用。因此，在局部范围内考虑的水问题实际上属于全球性的大问题。一些地区的水管理计划会对整个地球产生相应的影响。问题的关键在于并不是缺乏落在地球表面的水，而是地球表面的水资源分配不均，这样的局面与人口的分布密度有着很大的关系。由于人类的一些活动会参与进水循环，自然界中可用的水资源大幅度减少，相应水的质量也大幅下降。就目前人类所面临的情况来看，水的自然循环已经补偿不了人类对水资源的不利影响。

（二）气体型循环

在气体循环中，大气和海洋就是物质的主要储存库，气体循环与大气和海洋之间的关系十分密切，并且在地球上都广泛存在，它的性能在三种循环中属于比较完备的一种，对于气体循环的物质，分子或某些化合物一般会以气态形式进行循环，这些物质包括氧、二氧化碳、氮、氯等等。

1. 碳循环

生物有机体的最有影响力的就是碳元素，碳循环在生态系统的稳定性有着十分关键的影响。

人类活动通过大量使用化石燃料对碳循环产生了关键作用，这种活动大概率也是目前气候发生重大变化的主要因素。大量的碳固结在岩石圈内。煤炭和石油是地球上两个最大的碳储存库，约占总碳数量的99.9%，煤炭和石油的碳含量为地球上生物碳含量远远不及煤炭和石油的碳含量。两个具有生物活性的碳库是水圈和大气。

许多元素都类似于碳，有大型不活动的地质储层（岩石圈等）和小型但具有生物活性的大气储层。比如水圈储层和生物储层。一些物质的化学形式通常取决于其所在的位置。比如，碳主要在岩石圈会以碳酸盐的形式存在，在大气中以二氧化碳和一氧化碳的形式存在，在水圈就会存在多种不一样的形式，生物库中会有数百种生物合成的有机材料。这些物质的存在会受多种不定因素的调整。

在风化和岩石融化、燃烧化石燃料和火山喷发的帮助下，岩石圈中的碳就会返回到大气和水圈。

一些植物借助光合作用从大气中吸收碳的速率与通过呼吸和分解将碳释放到大气中的

速率大致相同。大气中二氧化碳是主要的含碳气体，也属于参与循环的重要模式。这种循环的基本路径是从大气存储到动植物中，从动植物到分解者，最后回到大气圈的流程。在此循环中，大气是二氧化碳（以二氧化碳的形式）的储存器。由于大量的地理和其他因素会影响植物的光合作用（吸收二氧化碳的过程）和生物的呼吸作用（释放二氧化碳的过程），因此大气中二氧化碳的含量在不停的时间季节都会有着非常明显的变化。

2. 氮循环

氮是生物蛋白质和核酸的主要成分，所以在生物学中氮与碳、氢和氧同等重要。氮在全球环境中以多种不同的形式存在，而这些转化形式就构成了氮循环。氮的生物地球化学循环流程十分的繁复，循环性能相比于气体循环中的碳循环而言要更加的完备。氮循环与碳循环之间有着很多的相似点，但也存在着一些明显的差异。

尽管大气中含有79%的氮气，但是普通的生物都无法直接进行使用，这些生物需要借助固氮作用与氧气结合形成硝酸盐和亚硝酸盐，或者与氢气相结合形成氨气之后才可以作为生物生存的能量来源。

工业上在高温高压下将 N_2 和 H_2 合成为 NH_3，每年通过这种途径固定的氮有 2.5×10^7 t左右。

氮可以在自然界中固定，全世界自然界中固定的氮量每年都会有 10^8 多t，远远多于工业固氮的数量。在自然界中的固氮作用10%是借助雷电或火山活动、工业燃烧、森林火灾等途径，而90%是通过微生物的作用完成的。一部分微生物利用含氮化合物固定空气中游离的氮，这种固氮过程被称为生物固氮。植物吸收铵或硝酸盐之后会将其转化为含氮有机物。

土壤中氮的主要来源就是动植物和微生物的残留物和粪便。但是，植物不能直接使用这些占土壤含氮量为90%的有机材料。土壤中存在者少量的各种氨基酸，这些氨基酸是某些微生物的腐烂或植物根系分泌物引起的。植物的根可以吸收这些氨基酸。土壤有机氮借助土壤微生物的氨化作用会将土壤有机氮转化成 NH^{4+}。通过细菌的硝化作用氨又可以氧化成硝酸盐。植物根系都可以直接吸收和利用 NH^{4+} 和 NO^{3-}。土壤中的硝酸盐可通过一些厌氧细菌的反硝化转化为 N_2 并从土壤中逸出。

3. 硫循环

这种气体循环属于一种比较繁复的元素循环，它可以是沉积类型，同时又是气体循环类型。含硫的气态化合物（如二氧化硫）对硫循环的影响并不是很大。硫循环中的停滞阶段多于气体循环中的停滞阶段，最明显的是海洋和大陆深水湖的沉积层，一些生物可以从氨基酸（有机硫）中吸收所需的硫元素，但是大部分的生物都可以从无机硫酸盐中直接获得硫元素。

化石燃料的不完全燃烧会向大气中引入二氧化硫，这种循环就会对空气产生非常严重的污染。大气圈中的氧化硫、二氧化硫和元素硫可以进一步氧化形成三氧化硫，三氧化硫与水结合就会形成硫酸，雨水中含有硫酸就会形成酸雨，进而对人类以及其他生物的生存带来非常不利的影响。

三、信息传递

生态系统中有四种主要类型的信息传递。

1. 物理信息

这种信息传递包括声音、光线和颜色等等。此类信息通常具有吸引异性、识别物种、威胁和警告的作用。比如，毒蜂的彩色图案和野兽的吼声都表示警告和威胁，萤火虫用闪烁的灯光识别其同伴，红三叶草花的颜色和形状是向当地大黄蜂和其他昆虫发出的信息。

2. 化学信息

生命有机体依靠自身代谢产生的化学物质（例如酶，生长激素和性诱导剂）来传递信息。在非洲草原上，狼会使用尿液来划分自己的领土，因为尿液中带有狼的特殊气味，这种气味会对其他狼传递一种警告的信息：前边属于我的领地范围，当心，不要进来。许多动物一般都会分散居住，在繁殖期间就会雌性动物会根据雄性动物散发的独特气味而聚集在一起以繁殖后代。一部分食肉性动物也会以同样的方式进行繁殖。例如，在我国南部生长的猪笼草，这种植物就是利用叶上部的一个“罐子”分泌花蜜，以此来诱惑其他的昆虫进行捕食。

3. 营养信息

对于某些生物物种来说食物和营养的可获得性也属于一种信息，每个食物链都是一个完整的营养信息系统。在食物链“草本植物→田鼠→老鹰”中，老鹰将田鼠作为自己的食物来源，田鼠就属于老鹰的营养信息。如果有的地方田间老鼠数量比较多的情况下，那么这个地方同样就会有更多的鹰，而如果田间老鼠的数量不足以供养多数老鹰的时候，一些老鹰就会到其他地方去寻找食物。

4. 行为信息

这种类型的信息传递是动物使用独特行为来表达感知、威胁、挑战和传播信息。比如，地甫鸟找到天敌后，雄鸟的起飞速度就会比平时快很多，并且会拍打翅膀向雌鸟发出危险的信号。蜜蜂可以使用独特的“舞蹈动作”向其他蜜蜂传达诸如食物位置和路线之类的信息。

第四节 生态平衡

一、生态平衡的概念

生态系统并不是静态不变的，它是处于一个不断发展变化的状态下的，所有生态系统的结构和功能是彼此依赖完善的，因此生态系统的各个组成部分在一定时间内通过限制、转换、补偿和反馈达到最佳的平衡状态，并具有较高的生产效率，物质以及能量的输入和输出几乎是相同的，物质的存储相对会比能量稳定，信息自由控制、传输顺畅，在外部干扰下，可以凭借自身调整恢复到其原始的稳定状态，这就是生态平衡的相关定义。

因为生态系统的能量和物质循环会不断的发展，生态系统的各个组成部分以及它们所处的环境都会随之不断发生变化，一些自然因素和人类的活动都会影响生态系统的平衡稳定。因此，生态系统的平衡属于相对、暂时的动态平衡。

生态系统的发展过程可以分为三个系统状态：第一是早期的生态系统，即能量的输入多于输出，系统内部的物质会不断地增加，属于物质的增长系统。第二是处于稳定状态的成熟生态系统；第三就是老化的生态系统，能量的输出大于输入，系统内的物质会不断下降，生产力大不如前，且生存环境会持续恶化，导致特定的生物种群迁移、或者死亡，原来的平衡稳定状态被破坏，从而使得生态系统的逆行演替或直接崩溃。

二、生态系统的自我调节

生态系统具有一定程度的灵活性，因此具有自我协调的能力。如果生态系统中的某些环节在可接受的范围内发生改变，则可以通过整个系统的适当调整以使其保持相对的平衡稳定，甚至在受到一点破坏后也可以进行自行恢复。

通常，人工构建的生态系统具有成分简单、结构单一、没有较好的自我调节能力、对剧烈干扰敏感的特点。生态平衡一般情况下都是脆弱的，就会受到破坏。相反，当生物群系种类多样，食物链比较复杂，能量和物流的循环有多种渠道时，系统的自我调节能力很强，相对的生态平衡也就比较容易进行维护。

三、生态阈限

在上文中虽然提及了生态系统的自我调节能力，但是这种能力只是局限于一定范围内或者是特定的条件下才会起到作用，当外部干扰很大并且超过了生态系统本身的协调能力时，生态平衡就会受到破坏。这其中的限度就称为生态阈限。

这个临界限度对环境的质量以及生物的数量起着至关重要的影响。在临界值的范围内，生态系统可以承受一定程度的外部压力和影响，具有一定的自我调节能力。如果超出了这个临界值，生态系统的自我调节将不会对环境以及生物产生影响，生态系统也难以恢复到其原始的生态平衡。生态系统的成熟度是这个临界值大小的决定性因素，如果生态系统越成熟，组成越多，营养结构越复杂，稳定性越高，并且对外部压力或冲击的抵抗力也越大的情况下，这个临界值也就较高，相反如果是在一个人工建造的生态系统中，这个临界值就会相对偏低。

生态系统中最活跃、最活跃的元素是进化程度最高的人类，他的一些活动对生态系统的相对平衡性有着越来越重要的影响。人类会利用强大的技术来改变生态系统，其目的是获取更多的资源。但是，由于非理性的开发和利用，自然环境会因为人类的所有行为对其进行报复。在第一阶段的每次胜利实际上都获得了我们预期的结果，但是在第二阶段和第三阶段却完全不同，出现了意想不到的效果，并且常常取消了第一结果。

当外部的一些干扰大幅度超过了生态系统的临界值，并且生态系统的自我调节能力已经不能抵抗所面对的压力，且无法恢复到其原始的平衡状态时，这种现象就称为“生态失调”。

生态失调的基本迹象可以体现在生态系统结构和功能的各个层面上，例如一个或几个组成部分的缺陷、生产者或消费者结构发生改变以及能量转化的渠道受到阻碍和食物链会受到破坏。

第二章　环境管理的理论基础

第一节　可持续发展理论

一、可持续发展的内涵

（一）突出发展的主题

发展与经济增长有根本区别，是集社会、科技、文化、环境等多项因素于一体的完整现象。作为一个国家或区域内部经济和社会制度的必经过程，它以所有人的利益增进为标准，以追求社会全面进步为最终目标，是人类共同的和普遍的权利，发达国家和发展中国家都享有平等的不容剥夺的发展权利。

（二）发展的可持续性

自然资源的存量和环境的承载能力是有限的，这种物质上的稀缺性和在经济上的稀缺性相结合，共同构成经济社会发展的限制条件。在经济发展过程中，当代人不仅要考虑自身的利益，而且应该重视后代人的利益，要兼顾各代人的利益，为后代的发展留有余地。

（三）人与人关系的公平性

当代人在发展与消费时应努力做到使后代人有同样的发展机会，同一代人中一部分人的发展不应当损害另一部分人的利益。

（四）人与自然的协调共生

可持续发展要以保护自然为基础，与资源和环境的承载能力相协调。因此，发展的同时必须保护环境，包括控制环境污染、改善环境质量、保护生命保障系统、保护生物多样性、保持地球生态的完全整性、保证以持续的方式使用可再生资源，使人类的发展保持在地球承载能力之内。

二、可持续发展的主要原则

（一）公平性原则

公平性原则是指机会选择的平等性，具有三方面的含义：一是指代际公平性；二是指同代人之间的横向公平性，可持续发展不仅要实现当代人之间的公平，而且也要实现当代人与未来各代人之间的公平；三是指人与自然、与其他生物之间的公平性。这是与传统发展的根本区别之一。各代人之间的公平要求任何一代都不能处于支配地位，即各代人都有同样选择的机会和空间。

（二）可持续性原则

可持续性原则的核心指的是人类的经济和社会发展不能超越资源与环境的承载能力。即可持续发展的"限制"因素，没有限制就不能持续。资源的持续利用和生态系统可持续性的保持是人类社会可持续发展的首要条件。人类的发展活动必须以不损害地球生命保障系统的大气、水、土壤、生物等自然条件为前提。可持续发展要求人们根据可持续性的条件调整自己的生活方式，在生态可能的范围内确定自己的消耗标准。因此，人类应做到合理开发和利用自然资源，保持适度的人口规模，处理好发展经济和保护环境的关系。

（三）共同性原则

地球是一个复杂的系统，每个国家或地区都是这个巨系统中不可分割的子系统。系统的最根本特征是其整体性，每个子系统都和其他子系统相互联系并发生作用，任何一个系统发生问题，都会直接或间接影响到其他系统的紊乱，甚至会诱发系统的整体突变，这在地球生态系统中表现最为突出。

三、可持续发展的核心理论

可持续发展的核心理论尚处于探索和形成之中，目前已具雏形的流派大致可分为以下几种：

（一）资源永续利用理论

资源永续利用理论流派的认识论基础在于：人类社会能否可持续发展决定于人类社会赖以生存发展的自然资源是否可以被永远地使用下去。基于这一认识，该流派致力于探讨使自然资源得到永续利用的理论和方法。

（二）外部性理论

外部性理论流派的认识论基础在于：环境日益恶化和人类社会出现不可持续发展现象和趋势的根源，是人类迄今为止一直把自然（资源和环境）视为可以免费享用的“公共物品”，不承认自然资源具有经济学意义上的价值，并在经济生活中把自然的投入排除在经济核算体系之外。

（三）财富代际公平分配理论

财富代际公平分配理论流派的认识论基础在于：人类社会出现不可持续发展现象和趋势的根源是当代人过多地占有和使用了本应属于后代人的财富，特别是自然财富。基于这一认识，该流派致力于探讨财富（包括自然财富）在代际之间能够得到公平分配的理论和方法。

（四）三种生产理论

人与环境组成的世界系统本质上是一个由人类社会与自然环境组成的复杂巨系统，在这个世界系统中，人与环境之间有着密切的联系。这种联系体现在二者之间的物质、能量和信息的交换和流动上。在这三种关系中，物质的流动是基本的，它是另外两种流动的基础和载体。在物质运动这个基础层次上，它还可以进一步划分为三个子系统，即物质生产子系统、人口生产子系统和环境生产子系统。需要注意的是，在这里之所以不把三个子系统称为物质系统、人口系统和环境系统，是因为这样命名只表述出了这三个子系统组成要素的静态类型，不能反映出各子系统内在的运动本质，进而也无助于研究和把握整个世界系统的运动变化规律。事实上，整个世界系统的运动与变化取决于这三个子系统自身内在的物质运动，以及各子系统之间的联系状况。

四、可持续发展的措施

经济发展方面，要按照“在发展中调整，在调整中发展”的动态调整原则，通过调整产业结构、区域结构和城乡结构，积极参与全球经济一体化，全方位逐步推进国民经济的战略性调整，初步形成资源消耗低、环境污染少的可持续发展国民经济体系。

社会发展方面，要建立完善的人口综合管理与优生优育体系，稳定一胎或二胎的低生育水平，控制人口总量，提高人口素质。建立与经济发展水平相适应的医疗卫生体系、劳动就业体系和社会保障体系，大幅度提高公共服务水平，建立、健全灾害监测预报、应急救助体系，全面提高防灾减灾能力。

资源保护方面，要合理使用、节约和保护水、土地、能源、森林、草地、矿产、海洋、气候、矿产等资源，提高资源利用率和综合利用水平；建立重要资源安全供应体系和战略资源储备制度，最大限度地保证国民经济建设对资源的需求。

生态保护方面，要建立科学、完善的生态环境监测、管理体系，形成类型齐全、分布合理、面积适宜的自然保护区，建立沙漠化防治体系，强化重点水土流失区的治理，改善农业生态环境，加强城市绿地建设，逐步改善生态环境质量。

环境保护方面，要实施污染物排放总量控制，开展流域水质污染防治，强化重点城市大气污染防治工作，加强重点海域的环境综合整治。加强环境保护法规建设和监督执法，修改、完善环境保护技术标准，大力推进清洁生产和环保产业发展。积极参与区域和全球环境合作，在改善我国环境质量的同时，为保护全球环境做出贡献。

能力建设方面，要建立、完善人口、资源和环境的法律制度，加强执法力度，充分利用各种宣传教育媒体，全面提高全民可持续发展意识，建立可持续发展指标体系与监测评价系统，建立面向政府咨询、社会大众、科学研究的信息共享体系。

第二节　管理科学理论

一、管理学的定义

管理作为一门科学起源于19世纪末20世纪初的美国，然而管理活动却和人类的历史一样悠久。可以说，自从有了人类活动就有了管理，管理是随着生产力的发展而发展起来的。

一般说来，管理是一个非常重要的关于人类活动的组织、协调、控制、目标的活动和过程。正如人们能够感受到的那样，一个单独的人不会需要管理，但当两个人共同工作时就存在着为实现共同目标所需要的意志、力量的协调。可见，凡是在由两人或以上组成的、需要通过协调达到一定目的的组织中就存在着管理工作。大到管理世界、管理国家、管理政府、管理企业、管理学校、管理医院，小到管理家庭、管理子女、管理自己，以及管理自己的事业、行为、时间、精力、财富等。

二、管理学的研究方法

（一）系统分析法

管理学是一个系统性很强的科学，它研究的对象是一个复杂的大系统，只有用系统的方法才能提炼出它的客观规律性和相互关系的内在联系性。

（二）借鉴与创新相结合的方法

管理学是正在建设与发展的一门学科，需要吸取历史的和外国的理论与经验，同时还必须有所创造、发展，才能使管理学不断丰富、提高和更加完善。

（三）定性与定量分析相结合的方法

在研究中把定性与定量结合起来，可以克服这两种方法各自的局限性，得到更为科学的结论。

（四）综合性研究方法

管理学原理是一门交叉性边缘学科，与其他一些科学密切联系，应吸取和运用其他科学的研究成果，使本学科得以发展和提高。

三、管理的作用

管理活动具体表现在管理的各项职能中，管理通过其职能行为来发挥它的作用。管理的作用可以归结为以下两点，即维持组织的存在和提高组织的效率。

（一）管理可以维持组织的存在

由于组织是由个人和部门构成的，而部门和个人又都有自身特殊的利益和目标，且个人的目标和组织的整体目标并非天然的一致，有时甚至相反，因而难免发生诸如个人利益和部门利益之间、个人利益之间、部门利益与组织整体利益之间的冲突。利益和目标冲突必然导致行为冲突，如不进行有效的化解，冲突的结果将导致组织的生存危机。管理就是将个人利益或部门利益与组织利益有机地结合起来，使个人和部门在实现组织利益的行动中同时实现自身利益。

（二）管理可以提高组织的效率

所谓组织的效率，是指组织活动达到组织目标的有效性。一般来说，组织具有不同于其各组成部分的独立目标，该目标实现的程度取决于组织内部的协调程度。管理就是通过种种手段和途径使组织内部各部门、各成员的行为协调起来，以最低的成本、最快的速度实现组织目标。任何组织都有自己的目标，而实现目标是要耗费一定资源的。在当代社会中，以最少的资源投入获得最大的产出，是每一个组织都必须遵循的原则。

四、管理的职能

管理具有哪些具体职能？这一问题经过了许多人近一百年的研究，至今还是众说纷纭。法约尔提出管理的职能应包括以下几个方面：

（一）计划

计划是管理的首要职能，是事先对未来行动所做的安排，它体现了管理活动的有意识性。计划是从我们现在所处的位置到达将来预期的目标之间架起的一座桥梁，有了计划就能将不能成为现实的事物变成现实。虽然计划不能准确地预测将来，而难以预见的情况可能干扰编制出来的最好计划，但是，如果没有计划，工作往往陷于盲目，或者碰运气。为完成任务创造环境时，最重要的和基本的因素莫过于使人了解他们完成目标相应需要完成的任务，以及为完成目标和任务所应遵循的指导原则。如果想使集体的努力有成效，人们必须了解期待他们完成的工作任务是什么。计划包括计划的编制、执行和检查。

（二）组织

组织是法约尔提出的管理的第二个要素，就是为企业的经营提供所必要的原料、设备、资本和人员。组织分为物质组织和社会组织两大部分，管理中的组织是社会组织，只负责企业的部门设置和各职位的安排以及人员的安排。有的企业资源大体相同，但是如果它们的组织设计不同的话，其经营状况就会有很大的差异。

（三）指挥

计划与组织工作做好了，还不一定能够保证组织目标的实现，因为组织目标的实现要依靠组织全体成员的努力。配备在组织机构中各个岗位上的人员，由于各自的个人目标、需求、喜好、性格、素质、价值观及工作职责和掌握信息量等方面存在很大差异，在相互合作中必然会产生各种矛盾和冲突。因此就需要有权威的领导者进行指挥，指导人们的行为，沟通人们之间的信息，增强相互之间的理解，统一人们的思想和行动，激励每个成员自觉地为实现组织目标共同努力。

管理的指挥职能是一门非常奥妙的艺术，它贯穿在整个管理活动中。不仅组织的高层领导、中层领导要实施指挥职能，基层领导，如工厂的车间主任、医院的护士长也担负着指挥职能，都要做人的工作，重视工作中人的作用。指挥工作相对工作人员施加影响，使他们对组织和集体的目标做出贡献。这主要涉及管理工作的群众关系方面，主管人员面临的最重要问题都来自群众，有效的主管人员也应该是有作为的领导人。由于指挥意味着服从，而大家往往追随那些能满足大家需要、愿望和要求的领导人，所以指挥必然包含激励、领导作风和方法以及信息交流。

（四）协调

协调就是指企业的一切工作者要和谐地配合，以便于企业经营的顺利进行，并且有利于企业取得成功。协调就是让事情和行动都有合适的比例，就是方法适应于目的。

（五）控制

法约尔认为，控制就是要证实企业的各项工作是否已经和计划相符，其目的在于指出工作中的缺点和错误，以便纠正并避免重犯。对人可以控制，对活动也可以控制，只有控制才能保证企业任务的顺利完成，避免出现偏差。当某些控制工作显得太多、太复杂、涉及面太大，不易由部门的一般人员来承担时，就应该让一些专业人员来做，即设立专门的检查员、监督员或专门的监督机构。从管理者的角度看，应确保企业有计划，而且要反复地确认修正控制，保证企业社会组织的完整。由于控制适合于任何不同的工作，所以控制的方法也有很多种，有事中控制、事前控制、事后控制等。企业中控制人员应该具有持久的专业精神和敏锐的观察力，能够观察到工作中的错误并及时地加以修正；要有决断力，当有偏差时，应该决定该怎么做。做好这项工作也很不容易，控制也是一门艺术。

五、环境管理的特点及其复杂性

环境问题，广义还包括资源问题、生态问题、能源问题等，是人类社会面临的最重大和最困难的挑战之一。环境管理、资源管理、生态管理都是管理科学的重要研究领域，也是人类社会面临的最为重要和复杂的管理活动之一。

环境管理的核心是管理“人作用于环境”的行为，这一特点决定了环境管理一方面涉及人类行为的复杂性，另一方面也涉及自然环境的复杂性。

形形色色的人类社会行为构成了一个复杂的、多维的人类社会行为“空间”。在这个复杂的多维空间中，环境管理行为处于一种特殊的位置，它肩负着把各种各样的社会行为有序、有效地组织起来的任务。因此环境管理必须能够处理好符合人类长远、根本利益的人与环境的关系，同时也要处理好各种不同的人群在各个不同方面的表现在不同时空上的利益冲突，这是一项极为重要也是极其复杂的工作。

六、管理学理论在环境管理学上的应用前景

在理论方面，环境管理的理论主要来自于环境科学，而管理科学的许多成熟的理论和

方法还没有在环境管理学理论和方法中得到应用，如信息不对称、风险管理、博弈、和谐等概念和方法，在环境管理学的理论和方法中还很少见。而作为管理科学的一个分支，环境管理学与其他分支，如工商管理、公共管理等相比，还没有被纳入管理科学研究的主流当中。环境管理学还是一门靠知识和经验简单堆积在一起而形成的学科，还缺乏理论的总结提炼以至于升华。

在研究方法方面，环境管理学也是较多采用环境科学的方法，如环境监测、调查、预测、评价、规划等，而较少采用规范的管理科学研究方法，如假设、模型、验证、实证、实验等，这与国内外主流的管理科学的研究范式和研究方法还有较大差异。因此，借鉴、应用和发展管理学的成熟理论和方法，构建环境管理学的理论和方法体系，是环境管理学发展的重要趋势，也是当务之急。

第三节 循环经济理论

一、循环经济的定义

“循环经济”（recycle economy）一词是由美国经济学家肯尼思•波尔丁在 20 世纪 60 年代提出的。不同的学者由于学术背景不同、研究角度不同，给出的定义也不尽相同。

循环经济是把清洁生产和废弃物的综合利用融为一体的经济，本质上是一种生态经济，它要求运用生态学规律来指导人类社会的经济活动，其目的是通过资源高效和循环利用，实现污染的低排放甚至零排放，保护环境，实现社会、经济与环境的可持续发展。

当前，社会上普遍推行的是国家发展和改革委员会（简称国家发改委）对循环经济的定义，即循环经济是一种以资源的高效利用和循环利用为核心，以“减量化、再利用、资源化”为原则，以低消耗、低排放、高效率为基本特征，符合可持续发展理念的经济增长模式，是对“大量生产、大量消费、大量废弃”的传统增长模式的根本变革。这一定义不仅指出了循环经济的核心、原则和特征，同时也指出了循环经济是符合可持续发展理念的经济增长模式，抓住了当前中国资源相对短缺而又大量消耗的症结，对解决中国资源对经济发展的制约瓶颈具有迫切的现实意义。

二、循环经济的原则

循环经济有三大原则，即减量化（reduce）原则、再利用（reuse）原则和再循环（recycle）原则，简称“3R”原则。其中每一原则对循环经济的成功实施都是必不可少的。

（一）减量化原则

减量化原则属于输入端控制原则，旨在用较少原料和能源的投入来达到预定的生产目的或消费目的，在经济活动的源头就注重节约资源和减少污染。在生产中，减量化原则要求制造商通过优化设计制造工艺等方法来减少产品的物质使用量，最终节约资源和减少污染物的排放。例如，通过制造轻型汽车来替代重型汽车，既可节约金属资源，又可节省能源，仍可满足消费者乘车的安全标准和出行要求。在消费中，减量化原则提倡人们选择包装物较少的物品，购买耐用的可循环使用的物品而不是一次性物品，以减少垃圾的产生；减少对物品的过度需求，反对消费至上主义。

（二）再利用原则

再利用原则属于过程性方法，目的是延长产品和服务的时间强度。也就是说，尽可能多次或多种方式地使用物品，避免物品过早地成为垃圾。在生产中，制造商可以使用标准尺寸进行设计，使提供的商品便于更换零部件，提倡拆解、修理和组装旧的或破损的物品。在消费中，再利用原则要求人们对消费品进行修理而不是频繁更换，提倡二手货市场化；人们可以将可维修的物品返回市场体系供别人使用或捐献自己不再需要的物品。在把一样物品扔掉之前，应该想一想家中和单位里再利用它的可能性。

（三）再循环原则

再循环原则也称资源化原则。该原则是输出端控制原则，是指废弃物的资源化，使废弃物转化为再生原材料，重新生产出原产品或次级产品，如果不能被作为原材料重复利用，就应该对其进行热回收，目的在于通过把废弃物转变为资源的方法来减少资源的使用量和污染物的排放量。这样做能够减轻垃圾填埋场和焚烧场的压力，而且可以节约新资源的使用。把废弃物再次变成资源以减少最终处理量，也就是我们通常所说的废品的回收利用和废弃物的综合利用。资源化有两种：一是原级资源化，即将消费者遗弃的废弃物资源化后形成与原来相同的新产品。例如将废纸生产出再生纸、废玻璃生产玻璃以及废钢铁生产钢铁等；二是次级资源化，即废弃物变成与原来不同类型的新产品。原级资源化利用再生资源比例高，而次级资源化利用再生资源比例低。与资源化过程相适应，消费者和生产者应该通过购买用最大比例消费后再生资源制成的产品，使得循环经济的整个过程实现闭合。

循环经济“减量化、再利用、再循环”原则的重要性不是并列的。减量化属于输入端，旨在减少进入生产和消费流程的物质量利用，属于过程，旨在延长产品和服务的时间；再循环属于输出端，旨在把废弃物再次资源化以减少最终处理量。处理废弃物的优先顺序是：避免产生→循环利用→最终处置。首先要在生产源头——输入端就充分考虑节省资源、提高单位产品对资源的利用率，预防和减少废弃物的产生；其次是对于不能从源头削减的污染物和经过消费者使用的包装废弃物、旧货等加以回收利用，使它们回到经济循环中；只有当避免产生和回收利用都不能实现时，才允许将最终废弃物进行环境无害化处理。环境与发展协调的最高目标是实现从末端治理到源头控制，从利用废物到减少废物的质的飞跃，要从根本上减少自然资源的消耗。

三、循环经济的研究内容

循环经济的研究内容十分广泛，但基本可归纳为三个方面：

（一）作为经济主体的人类同生态环境的关系问题

客观事实告诉人们，世界各国不同程度地出现土地退化、资源浪费、环境污染、气候异常等现象，几乎无一不与人类活动相关。人口增长过快，必然会加剧地球资源需求的压力。为了增加粮食产量，人们不惜毁林开荒，而滥伐森林和破坏草原必然引起水土流失、沙漠扩大乃至气候失调；发展工矿生产，必然会带来废气、废水和废渣，如果人们对“三废”没有认真加以处理，就会造成环境的严重污染。这就是说，人口的激增必然会引起对自然资源开发的迫切性，从而不可避免地破坏生态环境，引起生态平衡的失调。受到破坏的生态环境，反过来会影响人类的生产和生活。

（二）实现经济循环发展的基础即生态平衡问题

实践证明，自然界的各类生物之间、非生物之间以及生物与非生物之间都是相互影响、相互联系、相互制约的。在它们的相互联系和相互影响中，彼此进行着能量和物质的交换。在较长时间内，保持生态系统各部分的功能处于相互适应、相互协调的平衡中，使生态系统的自我调节能力比较稳定。对于森林，如果采造结合，造林多于开采，就能做到青山常在、永续利用；对于耕地，如果每年都能补偿其所输出的肥力，就能做到稳产、高产。这不只是一个自然环境问题，也是一个社会经济问题。

（三）研究各经济要素之间的联系和废弃物循环利用的问题

经济的发展过程实质上不仅仅是资源开发、利用的过程，而且也应该是对环境认识的不断深化及环境保护的过程。人类的活动主要包括生产活动和消费活动。人类社会的发展是生产、消费、再生产、再消费的循环往复的过程。有生产、消费就有生产、消费的废弃物，如何良性地实现再生产、再消费应该成为循环经济学研究的内容；同时各生产部门之间以及各生产要素之间也是紧密联系的，它们内部各要素之间的良性循环是使经济大循环得以实现的保证。

循环经济的理念就是没有“废物”，即“废物”的零排放，这恰恰就是环境管理所希望达到的。科学的环境管理观要求我们采用科学的环境利用方式，改变过去无偿使用自然资源和环境的利用方式，把自然资源和环境纳入国民经济核算体系，使市场价格准确反映经济活动造成的环境代价，迫使企业在面向市场的同时，努力节能降耗，减少经济活动的环境代价，降低环境成本，提高企业在市场经济中的竞争力。而推行循环经济正是实现这一要求的有效措施和手段。

四、循环经济在环境管理中的作用

循环经济理念正在逐渐改变企业的传统生产模式，同时引导企业开展清洁生产活动，逐步建立“废物”零排放的循环经济发展模式。我们知道，大量的资源和能源是在工厂里消耗掉的，而在工厂里消耗的资源和能源要么转化为产品供人们生活所需，要么变成废弃物排放，如废水、废气、固体废物等污染物。企业的环境管理活动应该按照企业的环境管理体系要求进行，其目的就是促进企业最大限度减少或避免废弃物的产生与排放，实现循环经济。企业内部的环境管理体系只有围绕循环经济的要求设计、建立和运行，才能使循环经济思想向公众传播，有利于公众约束自己的环境不友好行为，引导公众建立正确的消费观，改变其不合理的消费方式。对于公众而言，循环经济就是提倡公众绿色消费、朴素消费、简单消费，把废旧生活物品交送到回收再利用部门，而不是随手扔掉；教育公众爱护私用和公用物品与设施，最大限度地延长其使用时间。

第四节　环境社会系统理论

一、环境社会系统发展原理的内涵

当环境危机日益危及人类的生存和发展时，环境问题引发了人们对各种现代领域的反思。人们从哲学、伦理学、经济学、社会学、生态学、法学、管理学等不同视角关注人与自然环境的协调问题。顺应自然不是协调，征服自然更不是协调。因此，用系统分析的方法来研究“环境－社会系统”，探索人类社会与自然生态环境之间相互关联的各种通道和对其进行调控的可选择的最佳途径，是环境社会系统控制的核心。

二、环境社会系统发展原理的内容

系统是指由若干个相互联系、相互作用的部分组成，在一定环境中具有特定功能的整体。在自然界和人类社会中，系统是一切事物的存在形式。环境管理学所研究的环境社会发展系统的主要内容有以下几方面：

第一，环境社会系统具有一般系统的特征，如整体性、层次性、相关性、涌现性、目的性、综合性和对环境的适应性等。

第二，环境社会系统强调人类社会系统与自然环境系统的相互作用及其构成的复杂巨系统的整体性。解决环境问题，不仅是解决自然环境系统问题的事情，实际上与人类社会系统的运行方式密切相关，必须考虑到两个系统的相互联系和相互作用的问题。

第三，另外，由于环境问题的复杂性和综合性，环境社会系统作为人类社会和自然环境组成的一个世界系统，世界万物都可以在这个系统里找到自己的位置，因而这个系统是世界上最庞大、也是最复杂的系统之一。

第四，环境社会系统发展原理强调环境社会系统的动态性，即从发展、演化的角度看待人类社会和自然环境的相互作用。既要了解自然环境的变化规律，也要了解人类社会的演化规律，还要了解由人类社会和自然环境组成的环境社会系统的演化与发展的规律。

三、环境社会系统发展原理的应用

在环境管理学研究和实践中，环境社会系统发展原理的应用主要体现在以下几方面：

第一，解决环境管理问题的基本途径是对环境物质流的控制，因为这是环境社会系统运行的基础。因此，就要研究环境社会系统中物质流动的特征和规律，揭示由人类各种活动和行为所产生的物质流和能量流的情况，以及政府、企业、公众等行为主体在控制环境物质流方面的竞争合作机制。

第二，在三种生产理论的基础上，研究环境社会系统的进化、演替等现象的规律与机制，重新解释人类历史的发展过程，更好地说明环境系统与社会系统互动演变、协同发展的过程。

第三，制定出具有可操作性的环境行为战略和对策，研究人类作用于环境行为的一般规律及其在特定的环境社会系统中的特殊规律，以及如何调整和控制这些行为的规范规则。

反观“环境－社会”关系的社会层面，可以看到，问题的严重性还在于：我们这个社会中协调环境与社会关系的种种努力还非常不够，我们这个社会对于环境状况的恶化还缺乏必要的、有效的应对举措。事实上，缓解环境问题，遏制环境状况的持续恶化，主动权在人类自身。人们必须通过一系列的社会运行机制的调整和变革，来促进环境与社会关系的协调。

第五节 生态经济学理论

一、生态经济学的定义

对于生态经济学的定义，国内外学者、专家一直众说纷纭，存在许多不同的表述和定义。生态经济学是一门从最广泛的领域阐述经济系统和生态系统之间关系的学科，重点在于探讨人类社会的经济行为与其所引起的资源和环境演变之间的关系，是一门由生态学和经济学相互渗透、有机结合形成的具有边缘性质的学科。生态经济学所关心的问题是当前世界面临的一系列最紧迫的问题，如可持续性、酸雨、全球变暖和物种灭绝等。

通过国内外生态经济学的研究，可以这样认为：生态经济学研究应该以经济系统是生态系统的一个子系统为理论基础，而生态经济则作为一种实现可持续发展的经济类型。其内涵应该包括三个方面：生态经济作为一种新型的经济类型，首先应该保证经济增长的可持续性；经济增长应该在生态系统的承载力范围内，即保证生态环境的可持续性；生态系统和经济系统之间通过物质、能量和信息的流动与转化而构成一个生态经济复合系统，生态经济学正是从这一复合系统的角度来研究和解决当前的生态经济问题。

二、生态经济学的研究内容

生态经济学的研究内容除了经济发展与环境保护之间的关系外，还有环境污染、生态退化、资源浪费的产生原因和控制方法，环境治理的经济评价，经济活动的环境效应等，概括起来包括以下四个方面：

（一）生态经济基本理论

生态经济基本理论包括社会经济发展同自然资源和生态环境的关系，人类的生存、发展条件与生态需求，生态价值理论，生态经济效益，生态经济协同发展等。

（二）生态经济区划、规划与优化模型

用生态与经济协同发展的观点指导社会经济建设，首先要进行生态经济区划和规划，以便根据不同地区的自然经济特点发挥其生态经济总体功能，获取生态经济的最佳效益。城市是复杂的人工生态经济系统，人口集中，生产系统与消费系统强大，但还原系统薄

弱，因此生态环境容易恶化。农村直接从事生物性生产，发展生态农业有利于农业稳定、保持生态平衡、改善农村生态环境。

（三）生态经济管理

计划管理应包括对生态系统的管理，经济计划应是生态经济社会发展计划，要制定国家的生态经济标准和评价生态经济效益的指标体系；从事重大经济建设项目，要做出生态环境经济评价；要改革不利于生态与经济协同发展的管理体制与政策，加强生态经济立法与执法，建立生态经济的教育、科研和行政管理体系。生态经济学要为此提供理论依据。

（四）生态经济史

生态经济问题一方面具有历史的普遍性，同时随着社会生产力的发展，又具有历史的阶段性。进行生态经济史研究，可以探明其发展的规律性，指导现实生态经济建设。

生态经济学研究与传统经济学研究的不同之处就在于，前者将生态和经济作为一个不可分割的有机整体，改变了传统经济学的研究思路，促进了社会经济发展新观念的产生。

三、生态经济学的特点

（一）整体性

生态经济系统的整体性，是指生态经济系统是生态系统和经济系统的有机的统一整体。在这个统一体中的各个子系统之间、子系统内各个成分之间，都具有内在的、本质的联系，这种联系使生态经济系统构成一个有机联系的整体。因此，生态经济学具有严密的整体性。

（二）综合性

生态经济学的研究对象本身就是综合的。生态经济系统是一个多层次、多序列的综合结构体系。在这个庞大的综合体系中，生态系统的生命系统是包含动物、植物和微生物并由食物链连接起来的生物网络；环境系统有各种物理、化学过程。广义的经济系统不仅包括生产、交换、分配、消费等各个环节和许多产业部门，而且包括结构复杂的技术系统等。不仅如此，生态经济系统还不能脱离社会、政治、国家、意识形态等因素孤立地加以考察。

（三）层次性

从纵向来说，生态经济包括全社会生态经济问题的研究，以及各专业类型生态经济问题的研究，如农田生态经济、森林生态经济、草原生态经济、水域生态经济和城市生态经济等。从横向来说，生态系统包括各种层次区域生态经济问题的研究。

（四）地域性

生态经济问题具有明显的地域特殊性，生态经济学研究要以一个国家的国情或一个地区的情况为依据。

（五）战略性

社会经济发展，不仅要满足人们的物质需求，而且要保护自然资源的再生能力；不仅追求局部和近期的经济效益，而且要保持全局和长远的经济效益，永久保持人类生存、发展的良好生态环境。生态经济研究的目标是使生态经济系统整体效益优化，从宏观上为社会经济的发展指出方向，因此具有战略意义。

第三章 环境管理的行政手段与政策方法

第一节 环境行政管理概述

一、概述

环境行政管理是政府对社会各领域行政管理的一个重要方面，是各级政府行政管理的重要组成部分，是政府社会职能的体现。理解环境行政管理的概念应该从以下几方面入手：

（一）环境行政管理主体

环境行政管理的主体是国家，各级人民政府环境行政主管部门是被授权依法行使管理职能的管理部门，其管理行为是国家意志和利益的体现。在我国，环境保护是国家的基本国策，是各级人民政府的职责之一，是政府一项不可或缺的社会职能。环境法明确规定，各级政府对所辖区域环境质量负责，国家及地方政府环境行政管理部门依据国家的环境保护方针、政策、法律、法规、规划（计划）、目标，对本辖区的环境保护工作实施统一监督管理。

（二）环境行政管理对象

环境行政管理的对象是有环境行为活动，对环境质量产生影响的一切组织和个人，即个人、企事业单位及政府。

（三）环境行政管理范围

环境行政管理的范围就是《中华人民共和国环境保护法》定义的环境保护的范围。环境保护法规定：环境保护所言的环境，是指影响人类生存和发展的各种天然的和经过人工改造过的自然因素的总体。包括大气、水、海洋、土地、矿藏、森林、草原、野生生物、自然遗迹、自然保护区、风景名胜区、城市和乡村等。因为范围较广泛，环境行政管理主体还要和其他相关部门分工协作和密切配合。现实中，环境行政管理的重点主要集中在环境污染的控制与防治和自然生态的保护与改善。

（四）环境行政管理职能

环境行政管理的基本职能包括决策职能、组织职能、协调职能、监督职能和服务职能。

1. 决策职能

环境行政管理的决策职能是指为达到一定的环境行政管理目标，对环境行政管理方案进行规划和安排。也就是在开展环境行政管理工作或行动之前，预先拟定出具体内容和步骤。它包括确立短期和长期的管理目标，以及选定实现管理目标的对策和措施。如何提高决策质量和决策效率，保证良好的政策效果和执行效果，是各级环境行政组织和决策者应当关注的重要问题。因此，如何从实际出发，综合运用现代科学技术手段，切实把握环境决策对象的本质、规律和条件，为实现确定的目标，从各种备选方案中做出最佳抉择，以获得最佳或满意的效果，是环境行政管理优化的先决条件。

2. 组织职能

环境行政管理的组织职能是指建立一种包括组织机构设置、组织控制体系、组织内部职权划分、人员和资源配备等内容的有效的环境行政组织体制，并进行有效的指挥、沟通和协调。为实现环境行政管理目标和计划，必须要有组织保证，必须对管理活动中的各种要素和人们在管理活动中的相互关系进行合理的组织。因此，环境行政管理的组织职能包括两大方面：一是环境行政管理的内部组织职能，二是环境行政管理的外部组织职能。

3. 协调职能

环境行政管理的协调职能是指消除环境保护过程中的不和谐现象，以便形成一种合力，实现某一目标的管理活动。环境行政管理协调的作用，主要是使各地区、各部门的政策、法规、规定、科研等方面减少或消除不和谐，建立起密切的分工协作关系，从而有利于完成共同的环境保护任务。可见，协调职能是环境管理的一项重要职能，特别是对解决一些跨地区、跨部门的环境问题，做好协调就更为重要。

4. 监督职能

环境行政管理的监督职能是对环境行政管理的活动进行监察和处理，对环境质量的监测和对一切影响环境质量的行为进行监察的职能。监督作为一种职能是普遍存在的，是环境行政管理活动中的一个最基本、最主要的职能，也是环境保护行政主管部门的一种基本管理职能。

5. 服务职能

环境行政管理的服务职能是由其管理的对象和目标所决定的。环境行政管理目标是不断提高和改善环境质量，达到既能发展经济满足人类的基本需求，又不超出环境允许的极限，走可持续发展道路，实现人类与自然的和谐，实现社会效益、经济效益和环境效益的统一。为此，环境管理机构必须为环境行为者提供必要的，包括经济另面、技术方面、政策方面以及教育方面的有效服务，才能使环境管理顺利进行。

（五）环境行政管理内容

环境行政管理的内容是多领域、多层面的，主要包括以下几项：

1. 环境规划管理

环境规划是经济社会发展规划的有机组成部分。环境规划管理首先是制定适宜的规划（计划），然后是执行环境规划，用规划指导环境保护工作，根据实际情况，检查并调整环境规划。环境规划管理是环境行政管理的核心内容。

2. 环境质量管理

环境行政管理的目的就在于提高和改善环境质量。环境质量管理是指为了保持人类生存与健康所必需的环境质量，并不断使之提高而进行的各项管理工作。其包括环境调查、环境监测、环境检查、环境评价、环境信息等内容。

3. 环境技术管理

环境行政管理离不开环境技术支持。环境技术管理就是通过制定标准、技术规范和技术政策，对生产工艺、技术路线、污染防治技术等进行环境经济评价等。

4. 环境监督管理

环境监督是环境行政管理的具体体现。环境监督管理强调环境现场监督与执行，包括污染源管理、建设项目管理、排污费征收、环境污染事故与纠纷调查处理等。

（六）环境行政管理特点

环境行政管理有以下三个显著特点：

1. 综合性

环境行政管理是环境学与管理学（行政管理学）交叉渗透的产物，是自然科学和社会科学的一个交汇点，具有高度的综合性，主要表现在对象与内容的综合性和管理手段的综合性。

2. 区域性

环境问题由于自然背景、人群活动方式、经济发展水平和环境质量状况的差异，存在着明显的区域性（如地方性标准）。环境行政管理的区域性决定了环境行政管理必须根据区域性环境特点，因地制宜地制定环境规划，确定环境目标，采取不同的措施，在中央政府的统一指导下以地区为主进行环境行政管理。

3. 广泛性

人类生活在环境空间，环境是人类生存的物质基础，人类活动势必影响和干扰环境，环境问题发生的本身是人类非正当行为所致，使人们学会爱护环境，珍惜环境，是非常重要的。治理环境没有公众的合作是难以实现的，仅有行政、经济的手段是不够的，要强调环境宣传教育的重要性，只有人们充分认识到必须保护环境和合理利用环境资源，自觉地走可持续发展道路，才能有效控制和治理污染，才能不断地改善环境。

二、环境行政管理的手段

（一）法律手段

法律手段是指管理者代表国家和政府，依据国家法律法规进行环境保护和管理的措施和方法。依法管理环境是控制并消除污染、保障自然资源合理利用，维护生态环境的重要手段，是其他手段的保障和支持。目前我国已经形成了由国家宪法、环境保护法、环境保护相关法律、环境保护单行法和环保法规等组成的环境保护法律体系，在环境行政管理中发挥着越来越重要的作用。法律手段具有以下主要特征：

1. 强制性

法律是一种社会行为规范，它告诉人们应当做什么或不应当做什么。与其他形式的社会行为规范相比，法律规范最显著的特征是强制性，即通过国家机器的保障，强制执行。其他规范，如道德规范，则主要借助教育和社会舆论来得到实现。

2. 权威性

法律手段的权威性表现为法律法规对人们的约束力远大于行政命令、道德规范和价值观念对人们的约束。法律法规所确立的行为准则是最高的行为准则。当法律、法规与行政命令、道德规范和价值观念发生冲突和矛盾的时候，人们必须服从法律法规的要求，按照国家环境法律法规的要求来调整和规范自己的行为。

3. 规范性

法律手段的规范性表现为法律法规都有各自规定的内容和相应的解释及执行程序。各种法规应服从法律，各种法律应服从宪法，它们之间并不发生冲突和矛盾。因此，运用法律手段进行环境管理具有明显的规范性特征。一方面，环境法律和法规对所有的组织和个人做出了统一的行为规定，同时又以法律规范作为评价人们行为的标准，哪种行为是合法的，应受到法律的保护；哪种行为是不合法的，应受到法律的制裁。

4. 共同性

法律手段的共同性表现为法律面前人人平等，没有特殊的公民。不论是国家机关，还是社会团体，不论是政府官员，还是普通公民，都不能超越法律之上，都要在法律许可的范围内实施自己的行为。

5. 持续性

法律手段的持续性表现为法律法规具有较强的时间稳定性和持续的有效性。它不同于一般的行政管理规定和规章制度，可以朝令夕改，也不因为领导人的更换或政府权力的交替而发生变化。

（二）行政手段

环境管理的行政手段是指在国家法律的监督下，各级环境保护管理行政机构以命令、指示、规定等形式作用于管理对象的一种手段。其宏观上主要体现在颁布和推行环境政策、制定和实施环境标准；行为上主要体现在环境行政立法、环境行政规划、环境行政审批、环境行政许可、环境行政验收、环境行政检查、环境行政监测、环境行政处罚、环境行政调查、排污收费、限期治理、环境行政调解、环境行政监督等方面。环境管理行政手段的主要特征如下所述。

1. 权威性

采用行政手段开展环境管理，起主要作用的是管理者的权威。管理者的权威越高，被管理者对管理者所发出指令的接受率就越高。因此，提高管理者的权威是提高行政手段有效性的前提。管理者权威的提高，主要取决于管理者所具有的行政权限的大小。另外，还与管理者自身在管理工作中表现出来的良好管理素质和管理才能有关。提高行政手段的有效性必须受到国家法律的监督和制约，要坚持依法行政、依法管理。

2. 强制性

行政手段是通过行政命令、指示、规定或指令性计划等对管理对象进行指挥和控制，因而就必然具有强制性。但是这种强制性与法律手段的强制性又有所不同。从强度看，法律手段的强制程度高，它通过国家执法机关来执行，规定了人们的行为规范。而行政手段的强制程度则相对低一些。它主要强调原则上的高度统一，并不排斥人们在手段上的灵活多样性。

3. 具体性

行政手段的具体性一方面表现在从行政命令发布的对象到命令的内容都是具体的，另一方面表现在行政手段在实施的具体方式、方法上因对象、目的和时间的变化而变化。因此，它往往只对某一特定时间和对象有用，否则是无效的。

4. 无偿性

运用行政手段开展环境政策执行，管理者根据上级的有关规定和环境保护目标要求，有权对下级的人、财、物和技术进行调动和使用，有权对经济行为主体的生产与开发行为进行统一管理，不实行等价交换的原则，因而具有明显的无偿性特征。

5. 服务性

环境管理行政机构和管理者必须使环境行政行为服务管理对象，只有这样才能提高管理效果，有效实现环境保护目标。

（三）经济手段

环境管理的经济手段是指管理者依据国家的环境经济政策和经济法规，运用价格、税收、信贷、补贴、押金、保险、收费以及相关的金融手段，调节各方面的经济利益关系，引导和激励社会经济活动的主体采取有利于保护环境的措施，培养环保市场以实现环境、经济和社会的协调发展。如国家的排污收费制度、减免税制度、补贴政策、贷款优惠政策等，通过经济手段将企业的利益和全社会的共同利益结合起来。环境管理的经济手段的主要特征如下所述：

1. 利益性

利益性是经济手段的根本特征，它是指经济手段应符合物质利益原则，利用经济手段开展环境管理，其核心是把经济行为主体的环境责任和经济利益结合起来，运用激励原则充分调动企业环境保护的积极性。让企业既主动承担环境保护的责任和义务，又能从中获得有利于自我发展的机遇和外部环境。

2. 间接性

它是指国家运用经济手段对各方面经济利益进行调节，间接控制和干预各经济行为主体的排污行为、生产方式、资源开发与利用方式。促使各经济行为主体自主选择既有利于环境保护，又有利于经济发展的资源开发、生产和经营策略。

3. 有偿性

它是指各经济行为主体在环境责任与经济利益方面应遵循等价交换的原则，即实行谁开发谁保护、谁利用谁补偿、谁破坏谁恢复、谁污染谁治理的“使用者支付原则”。环境资源是发展经济的基础，但发展经济不能损害或降低环境资源的价值存量。无论是资源开发活动，还是企业生产行为，在获取经济利益的同时，必须以增加环境保护投入、交纳排污费或污染赔款等形式来承担与此相应的环境责任，消除由此所造成的环境破坏和影响。

（四）技术手段

环境管理的技术手段可分为宏观管理技术手段、微观管理技术手段和宣传教育手段三个层次。

1. 宏观管理技术手段

环境的宏观管理技术手段属于决策技术的范畴，它是指环境管理者为开展宏观管理所采用的各种定量化、半定量化以及程式化的分析技术。这类技术包括环境预测技术、环境评价技术和环境决策技术。环境决策技术按量化程度可分为定量决策技术和定性决策技术；按决策结果的确定性程度可分为确定性决策技术和非确定性决策技术；按解决环境问题的过程可分为单阶段决策技术和多阶段决策技术；按决策问题包含的目标多少可分为单目标决策技术和多目标决策技术。

2. 微观管理技术手段

环境的微观管理技术手段属于应用技术的范畴，它是指环境管理者运用各种具体的环境保护技术来规范各类经济行为主体的生产与开发活动，对企业生产和资源开发过程中的污染防治和生态保护活动实施全过程控制和监督管理的手段。按照环境保护技术的作用来划分，微观管理技术可分为预防技术、治理技术和监督技术三类。预防技术包括污染预防技术和生态预防技术。治理技术包括污染治理技术和生态治理技术。监督技术包括常规监测技术和自动监测技术。

3. 宣传教育手段

（1）基础环境教育

各类大、中、小学所开展的环境保护科普宣传教育属基础环境教育。贯穿于各类学校教材中的环境保护内容，结合世界环境日、世界地球日、世界水日等重大节日以及国家重大环境保护行动所举办的各类环保实践活动，构成了基础环境教育的主要内容。这些环境教育理论与实践的宗旨是在基础教育阶段树立环保意识，增加环保知识与技能，为其他类型的环境教育打下基础。

（2）专业环境教育

以高等院校为主体，培养专业环境保护专门人才的教育。随着环境问题的产生和发展，社会对于环境保护及污染治理方面的专业人才的数量和质量提出了越来越高的要求，专业环境教育必然处于优先发展的地位。

（3）管理者的环境教育

以提高管理者的环境意识、环境决策水平、环境管理水平为目的进行的各类学习和培训属于管理者的环境教育。其包含两个方面的内容：一是针对普遍意义上的管理者，即各级政府机关（部门）的负责人、各类企事业单位的领导，作为领导者或决策者，他们的环境素质在决策中发挥重要作用，针对领导者或决策者的环境学习与培训，旨在帮助他们提高决策水平，使他们在进行决策时不仅要考虑经济发展，而且要考虑环境保护问题，考虑影响区域社会发展的其他问题；二是针对环境管理人员的培训，环境的变化性、环境问题的变化性、环境科学与技术的发展性等因素，均要求环境管理人员必须不断学习，以适应新形势下环境管理的要求。

（4）公众环境教育

通过新闻报道、影视媒体和社会舆论宣传等，面向社会公众所开展的不同形式和内容的环境教育属于公众环境教育。在四种环境教育中，公众环境教育是必须放在首位的。公众环境意识是国民素质的重要组成部分，是监督国家和政府环境行为的社会基础。

第二节　环境行政决策与执行

一、环境行政决策

环境行政决策属于宏观环境管理的范畴，宏观环境管理通常从综合决策入手，解决环境保护和发展的战略问题，其实施主体是国家和地方政府。宏观决策管理过程表现为环境政策系统的运行过程，可以分为政策制定、政策执行、政策评估、政策终结等几个不同的阶段：

（一）环境政策决策的原则

1. 遵循针对性、规定性、可行性和前瞻性的原则

针对性：是指政策的研究制定者要从面临的众多涉及资源与环境的问题中，筛选出要调控解决的主要问题或关键问题，并依此研究确定整个政策体系、各个部分的政策乃至某个具体政策条款的调控对象和相应的调控力度。

规定性：是指以针对性为前提，对政策调控解决的问题和相关政策行为人等广义的调控对象，要在调控目标、途径、办法、调控的时间及空间边界、行为人的行为准则和要求等方面做出明确的认定和界定，以体现政策的诱导、约束、协调的综合功能和政策作为行为准则的基本属性，以避免由于某些政策的规定性较差，甚至过于笼统，因而执行起来出现许多麻烦，甚至被执行者钻政策的空子。

可行性：是指在针对性和规定性的前提下，政策不仅具备必要的可操作性（某些政策的可操作性，要在相关的法规、实施细则、标准和规定中体现），而且在经济上是合理的，在技术上是可行的。

前瞻性：着眼于新形势发展的需求，包括经济发展、人口与社会发展、科技发展等，使相关的环境政策具有必要的前瞻性和先导作用。

2. 体现不同环境政策协同作用的原则

无论是环境综合政策、环境基本政策和具体政策等宏观政策，还是环境经济政策、环保技术政策和环境管理等微观政策，由于它们在环境政策体系中的层次地位、调控对象、调控手段及所起的作用不同，所以，在研究制定政策时，在遵循上述针对性、规定性、可行性和前瞻性的条件下，还要预先考虑政策在分解与整合中的协同作用，即相关政策条款之间的连锁、协调及整合中的协同反应问题。这是形成和增强环境政策体系在执行中的综合调控能力的关键，也是能否创造出一个好的政策体系的主要标志。

3. 把握政策稳定性与可变性的原则

鉴于环境政策的合效期及其调控的时间跨度与制定政策时的经济－社会背景、政策的不同层次和具体内容有关，因而在把握政策的稳定性与可变性方面不能一概而论，还要通过对政策执行情况的跟踪调查评价以及检验，对政策做出必要的调整。

4. 便于决策和执行的原则

研究制定的环境政策体系，不仅要符合相关理论、基本原则和研究编制方法的要求，还要便于决策机关对政策方案进行决策，便于广大的政策执行者理解和掌握与自己相关的政策条款。

（二）环境政策决策的分类

1. 按性质的重要性分类：分为环境战略决策、环境战术决策和环境技术决策

环境战略决策：环境战略决策的任务是协调环境保护与外部条件之间的关系，在社会经济发展过程中，使环境质量保持在合理的水平。要结合各种与环境保护相关的外部条件进行决策分析，提供环境保护的战略，供更高层次的综合决策者做出最终决策时参考。

环境战术决策：这种决策是在环境战略决策结果的指导下进行的，其任务是在环境管理目标已经确定的条件下，寻求实现这一战略目标的最佳方案。

环境技术决策：环境技术决策的任务是为实现环境战术决策所确定的方案选择和确定最佳的技术措施。例如选择最适用的水处理流程等均属于技术决策。技术决策是在战术决策结果的指导下进行的。各种最优化技术可以用于技术决策，决策者的经验对于技术决策具有很重要的作用。必要的模拟试验结果，对于技术决策的作用是至关重要的。

2. 按决策的结构分类：分为程序决策、非程序决策和半程序决策

程序决策：这是针对经常反复出现，且有某种规律的问题，按其规律明确决策程序，建立响应决策规划，就所需解决的问题进行的有章可循的决策。

非程序决策：这种决策也称作非结构决策，是指针对偶然出现的特殊问题或首次出现的情况问题做出的决策。解决这类问题没有一定的规则，需要创造性思维才能实现，而且

越是高层的决策，非程序决策越多。

半程序决策，这是介于程序决策与非程序决策之间的一种决策，决策过程涉及的问题一部分是规范化的，可按程序进行决策；另一部分是非规范化的，决策者在处理了可按程序进行决策部分的基础上运用创造性思维对非规范化部分做出决策。

3. 按决策的结果分类：分为定性决策和定量决策

定性决策：这种决策重在决策问题的质的把握。决策变量、状态变量及目标函数无法用数量来规划的决策，它只能做抽象的概括、定性的描述。例如环境管理组织机构设置的优化、人事决策等均属此类决策。

定量决策：这类决策重在对决策问题量的刻画，决策问题中决策变量、状态变量目标函数均可以用数量来描述。决策过程中运用数学模型来辅助人们寻求满意的决策方案。定性和定量是相对的，在实际决策分析中，往往先定性分析，再做定量分析，总的趋势是尽可能地把决策问题定量化。

4. 按决策的环境分类：分为确定型决策、风险型决策和不确定型决策三种

确定型决策：这是指决策环境是完全确定的，做出的选择结构也是确定的一类决策。例如某种水污染控制工程的工艺选择就是这类决策。

风险型决策：这是指决策的环境不是完全确定的，而其发生的概率是已知的一类决策。这种决策的结果具有一定的风险性。

不确定型决策：这是指决策者对将发生的概率的主观向进行决策。

5. 按决策过程的连续性分类：分为单项决策和多阶段决策以及序贯决策

单项决策，这是指整个决策过程只做一次决策就得到结果的决策。

多阶段决策：这是指整个决策过程需要做多次决策才可能得到结果的决策。

序贯决策，这是指整个决策过程由一系列决策组成。这种决策从时序角度看是多阶段的，是一种动态决策。

6. 按决策目标的数量分类：分为单目标决策和多目标决策

单目标决策：这种决策要达到的目标只能有一个。

多目标决策：这种决策所要达到的目标不止一个。在政策决策或一些其他的实际决策中，很多的决策问题都是多目标决策，多目标决策问题一般比较复杂。

7. 按照决策机构的层次分类：可以分为国家决策、地区决策、企业决策和个人决策

（三）环境政策决策的程序

科学决策是一个动态过程，其决策程序不可能是一成不变的。环境决策也不例外。其决策程序包含有若干步骤，主要有提出问题、确立环境目标、选择价值准则、收集信息与处理、拟定可行的决策方案、选择适当的决策分析方法、分析与决策方案选择、实验验证、政策合法化和计划实施等。

1. 提出问题

发现问题实际上是发现矛盾，任何决策工作都是从发现矛盾、提出问题开始的，可以通过调查研究、历史与现状的比较来发现问题、提出问题。

2. 确立环境目标

这是环境政策决策的中心环节。只有确立了目标，才能有目的地进行一系列的环境政策决策，才能为最终衡量决策的科学性和合理性提供检验标准。环境目标应具备三个特点：可以采用标准或指标计量其成果，可以规定其实现、达到预期效果的时间，可以确定责任者。要解决所提出的环境问题，其目标往往有多个，并形成目标集，或者说是目标体系，例如经济目标、环境质量目标、资源目标、生态目标等。这些目标之间有主次之分，有总目标与子目标之分，只有通过运用调查研究和科学预测的方法收集数据资料，采用恰当的方法进行细致分析和论证，才能确定主要目标与次要目标、总目标与子目标，才能确立达到的程度和完成的时间程序。

3. 选择价值标准

解决好对各种方案价值的估计是决策活动的一个重要步骤。选用不同的价值准则，其结果是不同的，在利用一定的价值准则时，可以选择一个代价最小的方案。价值准则通常有三项内容：把目标分解为若干确定的指标；规定这些指标的主次、缓急以及相互间发生矛盾时的取舍原则；指明实现这些指标的约束条件。

4. 信息收集与处理

环境信息量的大小和可靠程度高低直接影响决策的质量甚至其成败。在进行决策之前，决策部门的与信息收集和处理相关的人员，应当进行大量调查，吸收包括数据收集、咨询专家、模拟实验、实地考察等与决策问题相关的一切信息资料，包括定性的和定量的资料在内，也包括历史的、现今的和运用科学方法预测的信息资料，并运用科学的、恰当的方法予以归纳处理。经过处理后的信息才是决策者能直接使用的信息。

5. 拟定可行的决策方案

根据收集和处理信息构成的决策信息结果以及研究系统的内部和外部条例（如物理的、时间的、资源的、资金的或制度等限制条件）进行可行性分析，并由相关决策单位或人员拟定出的两种以上的可行的决策方案。

6. 选择适当的决策分析法

根据所要解决环境问题的性质和其环境目标所属的类型，根据相关决策的理论，选择相关各方均能认可的决策分析方法。常用的环境决策分析方法有理性决策方法、非理性决策方法和综合决策方法等。

7. 分析与决策方案选择

决策方案的选择即在前述几个步骤的基础上运用相关的决策技术，对所拟定的所有决策方案进行决策分析，定量与定性相结合，综合考虑各个方案的优劣，权衡相关方的利益，协调各种目标，最后选定适宜的方案。

8. 实验验证

当方案确定之后，为了防止出现偏差，必须进行实验验证。实验验证的方法大致有两种，仿真试验和试点试验，即建立数学模型，进行计算机仿真实验；选择典型性的区域，进行局部实验（试点实验）。通过实验验证其方案运行的可靠性，如果实验成功，即可进入方案实施阶段，否则，应当通过实验反馈信息，检查并修订方案。问题严重时，应重新拟订方案。

9. 政策合法化

如果上述研究编制环境政策体系的全过程和各项工作卓有成效，并顺利地通过研究成果的专家评审，则可以报请主管部门或国务院委托的领导机关进行最后审查，按规定的程序，由相应的决策机关批准并颁布执行。

10. 计划实施

为了切实解决所需解决的环境问题，达到预期的环境目标，减少方案或实际情况变化的差异造成的损失，方案必须利用一定时间进行试运行，由运行结果去修订方案，再进入运行阶段，注意随时跟踪，以保持环境管理系统持续有效运行。

二、环境政策的执行

政策执行是在政策制定完成之后，将政策所规定的内容变为现实的过程。政策方案一经合法化过程并公布之后，便进入政策执行阶段。环境政策的执行包括环境政策宣传、环境政策分解、环境政策资源配置和环境政策控制等环节。

（一）环境政策宣传

环境政策宣传是政策执行过程的起始环节中一项重要的功能活动，政策执行活动是由许多人员一起协作完成的。执行者也只有在对政策的意图和政策实施的具体措施有明确认识和充分了解的情况下，才有可能积极主动地执行政策。政策对象只有知晓政策、理解政策，才能自觉地接受和服从政策。因此各级政策执行机构要努力运用各种手段，利用各种宣传工具，大张旗鼓地宣传政策的意义、目标，宣传实施政策的具体方法和步骤。只有这样，才能为正确有效地执行政策打下坚实的思想基础。环境政策宣传以教育和媒体宣传为主要形式。自20世纪70年代以来，随着国际社会对环境问题认识的深入，世界各国对环境教育的重视程度也越来越高。

（二）环境政策分解

环境政策分解也就是制定环境政策执行计划，它是政策实施初期的另一项功能活动，是实现政策目标的必经之途。要使政策执行顺利进行，就必须对总体目标进行分解，编制小政策执行活动的计划，明确工作任务指向，从而使执行活动有条不紊地进行。

（三）环境政策资源配置

许多政策的执行和落实，均离不开必要的资金、人才、信息和技术等政策资源的保障和支持。政策资源主要是指必需的经费、必要的设备以及组织保障等。

首先，执行者应根据政策执行活动中的各项必要开支编制预算，报经有关部门批准后执行，落实活动经费。然后是必要的设备准备，包括交通工具、通信联络、技术机械设备、办公用品等方面的准备。只有做好充分的物质准备，才能为有效地执行政策创造有利条件和环境。第三是组织保障。组织保障工作是政策具体贯彻落实的保障机制，组织功能的发挥情况，直接决定着政策目标的实现程度。组织保障主要包括确定政策执行机构、配备高素质的领导者和一般的政策执行人员，政策执行者的素质要求侧重于专业管理方面的知识技能和实践经验，要求具有较强的政策理解能力，具有沟通、协调能力。执行者应具有本职工作的业务知识和管理经验，善于领会领导意图，忠实有效地执行领导指示，保质保量地完成政策任务；制定必要的规章制度，通过建立目标责任制、检查监督制度、奖励惩罚制度等，保证政策全面、有效地实施。

（四）环境政策控制

政策控制的程序或过程是由三个基本环节构成的，即确立标准、衡量绩效和纠正偏差。

1. 确立标准

政策控制的目的是保证政策的顺利运行，以取得预期的目标。因而政策目标是政策控制的最根本的标准，控制的标准来源于政策目标。但政策目标是较为一般化的，因而往往不能直接成为控制标准。因此必须将其具体化，也就是说，可以将一般的政策目标变成一系列的具体指标。常用的控制标准有实物标准、成本标准、资本标准和收益标准等。

2. 衡量绩效

理想的政策控制是采用前馈控制，即在实际偏差出现前预见到它们，并预先采取纠偏的应对措施个但是各种主、客观条件的限制使得其在实际的政策过程中与预期出现差距。因此必须在政策的实际运行过程中，随时监控政策运行的情况，衡量政策的实际绩效，将实际结果与预定的目标或期望的结果加以比较，及时发现偏差。必须注意，不应把实际的政策效果理解为最后的政策结果，有时它可能仅是一种阶段性的成果。政策控制不仅仅是对最终的政策结果的纠正，也包括对中间过程中出现的问题的纠正。

3. 纠正偏差

这一环节包括确定偏差的类型、程序，找出偏差产生的原因，并采取纠正偏差的措施。政策在实际运行中产生的原因是各种各样的，也许是政策的环境发生改变，也许是目标不恰当，也许是执行组织或人员执行不力或协调不够，也许是资金、人力不足等。在找出偏差产生的原因之后，必须采取行之有效的方法来加以纠正，对政策加以调整。

三、环境政策评估

通过一定程序和方法，对环境政策的效益、效率、效果及价值进行衡量与评价，以判断其优劣的过程称为环境政策评估。

一个完整的政策过程，除了科学合理的制定和有效的执行外，还需要对政策执行以后的效果进行评估。只有通过科学的评估活动，人们才能够判定某一政策本身的价值，从而决定政策的延续、革新或终结；同时还能够对政策过程的诸个阶段进行全面的考察和分析，总结经验、吸取教训，为以后的政策实践提供良好的基础。因此，政策评估不仅是政策运行过程的重要一环，也是促进政策科学化的准则。

（一）环境政策评估的标准

环境政策评估的标准包括以下四个方面：

1. 政策效益标准

政策效益标准是指政策执行后实现预期政策目标的程度。按照这一标准进行政策评估的前提条件是研究制定的某项政策必须具有明确的政策目标；而且，不同的政策具有不同的预期目标，不能一概而论；否则，要么由于政策目标模棱两可而难以做出客观的评估结论，要么片面强调直接的经济效益而忽视意义重大的社会效益和环境效益。

2. 政策效率标准

政策效率标准是指某项政策执行中取得某种或某些政策效果所消耗的政策资源数量，即政策实施的成本－效益问题。政策效率的高低，既可以反映某项政策本身的优劣，也可以体现政策执行机构的综合能力和管理水平。

在评估政策执行的效率时，需要调查研究一系列问题，比如实现政策目标的不同途径对政策资源消耗的影响，政策资源的保证程度与政策执行效果的关系，创造性执行政策对提高政策效率和效益的贡献，评价政策成本与效益的指标等。

3. 政策的回应程度

任何一个国家及其执政党都要通过制定和执行一系列政策来体现自己的政治主张、施政纲领和欲达到的经济－社会发展目标，从而与全体公民或一部分公民的切身利益联系在一起，政策实施后得到公众的政策回应，即某项政策受控对象或受益对象对政策执行效果的满意程度。

4. 执行政策的创造性

政策执行效果是与政策执行者在实施政策过程中是否具有创造性密切相关。由于各地自然资源和环境条件、经济与社会发展水平不同，同时，某项政策的执行还涉及政策舆论的准备、与相关政策的协调、实施政策的行动方案拟定和时机的选择等因素，因而在不同地区、不同部门乃至不同单位执行同一项政策均不应该千篇一律地机械照搬、直接硬套，而是要从实际出发，按照既定政策目标和主要政策条款的要求，抓住本地区、本部门执行某项政策的主要矛盾、主要调控对象和调控手段，研究制定并实施有创造性的政策行动方案，其中包括政策资源的投入与政策执行效果的产出分析，以提高政策执行的有效性，降低其风险性。

（二）环境政策评估的步骤

根据上述环境政策执行的评估标准，按照一定的步骤进行政策评估是做好环境政策评估的重要保证。环境政策评估有以下三个步骤：

1. 确立环境政策评估要素

环境政策评估要素由评估者、评估对象、评估目的、评估标准和评估方法构成。

环境政策评估者的选择，是做好评估工作的关键要素。应选择从事过研究编制某项环境政策的科技人员，既熟悉原定政策的来龙去脉和主要内容，又了解此项政策的执行情况，还掌握政策学、管理学等学科的理论和方法，所以能够得心应手地组织开展环境政策执行的评估工作，并可以收到事半功倍的效果。这样做，同时也符合政策实践的综合性、政策理论的复杂性、政策从研究制定到执行和修订的连续性等基本特点。

环境政策评估对象的确定，要根据评估的有效性和可行性原则来进行。选择环境政策评估对象时主要考虑：选择通过政策执行过程得到实践检验、其本身的优缺点已经显露出来的政策；选择政策执行效果与政策目标之间具有明显因果关系并便于衡量的政策或政策内容；选择将要做出的政策评估结论对该项政策的修订和完善或决定政策终结有实际价值的环境政策；还要考虑政策评估工作是否能够得到主管部门的支持，以及降低政策评估成本等因素。

环境政策评估的目的，包括为主管部门提供政策执行情况的信息、为修订和完善现行政策提供科学依据、确定某项政策是否终止执行等。环境政策评估目的的不同，决定了评估侧重点和评估深度的差异。如果是上述第一个目的，则评估的重点可能放在主管部门最感兴趣的政策内容上，一般以典型案例调查分析为主，兼顾面上执行情况的述评。假定政策评估的目的属于第二种，则评估调查要有足够的广度和深度。当由于形势的变化需要重新审视和修订某一现行政策时，还需要从必要的战略高度评估现行政策的重大局限性。如果对某项政策执行后的终止执行做出评估结论的话，必须掌握足够的信息和实际案例，论证终止执行的原因和必要性、终止执行的时机选择和有关事宜的善后处理等。

关于环境政策执行的评估标准问题，前面提到的只是原则性的论述，具体评价工作中，还要根据环境政策所属领域、环境政策的不同性质和评估目的，确立相应的具体标准。

2. 制定环境政策评估方案

由政策评估负责人组织评估小组的科技人员，先草拟一个环境政策评估实施方案，与主管部门讨论并确定实施方案，其中主要包括评估对象的选择、环境政策评估的目的和要求、环境政策评估内容的工作框架等。

3. 环境政策评估方案的实施

环境政策评估方案的实施，大体包括如下工作：根据环境政策评估的特点和要求，选择和培训评估工作人员；采用诸如观察法、查阅资料法、开会或问卷调查法、个案调查分析等方法，收集评估所必需的各种信息，对信息进行系统的整理、分类、统计和分析，为科学评估提供实际依据；综合运用上述多种评估方法，客观、公正地分析环境政策执行后的实际效果，得出科学的评估结论；编写环境政策评估报告，其内容要全面，并以政策本身的价值判断为基础，对评估过程、评估方法和评估中的一些重要问题加以说明，并提出政策性建议。

（三）环境政策评估的意义与作用

评估环境政策执行情况和执行效果的主要作用，是通过调查研究来获取大量关于现行政策的各种信息，为下一步的环境保护工作提供科学依据，其作用和意义如下：

1. 决定政策的去向

从政策的稳定性与可变性出发，根据政策执行情况和执行效果评估提供的信息，政策的研究制定者可以对政策的去向分别做出三种不同的选择，即继续、修正和终止。既定政策仍然有效，可以继续执行，以便实现尚未完成的预期政策目标；在执行既定政策的过程中出现重要的形势变化，有必要对其做出相应的调整、补充和修正；既定政策已经完成了自己的历史使命，实现了预期的政策目标或因政策环境发生某些突然变化而失去存在的价值，因而决定终止执行现行政策。

2. 科学决策的延续

按照传统的观念，似乎政策执行情况和执行效果的调查与评估纯属政策制定和执行机构的行政性事务，不存在科学决策的问题，其实不然。无论是政策执行后的监督和跟踪检查，还是对政策执行效果的调变与评估，都涉及一系列错综复杂的内部条件和外部环境对政策执行效果的正面、负面影响；而且做出政策评估的正确结论，还需要对已掌握的信息进行加工和必要的定性与定量分析，特别是某些经济政策和技术政策的执行效果分析，甚至涉及有关理论、方法和技术性等专业问题。因此，为做好政策评估工作，仍然需要由领导者、专家和学者组成的专门评估小组参与政策执行效果的调查评估和相关的科学决策活动。由此看来，政策付诸实施后的政策评估，仍是这种科学决策的延续。

3. 为有效配置政策资源打下基础

政策资源总是有限的，如何把这些有限的资源进行合理的配置以获取最大的效益，这是政策决策者和执行者都必须认真考虑的问题。政策评估正是合理配置资源的基础。只有通过评估，才能确认每项政策的价值，并决定投入各项政策的资源的优先顺序和比例，以寻求最佳的整体效果，有效地推动政策各个方面的活动。也只有通过评估，才能明了既有政策在资源配置上是否合理、有效，存在什么问题，总结经验、吸取教训，以便完善政策，使之高效地运行。

四、环境政策终结

（一）环境政策终结的含义

环境政策终结，是指环境政策制定者通过对某项或某些具体环境政策进行慎重的评估后，采取必要的措施，以终止那些过时的、不必要的或无效的政策的一种行为。政策终结是政策过程的最后一个环节。

由于经济与社会的发展和政策环境的变化，某些由一定政策调控的矛盾和对象会随着政策的实施而获得解决，其调控对象也因矛盾的解决而不复存在或发生换位转移，从而出现某项政策执行后的终结。任何政策不适应形势要求或已经完成其使命后都应终结，如果没有政策终结，将失去政策的严肃性、发展性和可更新性。

（二）环境政策终结的形式

环境政策终结的形式是指某项环境政策执行后的归宿或后续演变的方式。终结形式的选择要视各项政策的性质、层次，在政策体系中的地位和作用，政策执行效果和发展变化了的新形势的要求等不同情况加以区别对待。政策终结的形式主要有以下两种：

1. 对原政策做部分调整或重大改动

当政策环境未发生实质性变化，原政策在整体上继续有效的时候，只对原政策进行部分调整，就可以适应政策环境变化之后的需要，即只发生部分政策条款的终结或修改补充问题。

为了确认此种政策终结的形式，必须首先进行政策执行的调查跟踪和案例分析，搞清政策环境、政策调控对象和调控手段的变化及后者的有效性，确认哪些政策条款已经失去时效，为什么失去时效，是否需要适当调整政策的调控对象，应该以哪些新的政策调控手段取代已经失效的调控手段，修改补充后的政策条款执行后能在多大程度上促进原定政策目标的实现等。

2. 原政策的完全废止

原政策的完全废止的终结形式，实际上是某项政策的最终归宿，即政策性消亡。采取这种政策终结方式的有两种原因：已实现原定政策目标、完成历史作用并无须继续延伸发展的某项具体政策；实践证明是错误的而且必须废止的某项政策。在确定前一种政策终结时，必须首先进行系统和全面的政策执行效果评估，因而需要掌握全面的执行情况的调查资料和典型的案例分析资料；然后，由该项政策的研究制定者和负责执行者进行全面的分析和判断，确认已实现原定政策目标、完成历史作用并无须继续延伸和发展的某项政策属于正常的政策性消亡。应该对该项政策的完全废止是否与相关政策、法规存在连带关系做出判断，并正确选择政策完全废止的时机。在确定后一种政策终结时，情况与前一种有很大不同，因为一项错误政策的完全废止，首先要有修正和否定政策过失的勇气，而且要处理与该项政策废止有关的一切麻烦，其中可能还会涉及法律责任的追究。此种政策终结方式的提出，在多数情况下不是政策制定和决策者的主动行为，常常是政策受控者采取不同方式进行上诉或公开反对的结果，因而需要强有力的民主与法制制度做支持，否则，错误政策的完全废止将会遇到很大的障碍，甚至遗祸相当长的时间，给相关单位和群众权益造成更大损害。

（三）环境政策终结的意义和作用

1. 政策终结有利于节省政策资源

任何一个国家政府，财政负担和社会资源都是有限度的，如果不能及时地终止一项已经过时的或是无效的政策，那将是对有限的政策资源的极大浪费。当一项政策目标已经实现，政策问题已经解决，或是政策目标虽然还未实现，但实践已证明该政策是无效的，在这种情况下，如果不能及时地予以终止，就会浪费有限的政策资源。正是因为政策终结意味着政策活动的结束，某种机构、规划、惯例的终止以及有关人员的裁减，因此，政策终结可以减少人力、物力、财力的无效消耗，从而节省有限的政策资源。另一方面，如果无效的政策继续执行得不到及时终止，不仅不会带来任何效益，甚至会由于政策的实施造成某种危害，尤其是当这项政策原本就是错误时，它就会使资源配置低效、无效或失效，从而浪费社会资源，加重财政负担。在市场经济体制下，这种错误的政策极有可能破坏市场机制正常功能的发挥，加重市场失灵现象。因此，政策终结有利于节省政策资源。

2. 政策终结有利于提高政策绩效

旧政策的终结就意味着新政策的启动、新规划的诞生以及相关机构和人员的更新与发展，这无疑可以更好地解决问题，促进政策绩效的提高。在存在种种障碍和制约因素（如信息的不完全、人类知识能力有限等）的条件下，政策决策者难免制定出无效的或是错误的政策。因此，一旦在变化发展的环境中发现某项政策无法解决面临的困难和问题，政策决策者必须及时终止原政策，不断调整自己的政策行为，方能在发展与变动的环境中充分运用有限的资源，取得最好的政策绩效。正是从这个意义上说，政策终结既是结束又是开始，在整个政策循环中起着承上启下、开拓未来的作用。

3. 政策终结可以避免政策僵化

政策僵化指的是一项长期存在，没有及时予以终结的政策，在发展变化了的环境下，继续执行该政策，不仅不能解决问题，反而成为解决问题的阻力与障碍。政策僵化将带来严重的不良后果。如果说，在生产规模不大，科学技术不发达的时代，政策僵化造成的危害还可以承受的话，那么在科学技术迅速发展的当今社会，随着全球市场的出现，政策僵化会使一个国家陷入极端被动的困境，面对眼花缭乱的信息社会而一筹莫展。这是因为公共政策作为政府行为，一经颁布便具有了强制性，成为社会行动的准则。如果人们违背一项没有宣布予以终结的政策，这项具有合法性的公共政策必然会做出反应，给予相应的约束和制裁。政策僵化由此遏制人们的积极性和创造性的发挥。

4. 政策终结可以促进政策优化

公共政策在社会发展中具有举足轻重的作用，公共政策既能促进一个社会的繁荣，也能使一个社会濒于崩溃的边缘。因此，从某种意义说，一个社会或国家的命运在很大程度上取决于其公共政策的水平。由于社会的繁荣和落后在时间上是相对的，在空间上是动态变化的，因而就要不断提高政策水平，即政策优化的必要。政策终结有助于促进政策优化表现在政策人员的优化。政策人员不仅包括政策决策者，还包括政策执行者以及参与政策过程的其他人员。由于政策终结意味着人员的裁减与更新，因此，终结旧政策有利于优化政策人员，促进政策向更高层次发展。

政策组织的优化是公共政策优化的核心内容。如果仅仅是人员的优化，还达不到政策优化的目的。这是因为在当代社会中，政策人员只是政策组织的一部分，其政策活动必须通过组织机构才能进行。因此，要优化公共政策，还必须实现政策组织的优化。政策终结伴随着组织机构的裁撤、更新和发展，政策终结必然有助于政策组织的优化，人们不仅可以利用政策终结实现组织内部人员的优化组合，使不同素质特长的政策人员有机结合，促进政策组织体系的优化，从而进一步针对政策所涉及的不同层次和领域，建立更为合理的政策机构。

第三节　环境行政监督与环境行政责任

一、环境行政处分与处罚

（一）环境行政处分

1. 环境行政处分的含义

环境行政处分，也称为环境行政纪律处分或环境行政纪律责任，是指环境行政公务人员的任免机关和行政监察机关根据有关法律对犯有违法失职行为尚不构成犯罪的环境行政公务人员实施的一种行政制裁措施。

环境行政处分具有以下几个特点：

第一，它是一种惩戒性责任，是对环境行政公务人员职务身份的制裁。

第二，它是以环境行政职务关系为前提，几乎所有的违反环境行政职务关系规则的行为均可以适用环境行政处分责任。

第三，环境行政处分只适用于环境行政公务人员，由行政公务人员的任免机关和行政监察机关进行确认和追究，是一种内部环境行政行为和内部责任方式。

第四，环境行政处分针对的是环境行政公务人员的尚未构成犯罪的违法失职行为，构成犯罪的，应移送司法机关追究刑事责任，而不能以行政处分代替刑事处罚。

2. 环境行政处分的决定与解除

环境行政处分的决定主体有两种，一种是环境行政工作人员的任免行政机关，另一种是行政监察机关。但是给予开除处分的应当报上级机关备案，县级以下国家行政机关开除环境行政工作人员应报县级人民政府批准。

环境行政处分必须依照法定程序，在规定的时限内做出处理决定，对环境行政工作人员的行政处分，应当中实清楚、证据确凿、定性准确、处理恰当、手续完备，行政处分决定应当以书面形式通知受处分的环境行政工作人员本人。

环境行政工作人员受到环境行政处分，两年内由原处分决定机关解除行政处分不视为恢复原级别、原职务。环境行政工作人员在受行政处分期间，除了受到开除处分外，分别在半年内受解除降级、撤职处分的，在行政处分解除后，该工作人员晋升职务、级别和工资档次不受原行政处分的影响。

（二）环境行政处罚

1. 环境行政处罚的含义

环境行政处罚是指县级以上环境行政主管部门和其他依照法律规定行使环境监督管理权的行政部门，依照法定权限和程序对违反环境法律规范尚未构成犯罪的作为行政相对人的单位和个人给予制裁的具体行政行为。“其他依照法律规定行使环境监督管理权的行政部门”是指海洋监督、港务监督、渔政渔港监督、军队、公安、交通、铁道、民航管理部门，以及县级以上人民政府的土地、矿产、林业、农业、水利行政主管部门，某些情况下县级以上人民政府也可以成为环境行政处罚的主体。单位包括法人组织和非法人组织，个人包括中华人民共和国公民、外国人和无国籍人。

2. 环境行政处罚的种类和形式

环境行政处罚包括申诫罚、能力罚和财产罚三大种类：

第一，申诫罚，也称精神罚或影响声誉罚，是指特定的行政机关或者法定的其他组织，对违反行政法律法规的组织和公民提出的谴责和警示。申诫罚不涉及违法行为人的人身自由、财产权利和行为能力，以影响违法行为人的名誉、荣誉、信誉等为主要内容。申诫罚的主要目的和作用不是单纯的制裁，而是通过对违法行为人精神上的惩戒，训诫其违法行为，使其引以为戒、不再违法。这类处罚主要包括：通报批评、警告等，适用于违法情节轻微或未造成实际危害后果的违法行为的惩戒形式。

第二，能力罚，也称行为罚或资格罚，是指特定的行政机关或者法定的其他组织，对管理相对人特定的行为或资格进行限制或剥夺的一种制裁措施。在行政处罚中具体包括对行为人从事某一方面特定职业或生产经营活动的权利的剥夺与限制。在环境行政处罚中，其主要形式有责令停产停业、吊销环境许可证照、责令关闭等。

第三，财产罚，是特定的行政机关或法定的其他组织强迫违法者交纳一定数量的金钱或物品，或者限制、剥夺其某种财产权的处罚。财产罚不影响违法者的人身自由和进行其他活动的权利。在环境行政处罚中，其主要形式有：罚款、没收违法所得和非法财产、责令赔偿损失等。

几种常见的环境行政处罚形式如下：

第一，警告：警告是一种典型的申诫罚，是指环境行政机关对那些轻微违反环境法律规范的行为人的谴责和告诫。包括口头警告和书面警告。警告的目的是向违法者发出警戒，声明行为人已经违法，避免其再犯。

第二，罚款：罚款是环境行政处罚中应用范围最广的一种行政处罚，是指环境行政机关强制违法行为人承担金钱给付义务的处罚形式。罚款的目的在于通过经济制裁以促使行为人改正错误。我国环境法律规范中有关罚款金额的规定有两种情况：一种是环境法律规范含有授权性条款，授权国务院具体做出规定，这种情况一般由国务院颁布的相应法律的实施细则中具体现定；另一种情况是由环境法律直接在“法律责任”专章中直接规定具体的罚款限额，第二种情况实现了立法和执法的同步性，更有优越性。

第三，没收违法所得和非法财产：没收违法所得是环境行政机关依法将环境违法行为人的非法收入和非法所得以及与从事违法活动有关的非法财产收归国有的一种处罚形式。值得注意的是，违法所得不同于非法财产。前者是指违法行为人因实施违法行为获取的不应归于他的财产；而后者是指违法行为人所占有的违法工具、物品及违禁品。前者是违法行为人获取的额外利益，通常指实施违法行为的利润；而后者是违法行为人的物品财产等，因违法行为而转化为非法财产。

第四，责令停止生产或者使用：这是环境行政机关要求违法行为者停止违法生产经营或停止使用污染危害环境的设施的一种处罚形式。这种处罚形式是限制或剥夺违法行为人特定行为能力的一种处罚，主要是针对建设项目的防污设施没有建成或者没有达到国家规定的标准而投入生产或使用的单位和个人。其目的是为了保证防治污染和保护环境的设施能正常运行。

第五，吊销许可证或者其他具有许可证性质的证书：这种处罚是指环境行政机关依法收回、撤销违法者已经获得的从事某种活动的权利或资格的证书，其目的是取消被处罚人的一种资格或剥夺限制其某种特许权利。许可证制度是我国环境行政管理的重要方式之一，其运用范围广，种类多。绝大多数的许可证直接关系到公民法人的生产经营权利。在环境保护领域的许可证或其他具有许可证性质的证书有多种表现形式，如排污许可证、采伐许可证、采矿许可证、废物进口许可证、捕捞许可证、狩猎证等。吊销许可证或其他具有许可证性质的证书是为了禁止环境违法行为者继续从事该许可证所允许的各类事项。

（三）环境行政处分和环境行政处罚的关系

1. 环境行政处分和环境行政处罚的共同点

环境行政处分和环境行政处罚都是行为人因环境违法行为对国家承担的环境行政法律责任，具有以下共同之处。

第一，两者责任的基础相同。任何违法行为，不论是直接针对自然人和法人，还是针对国家的，都是对统治阶级根本利益和国家所确立保护和发展的社会关系和社会秩序的侵犯，是不能容许的。因此法律责任的实质是国家对违反法定义务、因越法定权利界限或滥用权利的违法行为所做的法律上的否定性的评价和谴责，因此不管是环境行政处分还是环境行政处罚，其存在的基础都是以法律的明文规定为限。

第二，两者的实施主体均是国家环境行政机关。不管是环境行政处分还是环境行政处罚，尽管它们针对的是不同的对象，前者针对国家环境公务人员，后者针对环境行政相对人，但它们都是由国家环境行政机关对违反环境行政管理法规者所实施的一种惩戒，都体现了国家环境行政权力的行使和运用，均存在着保障环境行政权力的正常运行，维护正常的环境行政管理秩序的目的。

第三，两者所适用的违法行为有相似性，两者都是针对违反环境行政法律规范，但是尚未构成犯罪的行为。

第四，环境行政处分和环境行政处罚在制止和预防环境违法行为方面的功能相同，两者都具有预防环境违法的教育性功能。

2. 环境行政处分和环境行政处罚的区别

第一，两者的行为性质不同。前者属于内部行政行为，而后者则属于外部行政行为。

第二，两者的适用对象不同。前者主要适用于环境行政机关工作人员，而后者则适用于环境行政相对人。

第三，两者的救济途径和方式不同。受到环境行政处分的工作人员如果对环境行政处分不服，只能通过环境行政机关内部向做出处分决定的行政机关、上级行政机关或行政监察机关提出申诉的方式寻求救济，而如果环境行政相对人对环境行政处罚不服，则能通过向专门的环境行政复议机关提起环境行政复议或向人民法院提起环境行政诉讼的方式寻求救济。

二、环境行政复议、诉讼、赔偿

（一）环境行政复议

1. 环境行政复议的概念

环境行政复议是指环境行政管理相对人（公民、法人和其他组织）认为环境行政机关的具体行政行为侵犯其合法权益按照法定程序向做出该具体行政行为的机关的上级机关提出申请，由有管辖权的行政机关对有争议的具体环境行政行为进行审查，并做出决定的环境行政活动。

环境行政复议有以下几方面的含义：环境行政复议是环境行政机关的环境行政活动；

环境行政复议只能由环境行政管理相对人提出，没有相对人的申请就不能启动；环境行政复议只能由具有法定环境行政复议职责的行政机关受理，其他机关不能行使复议权；环境行政复议以具体环境行政行为的合法性和适当性为审查对象；环境行政复议申请必须在法定期限内提出。

2. 环境行政复议的范围

环境行政复议的范围是指环境行政管理相对人认为环境行政机关的具体行政行为侵犯其合法权益时，依法可以向复议机关请求复议的范围。

根据《中华人民共和国行政复议法》，结合环境法律法规的要求，环境行政管理相对人可以申请环境行政复议的范围包括：对环境行政机关做出的警告、罚款、责令重新安装使用、责令限期治理、责令停止生产或者使用、没收违法所得、关闭、暂扣或者吊销许可证等环境行政处罚决定不服的和对环境行政机关就环境行政侵权赔偿所做的裁决不服的；对环境行政机关做出的有关许可证、资质证书、资格证等证书变更、中止、撤销的决定不服的，认为符合法定条件；申请环境行政机关颁发许可证、执照、资质证书、资格证等证书，或者申请环境审批、登记有关事项，环境行政机关没有依法办理的；申请环境行政机关履行保护人身权利、财产权利法定职责，环境行政机关没有依法履行的；对环境行政机关所做出的强制措施决定不服的，认为环境行政机关的其他行政行为侵犯其合法权益的，认为环境行政机关的具体环境行政行为所依据的规定不合法，在对具体环境行政行为申请复议时，可以一并向行政复议机关提出复议。

3. 环境行政复议的程序。

根据《中华人民共和国行政复议法》的规定，环境行政复议的程序分为申请、受理、审理、决定和执行五个阶段。

（1）申请

环境行政复议申请是指环境行政管理相对人认为环境行政机关的具体环境行政行为侵犯其合法权益，在申请时效内按照法定条件和方式向环境行政复议机关提出复议要求的活动。环境行政管理相对人认为环境行政机关或其依法设立的派出机构所做出的具体环境行政行为侵犯其合法权益的，可以自知道该具体环境行政行为之日起60日内提出行政复议申请。环境行政复议申请包括书面申请和口头申请两种形式。

（2）受理

环境行政复议受理是指环境行政复议机关在接到复议申请书后，经过审查认为符合法定申请条件而接受申请并做出立案决定的环境行政活动。

如果环境行政复议机关做出不予受理的决定，申请人可以在收到复议决定书之日起15日内向人民法院起诉。环境行政复议机关无正当理由不予受理的，上级行政机关应当责令其受理；必要时上级行政机关也可以直接受理。

（3）审理

环境行政复议审理是指环境行政复议机关在受理环境行政争议之后，对该争议依法进行审查裁定的活动。环境行政复议机关对受理的行政复议申请，应当自接到申请之日起7日内，将行政复议申请书副本或者行政复议申请笔录复印件发送被申请人。要求被申请人自收到之日起10日内，向行政复议机关提出书面答复，说明其做出原具体环境行政行为的基本情况，并提交当初做出具体行政行为的证据、依据和其他有关材料。决定是否同意第三人、法定代理人参加复议。查阅申请人和被申请人送交的材料、证据和法律文件，进行调查和补充证据收集。决定是否同意申请人撤回复议申请或被申请人改变原具体环境行政行为的申请。做出同意撤回复议申请或同意改变、终止原具体环境行政行为的裁决（意味着该环境行政争议的复议程序终结）。

（4）决定

环境行政复议决定是指环境行政复议机关对复议案件进行全面审理之后所做的复议决定。环境行政复议机关根据不同情况，分别可以做出如下四种决定：决定维持原具体行政行为——审理结果表明被申请的具体环境行政行为认定事实清楚、证据确凿、适用法律依据正确、程序合法、内容适当的，决定维持；决定被申请人履行法定职责——审理结果表明被申请人不履行法定职责或拖延履行法定职责的，决定其在一定期限内履行；决定撤销、变更原具体行政行为——审理结果表明原具体环境行政行为主要事实不清、证据不足的，或者适用依据错误的，或者违反法定程序的，或者超越或滥用职权的，或者具体环境行政行为明显不当的，应当决定撤销、变更；决定被申请人行政赔偿——申请人申请环境行政复议时一并提出行政赔偿请求，审理确认原具体环境行政行为侵犯了环境行政管理相对人的合法权益，并造成损失，应决定被申请人按照有关的法律法规的规定负责赔偿。

（5）执行

环境行政复议执行是指对环境行政复议机关所做出的复议决定的实施，包括申请人的自觉履行和被申请人对复议决定的执行。环境行政复议决定书一经送达，即发生法律效力。

环境行政复议是环境行政机关解决行政争议的有效手段。在环境行政执法活动中，环境行政机关与管理相对人之间发生行政争议是难以避免的。而且，某些环境监督管理人员在环境行政执法活动中徇私舞弊、职务违法等侵权行为屡见不鲜。环境行政复议制度的建立，上级机关可以通过行政复议及时纠正；环境行政复议可以更有效地保护管理相对人的合法权益。环境行政侵权行为难以避免，因此，不仅要规定公民享有的权利，还要保障这些权利得以实现，包括纠正违法和不当的环境行政以恢复公民被侵害的权益。环境行政复议有助于减轻人民法院行政审判的压力。

（二）环境行政诉讼

1. 环境行政诉讼双方

环境行政诉讼必须由合格的环境法主体向人民法院诉请。环境法主体是指法律规定有资格提起环境行政诉讼的公民、法人或者其他组织。享有环境行政诉讼原告资格的法定条件有三个：原告必须是环境行政管理相对人；原告必须是认为具体环境行政行为侵犯其合法权益的环境行政管理相对人；原告必须是向人民法院提起环境行政诉讼的环境行政管理相对人。

环境行政诉讼的被告是指其实施的具体环境行政行为被作为原告的个人或组织指控侵犯其合法权益，而由人民法院通知其应诉的环境行政主体。

根据有关法律规定和司法实践，环境行政案件的被告通常有以下几种情况：

第一，行政管理相对人直接向人民法院起诉的，做出有争议的具体行政行为的行政机关是被告。

第二，经复议的案件，复议机关维持原具体环境行为的，做出争议的具体环境行政行为的行政区机关是被告。

第三，两个以上的环境行政机关共同做出有争议的具体环境行政行为的行政机关是共同被告。

第四，由环境行政机关委托的组织所做出的具体化环境行为，委托的行政机关是被告。例如，环保局委托环境监理部门行使环境执法监督权，委托的环保局是被告。

第五，法律法规授权某组织可以行使环境监督管理权的，做出有争议的具体环境行政行为的该组织是被告。

第六，环境行政机关被撤销后，行政管理相对人对其撤销前做出的具体环境行政行为提起诉讼的，继续行使其职权的组织是被告。如果没有继续行使其职权的组织的，做出撤销决定的行政机关是被告。

2. 环境行政诉讼可诉范围

依据《中华人民共和国行政诉讼法》第 11 条规定，结合环境法律法规的有关规定，环境行政诉讼可诉范围包括：对警告、罚款、吊销许可证、限期治理、没收非法所得、责令停业、关闭等环境行政处罚不服的；对财产的查封、扣押、冻结等环境行政强制措施不服的；认为环境行政机关侵犯法律规定的经营自主权的；认为符合法定条件申请环境行政机关应批准环境影响评价文件、申请颁发环境保护设施验收合格证、排污许可证、环境影响评价资质证书等，环境行政机关拒绝批准、颁发或者不予答复的；申请环境行政机关履行保护人身权、财产权的法定职责，环境行政机关拒绝履行或者不予答复的；认为环境行政机关违法要求履行义务的（如违法要求缴纳排污费，违法要求限期治理等）；法律法规规定可以提出环境行政诉讼的其他环境行政案件（如环境行政确认、环境行政裁决等）。

3. 环境行政诉讼程序

（1）起诉

根据环境法律法规的有关规定，提起环境行政诉讼的案件主要有两类：一类是当事人不服环境行政机关的具体行政行为，直接向人民法院提起的诉讼；另一类是当事人不服上一级环境行政机关做出的复议决定，向人民法院提起的诉讼。

（2）受理

人民法院接到原告的起诉后，由行政审判庭进行审查，符合起诉条件的，应当在7日内立案受理；不符合起诉条件的，应当在7日内做出不予受理的裁定。

（3）审理

人民法院审理行政案件实行第一审和第二审制度。

一审是人民法院审理行政案件最基本的审理程序，包括：人民法院在立案之日起5日内，将起诉状副本发送被告环境行政机关；被告环境行政机关应在收到起诉状副本之日起10日内，向法院提交做出具体环境行政行为的证据和依据，并提出答辩状；法院应在收到被告的答辩状之日起5日内，将答辩状副本发送原告；开庭审理，经法院调查、法庭辩论、合议庭评议等审理程序做出一审判决。二审是指上级人民法院对下级人民法院所做的一审案件的审理。如果被告或者原告对一审判决不服，可以在收到判决书之日起15日内，向上级人民法院提起上诉，即进行二审。二审为终审。

（4）判决

指人民法院经过审理，根据不同情况，分别做出维护、撤销或者部分撤销、在一定期限内履行和变更的判决和裁定。人民法院做出判决的期限，一审案件为立案之日起3个月，二审案件为立案之日起2个月。

（5）执行

当事人必须履行人民法院发生法律效力的判决和裁定。原告当事人不履行或者拒绝履行判决或裁定的，被告（环境行政机关）可以向第一审人民法院申请强制执行。被告拒绝履行判决裁定的，第一审人民法院可以依法采取强制措施，情节严重的要追究主管人员和直接责任人员的法律责任。

（三）环境行政赔偿

1. 环境行政赔偿的概念

环境行政赔偿，是指环境行政机关及其工作人员违法行使环境监督管理职权，侵犯公民、法人或其他组织的合法权益并造成损害的，由国家承担赔偿责任的制度。环境行政赔偿是行政赔偿的一种，均属于国家赔偿。

2. 环境行政赔偿的范围

环境行政赔偿的范围，是指环境行政机关及其工作人员的环境行政管理行为侵犯行政管理相对人的合法权益造成损害时能够产生行政赔偿事项的范围，即环境行政管理相对人依法可以请求行政赔偿的范围。我国行政赔偿的事项仅限于侵犯人事权和侵犯财产权的范围。根据环境法律法规和《中华人民共和国国家赔偿法》第四条规定，环境行政赔偿的范围如下：

违法实施环境行政处罚（如罚款、责令限期治理、责令停止生产或者使用、吊销排污许可证、责令停产、关闭等），造成行政管理相对人财产损失的。

违法采取强制性措施（如违法强制停止排污、违法恢复污染治理设施使用等），造成行政管理相对人财产损失的。

违法要求履行义务（如违法要求缴纳超标排污费），造成行政管理相对人财产损失的。

因行政不作为违法行为（如行政相对人符合法定条件申请环境行政机关核准（核发）排污许可证、环境影响评价文件，环境行政机关不予批准或拒绝履行等），造成行政管理相对人财产损失的。

法律规定其他违法行为造成财产损害应予赔偿的。

3. 环境行政赔偿程序

环境行政赔偿程序是指行政赔偿请求人请求行政赔偿，环境行政赔偿义务机关依法给予行政赔偿应遵循的法定方式、步骤和时限的总称。

赔偿请求：符合法定资格的赔偿请求人在法定时限内向法定的环境行政赔偿义务机关提出。环境行政赔偿请求原则上应当以书面的方式提出，并递交环境赔偿申请书。环境行政赔偿申请书应明确具体的赔偿要求、事实根据、理由。环境行政赔偿请求最迟不得超过2年时间，以环境行政机关及其工作人员行使环境行政职权的行为被依法确认为违法之日起计算。

赔偿请求受理与审查：环境行政赔偿义务机关接到赔偿申请后，指定相关人员对赔偿申请进行认真的审查。主要审查申请书的内容是否完备，是否属于行政赔偿的范围，提出申请的时间是否在法定时限内，申请人是否具有申请赔偿资格等。如果条件符合，应当受理。

行政赔偿处理决定的做出：环境行政赔偿义务机关自收到环境行政赔偿申请之日起2个月内依法做出赔偿处理决定，并做出《环境行政赔偿决定书》。环境行政赔偿义务机关逾期不做行政赔偿决定的或者请求人对赔偿数额有异议的，赔偿请求人可以自赔偿期届满之日起3个月内向人民法院提起环境行政赔偿诉讼。

环境行政机关发现其工作人员违法行使环境监督管理权，侵犯环境行政管理相对人合法权益造成损害结果的，在纠正违法行使职权行为以后，应主动给予受害人环境行政赔偿。

第四节　中国环境政策及创新

一、中国环境政策的基本特征

（一）在环境政策定位上，比较强调环境与经济的相对平衡

我国环境政策不仅考虑到环境保护目标的需要，同时也注重环境政策对经济系统可能产生的负担。一般情况下总是把企业对环境政策的承受力作为制定环境政策时比较重要的因素，这在环境政策中就表现为环境与经济的相互妥协或让步。也就是说，我国环境政策的总体战略是“环境与经济协调型”的，而不是“环境优先型”的。

（二）在环境政策作用点上，比较注重同时从根源上预防和从后果上治理

我国环境政策所处的特殊时刻是：工业化进程中已经出现了大量环境问题，同时我国已认识到这些问题是与经济发展过程密切相关的，因此，环境政策既要处理已经出现的后果，又要采取措施预防新的环境问题。这就必然使环境政策出现“全面出击”“两者兼顾”的局面。从而使我国环境政策有比较多的作用点，例如既有规划、计划、环境影响评价等预防性政策，又有排污收费、限期治理等补救性措施。

（三）在环境政策制定上，基本上是“主体立法”

我国的环境法规从产生制定过程上看，一般由国家主管部门组织领导，由一部分专家和管理人员参加起草，有关内容经过科研论证，最后由国家机关审定通过、颁布实施。其中法规的形成缺乏透明度、缺乏公众的参与和讨论。环境立法多为“主体立法”，对行政管理相对人而言多是“义务本体”立法。法律只规定行政管理相对人应承担的义务，而行政管理相对人在履行这些义务时享有哪些权利则未予规定，缺乏应有的公平性。同时，政策法规之间具有不协调性，过分强调单一法规的运行作用，而忽略了各单位法规之间的协调和相互一致的原则，造成了不同法规有不同的解释。因此，目前的环境政策以被动型为主，而缺乏主动型的法律体系，缺乏前瞻性。同时法律的条文修改不及时，形成了首尾不

能兼顾的现象。

（四）在环境政策执行机制上，比较注重政府管制的作用

我国环境政策中的各种具体措施，特别是各项环境管理制度，大部分是由政府部门直接操作，并作为一种行政行为面通过政府体制实施的，这就使我国环境政策具有很浓的政府行为色彩。近几年来，我国在淮河、太湖等流域采取“会战式”的污染控制行动，主要方式也是动用行政系统的力量。相对而言，通过社会团体、公民个体而实施的政策则为数不多，且力量较弱。

（五）在环境政策实施手段上，比较强调“命令型手段”和“引导性手段”的并重和结合

我国环境政策中，命令型手段占有主导地位，同时引导性手段增加也很快。由于这个原因，我国环境政策显得很全面和庞大，甚至复杂。这种情况其实反映了一个本质性问题：各单项的环境政策力度不够，不得不从数量上追加其他手段。这一特征说明，我国环境政策需要改进其实施效率。

二、中国环境政策改进及创新的方向

从我国环境政策的基本内容和基本特征可以发现，我国环境政策的制定和实施过程与政府的作用非常紧密，这种以政府直接操作为主的环境政策体系，被学术界称为“政府直控型环境政策”。它的特点是政府几乎包揽了环境政策的一切方面，主要体现在：一是在政府与社会对环境政策的贡献力度上，政府占据了绝大部分比例。政府所承担的环境管理事务非常多，无论从宏观政策制定还是微观环境监督，都基本上由政府直接操作。相比之下，社会力量所能发挥作用的空间相当有限。二是政府在实施环境政策中，所采用的手段也是以本身所能直接操作的为主，特别是大量使用行政控制手段。即使是所谓“经济手段”，也是政府直接操作的管理方式，必须由政府投入相当的力量才能运行。从这个意义上说，经济手段其实是行政手段的一部分，是一种采用收费、罚款等经济价值来调控的行政管理手段。

面对新的环境形势和环境管理的要求，中国的环境政策需要不断改进和创新，需要根据市场经济发展的逻辑，应该把目前的“政府直控型环境政策”转变为“社会制衡型环境政策”

社会制衡型环境政策是对政府直控型环境政策的继承和发展，它强调政府在环境政策方面的作用的同时，将公众参与、创新环境政策决策、适当简化政府环境管制纳为关键内容。

（一）保障公众环境权益的政策创新

我国环境政策中社会力量所获得的环境权益处在相对薄弱的地位，公众参与的法规缺乏可操作性，我国环境政策，特别是环境法律，迫切需要扩大社会公众享有的环境权益，通过这些权益的规定而激励公众对环境损害行为进行监督和制约。其包括保障公民环境监督权的政策创新、保障公民环境知情权的政策创新、保障公民环境索赔权的政策创新、保障公民环境议政权的政策创新。

（二）创新环境政策决策

环境与发展综合决策是相对于传统决策而言、建立在可持续发展思想基础之上的一种全新的大环境管理对策。实施环境与发展综合决策要求抛弃那种在生物解剖学意义上的单纯就经济问题谈经济建设、就环境问题谈环境保护、就人口问题谈人口控制、就资源问题谈资源利用、追求单一目标最优化的传统决策行为。以大系统思想为指导，建立新的决策机制，综合考虑所有与可持续发展有关问题的复合影响和作用，以使决策所产生的整体效应满足各方面、各层次的利益需求，使发展具有可持续性。

（三）适当简化政府环境管制

目前我国环境政策中由政府直接操作的环境管理制度，有“老三项”制度，有“新五项”制度，后来又增加了很多制度，每一项制度都要耗费环保部门大量精力，政策执行代价大、成本高。这种状况导致的结果：一是制度的边际效益减弱，有限的行政经费不得不分散投入到各项具体制度之中，每个制度都搞一点，都有较大的遗漏；二是“制度异化”现象增加，很多政府公务人员不得不陷入相当专业化的技术性工作中，在繁杂的指标、术语等之中，逐步丧失宏观观察和总体思维的能力，把面向社会的公共管理工作异化为某种专业化的技术管理工作。这种内容丰富而专业化的环境管理模式是政府直控型环境政策的自然结果，环境政策创新或转型必须在这些方面进行改革和创新，适当简化政府环境管制。

第四章 环境管理的实施方法与技术基础

第一节 环境管理的实施方法

一、环境规划

（一）环境规划概述

环境规划是环境行政管理的主要内容之一，在环境行政管理中处于统帅地位。

环境规划是指为使环境与社会协调发展，在统筹考虑“社会－经济－环境”之间的相互联系和相互影响的基础上，依据社会经济规律、生态规律及其他科学原理，研究环境变化趋势，从而对人类自身的社会和经济活动及环境所做的时间和空间上的合理部署与安排。

环境规划的研究对象是“社会－经济－环境”之间的相互联系和相互影响，它的研究范围可大可小，可以是一个国家，也可以是一个区域。环境规划的目的是为了使环境与社会经济协调发展，维护生态平衡。为了达到这一目标，人类必须合理约束与调控自身的社会经济活动，减少污染，防止资源破坏。

环境规划在我国社会及经济发展中起着以下主要作用：第一，促进环境与经济、社会的可持续发展。环境规划以实现环境与社会协调发展为目标，可有效预防环境问题的产生与发展。第二，保障环境保护活动纳入国民经济和社会发展计划。环境规划环境保护的行动计划，环境保护是我国经济生活的重要组成部分，它与经济、社会活动密切相关，必须将环境保护计划纳入国民经济和社会发展之中，才能保证其得以顺利进行。第三，合理分配排污削减量，约束排污者行为。根据环境容量，科学、公平地分配排污者允许的排污量及污染物削减量，为合理地约束排污者的排污行为提供科学依据。第四，以最小的投资获取最佳的经济效益。环境规划运用科学的方法，保证在发展经济的同时，以最小的投资获取最佳的经济效益。第五，环境规划是实现环境管理目标的基本依据。环境规划规定的功能区划、质量目标、控制指标和各种措施以及工程项目给人们提供环境保护工作的方向和要求，可以指导环境建设和环境管理活动的开展，对有效实现环境科学管理起着决定性作用。

环境规划具体体现了国家环境保护政策和战略，其所做的宏观战略、具体措施、政策规定为实现环境管理目标提供了科学依据，是各级政府和环保部门开展环境保护工作的依据。

（二）环境规划的类型和特点

环境规划可以按照规划期分为远期环境规划、中期环境规划和年度环境保护计划。

远期环境规划一般跨越时间为 10 年以上，中期环境规划为 5～10 年，年度环境计划实际是五年计划的年度安排。远期环境规划跨越时空较长，比较宏观，侧重于长远环境目标和战略措施的制定。年度环境计划由于时间较短，往往不能形成规划，仅作为中期中某些环保工作的具体安排。

（三）环境规划的一般程序

环境规划的组织包括从任务下达到上报审批，直至纳入国民经济和社会发展规划的全过程。

环境规划的类型不同，其具体内容及程序也有所差异，下面以区域环境规划为例说明环境规划的主要程序。

区域环境规划的编制是在环境规划研究和环境管理工作经验的基础上进行的，其主要工作内容包括调查研究区域环境状况、区域环境质量预测分析和优化决策确定规划方案三个方面。

环境规划是环境管理的先导和依据，依据研究对象的系统特征，提供对系统可持续发展支撑水平较高的规划方案，是促进经济、社会与环境协调发展的关键环节。尽管不同类型的环境规划，其程序和内容有所差异，但各类型的环境规划也有相同之处。第一，各类环境规划的研究对象均是一个以人为中心，涉及社会、环境、资源、经济几个方面内容复杂的人工生态系统，系统内包括人口、工业、农业、第三产业、资源、环境等几个子系统，进行环境规划研究必须充分考虑各子系统之间的相互联系和相互影响。因此，进行系统对象的现状调查、评价和分析是环境规划的基本内容之一。第二，环境是人类生存与发展的物质基础，经济和社会的发展会受环境因素的制约，因此以对象系统历史趋势回顾为基础，预测对象系统在环境规划期内资源与环境承载力对社会经济发展的支撑水平，并找出约束系统发展的瓶颈，也都是环境规划的基本内容之一。第三，环境规划的目的是促进研究区域社会、经济和环境的协调发展，如何在满足环境保护要求的前提下，实现社会经济的发展目标，是环境规划的核心。因此，提出优化的环境规划方案是环境规划的主要内容之一，也是环境规划的根本任务。

二、环境审批

（一）环境审批概述

环境审批，即环境行政审批，是国家行政审批体系的重要组成部分，是未来国家行政审批的核心。

环境审批是环境行政管理的重要手段，是不可或缺的环境行政行为，是环境行政管理的关键。我国的环境审批有法可依、依法进行。环境行政管理要求并强调严把环境审批关。

为深入推进行政审批制度改革，国务院决定向社会公开国务院各部门目前保留的行政审批事项清单，以锁定各部门行政审批项目“底数”，接受社会监督，并听取社会对进一步取消和下放行政审批事项的意见。

（二）建设项目的环境审批

1. 建设项目环境审批范围

《建设项目环境保护管理系列》和《关于执行建设项目环境影响评价制度有关问题的通知》规定，环境审批的建设项目是指“按固定资产投资方式进行的一切开发建设活动”，包括工业、交通、水利、农林、商业、卫生、文教、科研、旅游、房地产开发、餐饮、社会服务业、市政建设等对环境有影响的一切内资、合资、独资、合作等项目以及区域开发建设项目。

2. 建设项目审批内容和程序

根据《建设项目环境保护管理程序》，建设项目环境审批按建设分阶段审批。一般分为以下几个阶段：项目建议书阶段、可行性研究阶段、设计阶段、施工阶段、试生产阶段、竣工验收阶段。

3. 建设项目环境审批时限

自收到环境影响报告书（或环境影响评价大纲）、环境影响报告表、环境影响登记表、初步设计环境保护篇章、环境保护设施竣工验收报告之日起，对上述文件分别在两个月、一个月、半个月、一个半月、一个月内予以批复或签署意见。逾期不批复或未签署意见的，可视其上报方案已被确认。特殊性质或特大型建设项目的审批时间经请示批准，可适当延长。环境影响报告书、环境影响报告表、环境影响登记表在正式受理后，分别在30日、15日和7日内完成审批工作。

4. 建设项目环境审批权限

建设项目环境审批实行分级审批制度。根据《建设项目环境影响评价文件分级审批规定》和《建设项目环境保护管理办法》的规定，以建设项目对环境影响程度、建设项目投资性质、立项主体、建设规模、工程特点等因素为依据，环境行政主管部门分级负责。

生态环境部审批权限——总投资在2亿元及以上的中央财政性投资建设项目；跨越省级行政区的建设项目；特殊性质的建设项目（如核工程、绝密工程等）；按照国家相关规定，应由国务院相关部门立项或设立的国家限制建设的项目；非政府财政性投资的重大项目，其中包括总投资10亿元及以上的水利工程、扩建铁路项目，5亿元及以上的林业、农业、煤炭、电子信息、产品制造、电信工程、汽车项目，1亿元及以上的稀土、黄金、生产转基因产品项目；其他总投资2亿元及以上的项目和限定生产规模的项目；由省级环境保护部门提交上报的，对环境问题有争议的建设项目。

省、市、县级环保局审批权限——国家环保总局审批权限以外的国家建设项目，原则上由省、自治区、直辖市环保局（厅）负责。主要有地方政府财政性投资建设项目，其“审批权限由省、自治区、直辖市环境保护行政主管部门提出建议，报同级人民政府批准确定。对化工、印染、酿造、化学制浆、农药、电镀以及其他严重污染环境的建设项目，由市地级以上环境保护行政主管部门审批”。除上述明确的规定外，因经济发展状况不同，不同省份的各级环境行政主管部门审批权限不同。

（三）排污许可证审批

排放污染物许可证审批是排放污染物许可证制度的具体执行和实施。

1. 审批依据

排污许可证审批依据包括《中华人民共和国环境保护法》《中华人民共和国水污染防治法实施细则》《中华人民共和国大气污染防治法实施细则》《中华人民共和国固体废物污染环境防治法》《中华人民共和国环境噪声污染防治法》《中华人民共和国大气污染防治法》《中华人民共和国水污染防治法》《排放污染物申报登记管理规定》等。

2. 适用范围

国家对在生产经营过程中排放废气、废水、产生环境噪声污染和固体废物的行为实行许可证管理。下列在中华人民共和国行政区域内直接或间接向环境排放污染物的企业、事业单位、个体工商户（以下简称排污者），应按照规定申请领取排污许可证：向环境排放大气污染物的；直接或间接向水体排放工业废水和医疗废水以及含重金属、放射性物质、病原体等有毒、有害物质的其他废水和污水的；城市污水集中处理设施；在工业生产中因使用固定的设备产生环境噪声污染的，或者在城市市区噪声敏感建筑物集中区域内因商业经营活动使用固定设备产生环境噪声污染的；产生工业固体废物或者危险废物。依法需申领危险废物经营许可证的单位除外。向海洋倾倒废物、种植业和非集约化养殖业排放污染物、居民日常生活非集中的向环境排放污染物以及机动车、铁路机车、船舶、航空器等移动源排放污染物，不适用此审批制度。

3. 审批内容及程序

排污许可证审批全过程包括：申报阶段、登记与审核阶段、指标分配阶段、审核发证阶段、证后监督管理五个主要阶段。

4. 审批权限及时限

国家对排污许可证实行分级审批颁发制度。

县级以上地方人民政府环境保护行政主管部门应当按照国务院环境保护行政主管部门或各省、自治区、直辖市人民政府环境保护行政主管部门规定的审批权限对排污者的排污许可证审批颁发。

县级环境保护行政主管部门负责行政区划范围内排污者的排污许可证审批颁发。市级环境保护行政主管部门负责本行政区域内确定由其监督管理排污者的排污许可证审批颁发。省级环境保护行政主管部门负责行政区划范围内确定由其监督管理排污者的排污许可证审批颁发。上级环境保护行政主管部门可以授权下级环境保护行政主管部门审批颁发排污许可证。对排污许可证审批颁发权有争议的，由争议双方共同的上一级环境保护行政主管部门决定。

环境保护行政主管部门应当自受理排污许可证申请之日起20日内依法做出颁发或者不予颁发排污许可证的决定，并予以公布。做出不予颁发决定的，应书面告知申请者，并说明理由。

三、环境监察

（一）环境监察概述

1. 环境监察的含义

环境监察机构受环境保护行政主管部门委托，以委托单位的名义依法对辖区内单位和个人履行环境保护法律法规，执行各项环境保护政策、制度、标准的情况进行现场监督、检查和处理。环境监察是在环境现场实施的管理活动，是最直接、具体的环境保护行为。环境监察是环境行政管理的重要组成部分，是不可或缺的环境行政行为。

2. 环境监察的特点

（1）委托性

环境监察机构受环境保护行政主管部门的领导和委托进行监督检查工作。环境监察工作是环境保护行政主管部门实施环境管理的一个组成部分，是宏观环境管理的体现。它必须接受环境保护行政主管部门的领导，才能使环境监察这一具体的管理行为受宏观环境管理的引导。环保法规定的执法主体是环境保护行政主管部门，环境监察机构必须接受环境保护行政主管部门的委托才能使其执法合理化。环境保护行政主管部门向接受委托的环境监察机构出具书面委托书，对委托的职权范围和时限做出具体说明。

（2）强制性

《中华人民共和国环境保护法》第十四条规定："县级以上人民政府行政主管部门或者其他依照法律规定行使环境监督管理权的部门，有权对管辖范围内的排污单位进行现场检查，被检查的单位应当如实反映情况，提供必要的资料。"该法第三十五条还规定："拒绝环境保护行政主管部门或者其他依照法律规定行使环境监督管理权的部门现场检查或被检查时弄虚作假的""拒报或者谎报国务院环境保护行政主管部门规定的有关污染物排放申报事项的""可以根据不同情节，给予警告或者处以罚款"。这些规定使环境监察工作具有了权威性和强制性。

（3）直接性

环境监察承担现场监督执法任务，大量的工作是对管理对象进行宣传、检查和处置，这些工作都是在现场直接面对被管理者进行的。环境监察的直接性也对环境监察人员的工作水平和业务素质提出了较高的要求。

（4）及时性

环境监察强调的是取得第一手信息资料，直接的现场监督执法活动要求和决定了环境监察工作的核心是加强排污现场的监督、检查、处理，运用征收排污费、罚款等行政处罚手段强化对污染源的监督处理，这些属性决定了环境监察必须及时、准确、快速、高效。及时是准确、快速、高效的保证，也是直接性特点所要求的。

（5）公正性

环境监察代表环境保护行政主管部门履行现场监督检查职责，体现着"公平、公正"的主张。其行为代表了国家保护环境的意志，是在维护国家和人民的长远利益和现实利益，必须严格、公正。

（二）环境监察的主要内容

1. 环境现场执法

环境保护执法有以下几个组成部分，即执法监督、执法纠正、执法惩戒和执法防范。环境保护现场执法是环境保护执法的体现形式之一。随着环境法制建设的完善和环境监察工作的开展，现场执法的内容也在不断充实和扩展。目前环境现场执法主要有以下几方面内容：

现场监督检查有关组织、单位和个人履行环保法律法规的情况，并对违法行为追究法律责任。

现场监督检查有关组织、单位和个人执行环境制度的情况，并对违反制度的行为依法予以处理或处罚。这些制度包括环境影响评价制度与“三同时”制度、限期治理制度、污染事故报告与处理制度、污染源管理制度、排污申报登记制度与排污许可证制度、缴纳排污费制度以及国务院的决定等。

现场监督检查自然资源与生态环境保护情况，并对破坏自然资源和生态环境的行为依法予以处理或处罚。这些自然资源与生态环境包括土地资源、水资源、森林、草地、矿产等自然资源；自然保护区、野生动物、风景名胜等自然保护区域；以及农业、畜牧业、渔业环境等。

现场监督检查海洋环境保护情况。对污染海洋的行为依法予以处理处罚。

2. 企业环境管理监察

环境监察机构依法对排污企业环境管理进行监督检查，主要包括以下内容。

企业落实环境管理制度情况检查：其内容包括环境管理机构设置、企业环境管理人员设置、企业环境管理制度建设。

企业工艺状况调查，监察污染隐患：深入企业内部的生产车间、班组、岗位，调查设备、工艺及生产状况，以了解污染产生的原因、规模、污染物流向，以督促企业采取措施减少污染，防止污染事故的发生。其内容主要包括：对生产使用原材料情况的调查、对生产工艺、设备及运行情况的调查、对产品储存与输移过程的调查、对生产变化情况的调查等。

排污企业守法情况检查：其内容主要包括环境管理制度执行情况检查、排污许可证监理的各项内容、污染物排放情况检查、污染治理情况检查等。

指导性监察：对企业进行环境监察的目的是督促排污企业加强生产管理和环境保护工作，预防和消除污染，保护和改善区域环境质量。因此环境监察机构有责任与义务协助排污单位做好环境管理工作，应利用自身环保部门的信息优势及经验优势，积极主动地提供信息与参考意见，使企业获得投资小、收益高的污染防治方法。其内容包括：提供技术改造建议、提供废弃物回收利用建议、提出污染治理建议、提供污染物集中控制指导建议等。

3. 建设项目环境监察

环境监察机构依法对建设项目进行监督检查，以保证建设项目按照《建设项目环境保护管理条例》进行，主要监察内容和要点如下：

对辖区内新开工建设项目进行监督检查，检查其执行环境影响评价制度、“三同时”制度的落实情况，各项审批手续情况，尤其是环保部门的审批意见及审批前提，杜绝建设项目环境管理漏项、漏批、漏管的现象。

对已开工的建设项目，要检查建设项目内容有无变化，包括建设性质、建设规模、采用的工艺、设备及使用的原材料有无重大变化。环境影响评价报告书中规定的环保设施落实情况、建设项目的实际内容与申报内容是否一致等。

环境监察人员应参与建设项目的竣工验收，通过竣工验收了解项目的详细情况，掌握该项目的优势和不足，对验收时提出的改进意见在以后的监察工作中予以重视。建设项目竣工验收后，竣工验收清单副本要交环境监察机构保存。

关注建设项目的生态环境问题，对区域性、流域性、资源开发、资源利用、生态建设项目，要做好环境影响评价工作。关注建设项目的生态保护效果和生态破坏效果。

对分散型小企业、乡镇企业建设项目的环境监察，除以上要点外，重点监察其是否属于淘汰、限制、禁止的行业、工艺、设备等，属于上述情况的，应坚决取缔。

对居民区、小城镇、农村的建设项目，如果对环境影响较小，其监察的重点是防止生活环境的破坏和建设项目引发的环境纠纷。

4. 生态环境监察

重要生态功能区的生态环境监察——凡经批准正式建立的各级生态功能保护区，无论属于哪一级政府管理，均应由同级环境保护行政主管部门的环境监察机构随时进行监察。其主要内容是：该生态功能区的边界情况；其管理机构承担生态保护管理职能情况；检查和制止保护区内一切导致生态功能退化的开发活动和人为破坏活动；停止一切产生污染环境的工程项目建设；督促该生态功能保护区恢复和重建生态保护功能的工程建设。

重点资源开发区的生态环境监察——环境监察机构对水、森林、草地、海洋、矿产等自然资源开发的建设单位，要按照环境影响评价报告书和“三同时”制度的审批意见，认真检查开发建设单位的落实情况。凡是没有履行环境影响评价制度、“三同时”制度和水土保持方案的，一律不得开工建设，不得竣工投产。

生态良好区域的生态环境监察——对生态良好区域的生态环境监察重点要放在维护该区域免遭改变与破坏方面，要及时发现并制止对自然环境的破坏行为，维护本区域生态的良好状态。

对本辖区的自然生态环境开展调查——这是生态环境监察的基础，要在农业、林业、土地、矿产和卫生防疫部门的配合下，对本辖区的自然环境状况、人口状况、经济状况进行调查，以掌握本辖区的生态特征，确定本辖区生态环境保护的重点内容与区域，因地制宜地制定生态监察工作计划。

5. 海洋环境监察

海洋环境调查——海洋环境调查是海洋环境监察的基础，目的是搞清楚自然及人类活动对辖区海域的影响，以便采取针对性的管理措施。海洋环境调查主要包括：海洋自然环境调查（包括自然地理位置、海区水文气象条件、海洋资源等）、近岸海域环境功能区海洋环境污染调查（包括总氮、总磷、COD、大肠菌群数、细菌总数等）、海洋环境污染源调查（包括海域活动排污状况、海岸工程建设的环境污染和破坏情况、常见污染活动等）

海岸工程环境监察——重点检查海岸工程执行国家环境保护法规及制度情况；海岸排污口设置情况；港口、码头、岸边修造船厂等的应设置的相应的房屋措施，如残油、含有废水、垃圾及其他废弃物的接收和处理设施；滨海垃圾场或工业废渣填埋场应建防护堤坝和场底封闭层，设置渗滤液收集、导出系统和可燃气体的放散防爆装置；检查海岸工程对生态环境和水资源的损害，杜绝和减少国家和地方重点保护的野生动植物生存环境的改变和破坏，减少对渔业资源的影响和建设补救措施等；沿海滩涂开发、围海工程、采挖沙石必须按规划进行；检查海岸工程建设项目导致海岸的非正常侵蚀情况；检查海岸工程建设项目毁坏海岸防护林、风景石、红树林和珊瑚礁等的情况。

陆源污染的环境监察——对陆地产生的污染物进入海洋从而对海洋造成污染或损害的监察。其主要包括：根据有关标准，检查违章排污、超标排污的情况；检查是否有含放射性物质、病原菌、有机物、高温废水的排放情况；检查沿岸农药化肥的使用情况；检查近岸固体废弃物处理处置场的建设和管理情况。

船舶污染的环境监察——对在海上停泊和作业的一切类型的船舶进行环境监察。其主要包括：监察防污记录和防污设备；监察进行油类作业的船舶污水排放情况；对装运危险货物的船舶检查安全防护措施及含危险货物废水的排放情况；检查船舶垃圾收集处理设备是否正常运转；对船舶修造、打捞及拆船工程进行检查，检查其防污设备使用及运行情况；国家海事行政主管部门对中华人民共和国管辖海域航行、停泊、作业的外国籍船舶造成的污染事故应登轮检查处理。

海上倾废监察——利用船舶、航空器、平台或其他运载工具向海洋倾倒废弃物或其他有害物质的行为属于海洋倾废，海洋倾废是全球性的环境保护问题。对海洋倾废监察重点包括：检查核实倾废手续是否完备，装载废弃物的种类、数量、成分是否属实；对倾废活动进行现场监督；监督海上焚烧废弃物的活动；监督管理放射性物质的倾倒；监督管理经由我国海域运送废弃物的外国籍船舶。

第二节　环境管理的技术基础

一、环境标准

（一）环境标准概述

环境标准是关于环境保护、污染控制的各种准则及规范的总称。《中华人民共和国环境保护标准管理办法》中对环境标准的定义是：为保护人群健康、社会物质财富和维持生态平衡，对大气、水、土壤等环境质量、对污染源的监测方法及其他需要所制定的标准。

（二）我国环境标准体系

我国现行的环境标准体系由三类三级标准组成（《中华人民共和国环境标准管理办法》）。我国的环境标准分三类，即环境质量标准、控制污染标准和基础类标准；两级，即国家级标准和地方级标准。从属性上，看国家级标准可以分为强制性标准和推荐性标准。有关保障人体健康，人身及财产安全的标准和法律、行政法规规定强制执行的标准是强制性标准，其他标准是推荐性标准。强制性标准属于必须执行的标准，不符合强制性标准的产品，将禁止生产、销售和进口。推荐性标准属于国家鼓励自愿采用的标准。省、自治区、直辖市标准化行政主管部门制定的工业产品的安全、卫生要求的地方标准，在本行政区域内是强制性标准。

（三）环境标准的制定

制定环境标准的原则：保证人民健康是制定环境标准的首要原则。要综合考虑社会、经济、环境三方面的统一，要使污染控制的投入与经济承载力匹配，也要使环境承载力和社会承载力统一。要综合考虑各种类型的资源管理、各地的区域经济发展规划和环境规划的目标，高功能区采用高标准，低功能区采用低标准。要和国内其他标准和规定相协调，还要和国际上的有关规定相协调。

制定环境标准的主要依据如下：

第一，与生态环境和人类健康有关的各种学科基准值。

第二，环境质量的目前状况、污染物的背景值和长期的环境规划目标。

第三，当前国内外各种污染物的处理水平。

第四，国家的财力水平和社会承受能力，污染物处理成本和污染造成的经济损失。

第五，国际上有关环境的协定和规定，国内其他部门的环境标准。

目前，我国国家环境标准由国务院环境保护行政主管部门组织制定、审批、颁布和归口管理，并报国家标准局备案。其一般程序为：下达环境标准制定项目计划—组织制定标准（草案、征求意见稿、送审稿、报批稿）—审批—发布。地方标准由省、自治区、直辖市环境保护行政主管部门归口管理并组织制定，报请人民政府审批颁布。地方标准要报国务院环境保护行政主管部门备案。

负责制定标准的部门应当组织由专家组成的标准化技术委员会，负责标准的草拟，参加标准草案的审查工作。技术委员会（TC）是在一定专业领域内，从事国家标准的起草和技术审查等标准化工作的非法人技术组织。

国家标准的制定与废止是动态循环的过程，随着社会、经济、科技的发展，新的更加科学合理的环境标准不断产生，旧的环境标准不断废止。使我国环境标准体系不断丰富、更新和在环境标准的制定过程中，国家权力机关、国家行政机关依法对环境标准制定机构、制定程序和制定依据进行监督，以保证环境标准制定的合法性。

（四）环境标准的作用

环境标准是制定国家环境计划和规划的主要依据。国家在制定环境计划和规划时，必须有一个明确的环境目标和一系列环境指标。它需要在综合考虑国家的经济、技术水平的基础上，使环境质量控制在一个适宜的水平上，也就是说要符合环境标准的要求。环境标准便成为制定环境计划与规划的主要依据。

环境标准是环境法制定与实施的重要基础与依据。在各种单行环境法规中，通常只规定污染物的排放必须符合排放标准，造成环境污染者应承担何种法律责任等。怎样才算造成污染？排放污染物的具体标准是什么？则需要通过制定环境标准来确定。而环境法的实施，尤其是确定合法与违法的界限，确定具体的法律责任，往往需要依据环境标准。因此，环境标准是环境法制定与实施的重要依据。

环境标准是国家环境管理的技术基础。国家的环境管理，包括环境规划与政策的制定、环境立法、环境监测与评价、日常的环境监督与管理，都需要遵循和依据环境标准，环境标准的完善反映一个国家环境管理的水平和效率。

环境标准一经批准发布，有关单位和个人必须严格贯彻执行，不得擅自更改或降低标准，凡是向已有地方污染物排放标准的区域排放污染物时，应当严格执行地方污染物排放标准。凡不符合污染物排放标准并违反有关环境标准的法律规定的，应依法承担相应的法律责任。

在环境标准的实施过程中，国家权力机关、国家行政机关依法对环境标准实施的全过程进行监督检查，以保证环境标准实施的合法性。

二、环境监测

（一）环境监测概述

环境监测的目的和任务：环境监测是为了及时准确地获取环境信息，以便进行环境质量评价，掌握环境变化趋势。其监测数据及分析结果可以为加强环境管理、开展环境科学研究、搞好环境保护提供科学依据。环境监测担负的主要任务如下：

第一，通过适时监测、连续监测、在线监测等，准确、及时、客观地反映环境质量。

第二，积累长期的环境数据与资料，为掌握环境容量，预测、预报环境发展趋势提供依据。

第三，进行污染源监测，揭示污染危害，探明污染程度及趋势。

第四，及时分析监测数据及资料，建立监测数据及污染源分类技术档案，为制定环保法规、环境标准、环境污染防治对策提供依据。

环境监测具有以下主要特点：

第一，生产性——环境监测的监测程序和质量保证了企业产品的生产工艺过程和管理模式，数据就是环境监测的产品。

第二，综合性——环境监测的内容广泛、污染物种类繁多、监测的方法手段各异、监测的数据处理和评价涉及自然和社会的诸多领域，因此环境监测具有很强的综合性。只有综合分析各种因素、综合运用各种技术手段、综合评价各种信息等，才能对环境质量做出准确的评价。

第三，追踪性——针对环境污染具有的特点，环境监测采样必须多点位、高频数，监测手段必须多样化，测定方法必须具有较高灵敏度、选择性好，监测程序的每一环节必须有完整的质量保证体系等才能保证监测出的数据具有准确性、可比性和完整性，才能准确查找出污染源、污染物及对污染物的影响进行追踪。

第四，持续性——环境污染的特点决定了环境监测工作只有连续而长期的进行，才能客观、准确地对环境质量及其变化趋势做出正确的评价和判断。

第五，执法性——具有相应资质的环境监测部门，监测的数据是执法部门对企业的排污情况、污染纠纷仲裁等执法性监督管理的依据。

（二）环境监测的分类

环境监测可以依照环境监测目的、监测对象、监测手段进行分类。

1. 按监测目的分类可以分为

常规监测、特定监测和研究监测三大类。

第一，常规监测（又称为监视性监测或例行监测）——对指定的有关项目进行定期的、连续的监测，以确定环境质量及污染源状况、评价控制措施的效果，衡量环境标准实施情况和环境保护工作的进展。这是监测工作中最基本的、最经常性的工作。监视性监测既包括对环境要素的监测，又包括对污染源的监督、监测。

第二，特定监测（又称为应急监测），根据特定的目的可分为以下四种。

污染事故监测——在发生污染事故时进行应急监测，以确定污染物扩散方向、速度和危及范围，为控制污染提供依据。这类监测常采用流动监测（车、船等）、简易监测、低空航测、遥感等手段。

仲裁监测——主要针对污染事故纠纷、环境法执行过程中所产生的矛盾进行监测。仲裁监测应由国家指定的权威部门进行，以提供具有法律责任的数据（公正数据），供执行部门、司法部门仲裁。

考核验证监测一括人员考核、方法验证和污染治理项目竣工时的验收监测。

咨询服务监测——为政府部门、科研机构、生产单位所提供的服务性监测。例如建设新企业应进行环境影响评价，需要按评价要求进行监测。

第三，研究性监测（又称科研监测），是以某种科学研究为目的而进行的监测。例如环境本底的监测及研究；有毒有害物质对从业人员的影响研究；为监测工作本身服务的科研工作的监测如统一方法、标准分析方法的研究、标准物质研制等。这类研究往往要求多学科合作进行。

2. 按监测的介质和对象分类

可分为水质监测、空气监测、噪声监测、土壤监测、固体废物监测、生物污染监测、放射性监测等。

3. 按环境监测的方法和手段分类

也可以分为物理监测、化学监测和生物监测等。

4. 按环境污染来源和受体划分

可分为：污染源监测、环境质量监测和环境影响监测。

第一，污染源监测是指对自然和人为污染源进行的监测。如对生活污水、工业污水、医院污水和城市污水中的污染物进行监测。

第二，环境质量监测，如大气环境质量监测、水（海洋、河流、湖泊、水库等地表水和地下水）环境质量监测等。

第三，环境影响监测是指环境受体如人、动物、植物等受到大气污染物、水体污染物等的危害，为此而进行的监测。

（三）环境监测的一般程序、技术方法及质量保证

在环境监测目标的指导之下，环境监测一般按以下主要步骤进行：现场调查→确定监测项目→监测布点→采样→分析测定→数据处理→结果上报。

环境监测技术包括采样技术、测定技术、数据处理技术。

随着科技进步和环境监测的需要，环境监测在发展传统的化学分析的基础上，发展高精密度、高灵敏度、适用于痕量、超痕量分析的新仪器、新设备，同时研制发展了适合于特定任务的专属分析仪器。计算机在监测系统中的普遍使用，使监测结果快速处理和传递，使多机联用技术广泛采用，扩大仪器的使用效率和价值。发展大型、连续自动监测系

统的同时，发展小型便携式仪器和现场快速监测技术。广泛采用遥测遥控技术，逐步实现监测技术的智能化、自动化及连续化。

科学有效的监测数据应该具有如下几方面的特征，即具有代表性、准确性、精密型、完整性和可比性。监测数据的上述特征应当由环境监测的各个工作环节加以保证才可以实现。它贯穿于采样过程（采样点布设、采样时间和频率、采样方法、样品的储存和运输）、测定过程（分析方法、使用仪器、选用试剂、分析人员操作水平）、数据处理过程（数据记录、数据运算）、总结评价过程的各个环节。环境监测质量保证的全过程，又称为全过程质量控制。

（四）环境监测管理

环境监测管理是指通过行政、技术等手段，有效动员和配置环境监测资源，科学地开展环境监测，确保环境监测及时、准确、全面地反映环境质量及变化趋势，最终达到为环境行政管理、环境保护决策、社会经济发展提供高效服务的目的。

第一，行政管理——建立健全环境监测机构，制定管理制度、规章办法；编制工作规划和计划；进行环境行政能力建设，提高和改进工作质量；考核工作目标完成情况，进行绩效管理；开展监测资质认可和管理。通过行政管理确保监测信息的完整性、针对性、及时性、公正性和权威性。

我国监测机构主要有以下四种类型：国务院和地方人民政府的环境保护行政主管部门设置的环境监督管理机构；全国环境保护系统设置的四级环境监测站，即中国环境监测总站，省（自治区、直辖市）环境监测中心站、各省（自治区、直辖市）设置的市环境监测站、县级（旗、县级市、大城市的区）环境监测站；各部门的专业环境监测机构，包括卫生、林业、农业、渔业水利、海洋、地质等部门设置的环境监测站；大中型企业、事业单位的监测站。

以上各类监测机构，依照有关法律法规和行政规定，为环境管理提供监督服务和技术支持，共同形成全国环境监测网。全国环境监测网分为国家网、省级网和市级网。各级环境保护行政主管部门的环境监测机构负责环境监测网的组织和领导工作。监测网的业务工作、技术监督及质量保证由各级环境保护行政主管部门的环境监测站负责。各大水系、海洋和农业部门分别成立水系、海洋和农业环境监测网，环境监测网的任务是联合协作、开展各项环境监测活动，汇总资料，综合整理，为向各级政府全面报告环境质量状况提供基础数据及资料。

为保证监测工作的顺利进行，环境保护行政主管部门依照环境保护法规及行政规章制度对监测对象进行管理，如：排污单位应对污染物排放口、处理设施的污染排放定期检测，并纳入生产管理体系；应按规定整顿好排污口，使排污口符合规定的监测条件。不具备监测能力的排污单位可委托环境保护行政主管部门环境监测站或委托经其考核合格并经过环境保护主管部门认可的有关单位进行监测。

第二，技术管理——编制《质量管理手册》，规范技术管理；编制《程序文件》《作业指导书》，规范监测程序、监测行为；编制《质量文件》，实施质量管理；规范监测方法，实施标准的分级使用和跟踪管理；统一仪器设备配置，强制仪器校检。通过技术管理确保监测信息的准确性、精密性、科学性、可比性和代表性。

第三，质量管理——制定质量控制和质量保证方案，指导和监督方案的实施。在环境监测的各个环节，如采样过程的质量控制、样品的储藏和运输、实验室质量控制、报告数据的质量控制等环节实现跟踪管理。

第四，信息管理——统一监测信息的收集方式；建立监测信息数据库，实施动态管理；建设监测信息管理网络，严格信息报告与传输；分析、评价环境质量状况及污染程度和发展趋势，发布环境质量信息。通过信息管理，保证监测活动和信息交流，确保监测信息的及时性、完整性、可比性和实用性。

环境监测管理在环境监测中发挥着十分重要的作用，它是建立环境质量保证体系的基础。环境监测质量保证具有重要性和复杂性，其重要性体现在环境监测质量直接影响环境管理的针对性和有效性，避免错误的决策；复杂性是因为环境影响质量的因素错综复杂、瞬息万变，监测质量保证计划本身具有较大的不确定性。监测质量保证信息系统可以帮助管理人员定性与定量地分析数据与模型，通过信息管理保证监测活动和信息交流，确保监测信息的及时性、完整性、可比性和实用性；也为高层环境管理人员提供了从整体上全面宏观控制的科学方法；同时，也促进了环境监测效率的提高。

三、环境评价

环境评价是按照一定标准和方法评价环境质量，预测环境的发展趋势，评估人类对环境的影响，为环境管理决策提供科学依据。

环境质量的优劣程度可以通过定性或定量描述环境各组成要素的多个环境质量参数来判断。环境质量参数通常以环境介质中特定物质的浓度加以表征。环境影响是指人类活动的影响所造成的环境后果，即环境质量的变化或生态系统的变化。环境影响评价是认识、预测、评价、揭示人类活动对环境的影响。

（一）环境评价的分类

环境评价可以按其不同的属性进行分类：

第一，环境评价根据环境质量时间属性，划分为环境回顾评价、环境现状评价和环境影响评价。

环境回顾评价是针对环境质量过去的历史变化进行评价，为合理分析环境质量现状成因和预测环境质量未来发展趋势提供科学依据。

环境现状评价是针对环境质量当前的优劣程度进行评价，为区域环境的综合整治和规划提供科学依据。

环境影响评价是针对由于人类活动可能造成的环境后果，即通过环境质量优劣程度的任何变化的判断为管理决策提供依据。

第二，环境评价根据评价的环境要素不同，划分为大气环境评价、水环境评价、土壤环境评价、生态环境评价和声环境评价。

第三，环境评价根据人类活动行为性质，划分为建设项目环境评价、区域开发环境评价和公共政策环境评价。

第四，环境评价根据目标特殊性质，划分为战略环境评价、风险环境评价、社会经济环境评价和累积环境评价。

战略环境评价是环境影响评价在战略层次上的评价，包括法律、政策、计划、规划上的应用，是对一项具体战略及其替代方案的环境影响进行的正式的、系统的、综合的评价过程，并将评价结论应用于决策中。战略环境评价目标是消除或降低战略失误造成的环境负效应，从源头预防环境问题的产生。

风险环境评价在狭义上是对有毒化学物质危害人体健康的可能程度进行概率估计，提出减少环境风险的对策；在广义上是对任何人类活动引发的各种环境风险进行评估、提出对策。

社会经济环境评价是对社会经济效益显著、环境损害严重的大型项目，通过环境经济分析评估项目的社会经济效益是否能够补偿或在多大程度上补偿项目环境损失，即对项目整体效益进行综合评价，为项目决策提供更充分的依据。累积环境评价是对一种人类活动的影响与过去、现在和将来可预见的人类活动影响叠加，因累积效应对环境所造成的综合影响进行评估。累积环境评价通常用来解决复杂而困难的累积性生态效应问题，如累积性生态灾难效应、累积性生物种群效应、累积性气候变化效应等。

（二）环境评价的技术方法

1. 工程分析方法

工程分析是通过深入研究工艺流程各环节，掌握各种污染物的发生源强、综合回收利用率、削减治理效果，核算各种污染物在正常条件和事故条件下的排放总量和排放强度。当建设项目的规划、可行性研究和设计等技术文件不能满足评价要求时，应根据具体情况选用适当的方法进行工程分析。常用的工程分析方法有类比分析法、物料平衡计算法、查阅参考资料分析法等。

第一，类比分析法：具有时间长，工作量大，所得结果较准确的特点。适合评价时间充足，评价工作等级较高，又有可资参考的相同或相似的现有工程。如果同类工程已有某种污染物的排放系数时，可以直接利用此系数计算建设项目该种污染物的排放量，不必再进行实地测量。

第二，物料平衡计算法：以理论计算为基础，比较简单。但计算中设备运行均按理想状态考虑，所以计算结果会有误差，该方法在应用时具有一定的局限性。

第三，查阅参考资料分析法：最为简便，但所得数据准确性差。当评价时间短，且评价工作等级较低时或在无法采用以上两种方法的情况下，可采用此方法。此方法还可以作为以上两种方法的补充。

2. 环境现状调查方法

第一，地理位置：建设项目所处的经、纬度，行政区位置和交通位置（位于或接近的主要交通线）。

第二，地质状况：一般情况，只需根据现有资料，概要说明当地的地质状况，即当地地层概况，地壳构造的基本形式（岩层、断层及断裂等）以及与其相应的地貌表现，物理与化学风化情况，当地已探明或已开采的矿产资源情况。若建设项目规模较小且与地质条件无关时，地质现状可不叙述。评价矿山以及其他与地质条件密切相关的建设项目的环境影响时，对与建设项目有直接关系的地质构造，如断层、断裂、坍塌、地面沉陷等，要进行较为详细的叙述。若没有现成的地质资料，应做一定的现场调查。

第三，地形地貌：建设项目所在地区海拔高度、地形特征（即高低起伏状况），周围的地貌类型（山地、平原、沟谷、丘陵、海岸等）以及岩溶地貌、冰川地貌、风成地貌等地貌的情况。崩塌、滑坡、泥石流、冻土等有危害的地貌现象，若不直接或间接威胁到建设项目时，可概要说明其发展情况。当地形地貌与建设项目密切相关时，除应比较详细地叙述上述全部或部分内容外，还应附建设项目周围地区的地形图，应特别详细说明可能直接对建设项目有危害或将被项目建设诱发的地貌现象的现状及发展趋势，必要时还应进行一定的现场调查。

第四，气候与气象：建设项目所在地区的主要气候特征，年平均风速和主导风向，年平均气温，极端气温与月平均气温（最冷月和最热月），年平均相对湿度，平均降水量、降水天数，降水量极值，日照，主要的天气特征（如梅雨、寒潮、雹和台、飓风）等。

第五，水环境状况：地面水资源的分布及利用情况，地面水各部分（河、湖、库）之间及其与海湾、地下水的联系，地面水的水文特征及水质现状，以及地面水的污染来源等。如果建设项目建在海边又无须进行海湾的单项影响评价时，应根据现有资料选择下述部分或全部内容概要说明海湾环境状况，即海洋资源及利用情况，海湾的地理概况，海湾与当地地面水及地下水之间的联系，海湾的水文特征及水质现状、污染来源等。如需进行建设项目的地面水（包括海湾）环境影响评价，除应详细叙述上面的部分或全部内容外，还需增加其他相应内容；本地区地下水的开采利用情况，地下水埋深，地下水与地面的联系以及水质状况与污染来源。

第六，大气环境质量：建设项目周围地区大气环境中主要污染物质及其来源，大气环境质量现状。

第七，土壤环境状况：建设项目周围地区的主要土壤类型及其分布，土壤的肥力与使用情况，土壤污染的主要来源及其质量现状，建设项目周围地区的水土流失现状及原因等。当需要进行土壤环境影响评价时，除要比较详细地叙述上述全部或部分内容外，还应根据需要选择以下内容进一步调查：土壤的物理、化学性质，土壤结构，土壤一次污染、二次污染状况，水土流失的原因、特点、面积、元素及流失量等。

第八，生态环境状况：建设项目周围地区的植被情况（覆盖度、生长情况），有无国家重点保护的或稀有的、受危害的或作为资源的野生动、植物，当地的主要生态系统类型（森林、草原、沼泽、荒漠等）及现状。若需要进行生态影响评价，除应详细地叙述上面全部或部分内容外，还应根据需要选择以下内容进一步调查：本地区主要的动、植物清单，生态系统的生产力，物质循环状况，生态系统与周围环境的关系以及影响生态系统的主要污染来源。

第九，社会经济状况、人口：包括居民区的分布情况及分布特点，人口数量和人口密度等；工业与能源；包括建设项目周围地区现有厂矿企业的分布状况，工业结构，工业产值及能源的供给与消耗方式等。

第十，农业与土地利用：包括可耕地面积，粮食作物与经济作物构成及产量，农业总产值以及土地利用现状。

第十一，交通运输：包括建设项目所在地区公路、铁路或水路方面的交通运输概况，以及与建设项目之间的关系。

第十二，文物与“珍贵”景观：文物指遗存在社会上或埋藏在地下的历史文化遗物。一般包括具有纪念意义和历史价值的建筑物、遗址、纪念物或具有历史、艺术、科学价值的古文化遗址、古墓葬、古建筑、石窟寺、石刻等。珍贵景观一般指具有珍贵价值必须保护的特定的地理区域或现象，如自然保护区、风景游览区、疗养区、温泉以及重要的政治文化设施等。

第十三，人群健康状况：当建设项目规模较大，且拟排污染物毒性较大时，应进行一定的人群健康调查。调查时，应根据环境中现有污染物及建设项目将排放的污染物的特性选定指标。

常用的环境现状调查方法有资料收集法、现场调查法、遥感（航拍、卫星图片）法等。

其一，收集资料法：收集资料法应用范围广、收效大，比较节省人力、物力和时间。环境现状调查时，应首先通过此方法获得现有的各种相关资料。但此方法只能获得第二手资料，而且往往不全面，不能完全符合要求，需要其他方法补充。

其二，现场调查法：现场调查法可以针对使用者的需要，直接获得第一手的数据和资料，以弥补收集资料法的不足。这种方法工作量大，需占用较多的人力、物力和时间，有时还可能受季节、仪器设备条件的限制。

其三，遥感（航拍、卫星图片）法：遥感的方法可从整体上了解一个区域的环境特点，可以弄清人类无法到达地区的地表环境情况，如一些大面积的森林、草原、荒漠、海洋等。此方法不十分准确，不宜用于微观环境状况的调查，一般只用于辅助性调查。在环境现状调查中，使用此方法时，绝大多数情况使用直接飞行拍摄的办法，只判读和分析已有的航空或卫星相片。

3. 环境影响预测法

预测环境影响时应尽量选用通用、成熟、简便并能满足准确度要求的方法。常用的环境影响预测方法有数学模式法、物理模型法、类比调查法、专业判断法等。

数学模式法能给出定量的预测结果，但需一定的计算条件和输入必要的参数、数据。一般情况此方法比较简便，应首先考虑。选用数学模式时要注意模式的应用条件，如实际情况不能很好地满足模式的应用条件而又拟采用时，要对模式进行修正并验证。

物理模型法定量化程度较高，再现性好，能反映比较复杂的环境特征，但需要有合适的试验条件和必要的基础数据，且制作复杂的环境模型需要较多的人力、物力和时间。在无法利用数学模式法预测而又要求预测结果定量精度较高时，应选用此方法。

类比调查法的预测结果属于半定量性质。如由于评价工作时间较短等原因，无法取得足够的参数、数据，不能采用前述两种方法进行预测时，可选用此方法。

专业判断法专业判断法则是定性地反映建设项目的环境影响。建设项目的某些环境影响很难定量估测（如对文物与“珍贵”景观的环境影响），或由于评价时间过短等原因无法采用上述三种方法时，可选用此方法。

4. 环境影响评估方法

常用的环境影响评估方法有单因子环境质量指数法、多因子环境质量分指数法、多要素环境质量综合指数法、环境质量指数分级法、列表清单法、生态图法、矩阵法、专家评分法、层次分析法、主成分分析法、模糊评判法等。

（三）环境评价管理

我国法律规定的环境影响评价制度规定，在一定区域内进行开发建设活动，事先对拟建项目可能对周围环境造成的影响进行调查、预测和评定，并提出预防对策和措施，为项目决策提供科学依据。环境影响评价具有预测性、综合性、客观性、法定性等特点。

第五章　大气环境管理

第一节　大气环境管理的管控对象和目标

中国政府对于大气环境质量问题非常重视，20 世纪 70 年代启动大气污染防治工作以来，中国的大气环境管理控制史即大气污染防治历程，大体可以分为以下五个阶段，在不同的历史时期有不同的管控对象和目标。

总的来说，中国大气污染物的控制是一个从点源控制到集中控制（亦是从单一污染物控制到多污染物控制）、从关注酸雨到关注灰霾问题、从总量控制到浓度控制、从控制工业排放到控煤与控车的过程。

一、“十四五”大气环境管理的目标和工作建议

“十四五”作为我国迈进第二个百年目标后的首个五年，大气环境管理至少应当在三个方面扎实推进。第一是延续“十三五”的势头，推进空气质量继续改善。第二是结合新时代中国特色社会主义建设的特点，基本构建能够在较长时间有效推动大气环境管理持续深入的治理体系，全面加强政府、企业、社会的治理能力。第三是结合我国经济社会从快速发展向高质量发展转变的要求，建立相应的倒逼机制，推动产业、能源、交通运输和用地等结构进一步调整，同时实现空气质量改善和温室气体减排协同推进。

事实上，通过进一步推进结构调整，将有助于延伸我国产业链，促进我国的产业总体由附加值较低的前端向附加值更高的后端转移，助推新能源相关产业和高端制造业的发展，满足高质量发展的要求，同时将促进我国经济低碳转型，减少温室气体排放，推动气候变化应对工作。在结构调整方面的建议主要包括：

在产业结构调整方面，一是可以继续聚焦于加速化解和淘汰低效落后产能，通过产能置换等手段提高传统产业的整体水平。二是聚焦于大气污染防治重点区域，采取行政、经济等手段切实削减重化产业的产能和产量，优化全国的行业布局。三是加快传统行业绿色转型和升级改造，推进产业集群和工业园区整合提升，显著提高产业集约化、绿色化发展水平。

在能源结构调整方面，一是继续实施重点区域煤炭总量控制，将其作为能源革命和能源转型的重要战场，在推动煤炭消费量削减的同时，着力推进煤炭消费结构进一步优化，减少煤炭分散燃烧。二是提高清洁能源消费比重，力争“十四五”期间新增能源消费主要依靠非化石能源和天然气。三是有序开展重点地区和行业“碳达峰”行动，加强协同推进空气质量改善和温室气体控制的制度建设，有序开展重点地区和重点行业“碳达峰”行动，推进城市层面开展空气质量达标和碳达峰“双达”行动。

在交通运输结构调整方面，一是推进运输方式绿色转型，改变铁路建设“重客轻货”局面，推动重要物流通道干线铁路建设以及集疏港、大型企业和园区铁路专用线建设，实现运输“公转铁”；大力发展铁水联运和多式联运；加快车船和非道路移动机械结构升级。二是构建城市绿色出行体系，增加绿色出行服务设施供给，在大中城市全面推进“公交都市"和慢行系统建设，强化智能化手段在城市公交管理中的应用。三是鼓励大城市通过采用经济手段，如在提高停车费、征收拥堵费的同时补贴绿色交通，推动群众选择绿色出行方式。

第二节 中国大气环境管理的主要制度和措施

一、大气环境管理主要的法律法规、标准和政策

新中国成立以来，在环境法制的建设上就很注重有关大气污染的防治，最早在 1956 年就出台了《关于防止厂矿企业硅尘危害的决定》。自 20 世纪 70 年代以来，我国大气污染的相关部门也不断加强大气环境保护力度，颁布了很多大气污染防治的法律法规，也采取了一些以消除烟尘保护大气环境为目的的防治措施，这也是我国具有环保意义的大气污染防治行动。这些行动主要包括陆续颁布了《工业企业设计卫生标准》和《工业“三废”排放试行标准》，在我国实施改革开放以后，又试行了我国的《环境保护法》，该法中规定了一些基本性和纲领性的问题。

按照法律层次的高低排列来说，我国现行大气污染防治的法律体系主要如下：首先是国家的根本大法《宪法》，其次是环境保护基本法律《环境法》，然后是各项能源单行法律，以及有关环境与资源保护的单行性法规、行政法规和国务院等部门出台的行政规章中针对于温室气体减量排放的法律规范。

二、大气相关标准的管理

（一）大气环境质量标准

《环境空气质量标准》是规定环境空气中的主要污染物在一定的时间和空间范围内所

容许的含量，一般用每立方米空气中污染物在一小时、一日、一年内平均有多少毫克或微克来表示。标准的意义首先反映的是人群和生态系统对环境质量的综合要求，如新标准中增加了细颗粒物（$PM_{2.5}$）和臭氧（O_3）8 小时浓度限值监测指标，以使环境空气质量评价结果更加接近民众的切身感受。作为质量标准，各国的标准中对于二氧化硫等典型污染物浓度的限值相差不大，正如人的血压正常指标值全世界基本一样。其次，在保障人体健康的前提下，标准也在一定程度上反映了社会为控制污染危害，在技术上实现的可能性和经济上可承担的能力，如环境限值在不同的功能区和不同的社会发展阶段对不同污染物的要求有所区别。因此，环境质量标准在标准体系中处于最上层的位置，它既是大气环境保护的目标值，也是评价环境质量好坏的准绳，是修订污染物排放标准、划定大气污染物排放总量控制区、确定重点污染控制区、修订污染防治规划、开展污染物区域联防联控等其他环境管理的依据。

（二）大气污染物排放标准

大气污染物排放标准是根据环境质量标准、污染控制技术和经济条件，

对排入环境有害物质和产生危害的各种因素所做的限制性规定，是对大气污染源进行控制的标准，它直接影响到中国大气环境质量目标的实现。

三、大气环境容量管理和总量控制

（一）大气环境容量

大气环境容量是指在特定区域内、一定气象条件、一定自然边界条件以及一定的排放源结构条件下，在满足该区域及城市大气环境质量目标前提下所允许的大气污染物最大排放量。目前常用的大气环境容量估算方法主要有箱模型法（或 A—P 值法）、模拟法、线性规划法等（针对大尺度区域的大气环境容量综合估算方法）。其中，箱模型法在城市、工业集聚区等地区得到了较多应用，主要适用于尺度较小的区域；模拟法在大气环境容量评估工作中得到了广泛的应用，相比箱模型法，其输入要求高、计算量大；在容量的区域配置方面，模拟法一般采用等比例或平方比例削减技术，不具有区域优化特性；线性规划法可以像模拟法一样较细致地反映“排放源一受体”的响应关系，同时可以在区域上对环境容量进行优化配置，因此得到了十分广泛的应用，但该方法由于受到线性响应关系的制约，一般不能处理非线性过程显著的二次污染问题。大气环境容量评价的污染因子主要包括 SO_2、$N0_X$、可吸入颗粒物 PM_{10}，近年来细颗粒物 $PM_{2.5}$也逐步纳入计算范畴。

（二）总量控制

总量控制是以控制一定时段内一定区域内排污单位排放污染物总量为核心的环境管理方法体系。总量控制是一种比较科学的污染控制制度，它是在浓度控制对经济的增长和变化缺乏灵活性，执行标准中忽视经济效益的现实中应运而生的。总量控制绝不仅仅是一种将总量削减指标简单地分配到污染源的技术方法，而是将区域定量管理和经济学的观点引入到环境保护中的综合考虑。

目前，环境保护主管部门将二氧化硫、氮氧化物等排放是否符合总量控制要求作为建设项目环境影响评价审批和重点行业发放排污许可证的前置条件。

四、大气排放权交易

引入市场机制，通过排放权交易来控制大气污染物的排放总量，已经成为解决环境污染问题努力尝试的一个方向。所谓排放权交易，是指在污染物排放总量指标确定的前提下，利用市场机制，建立合法的污染物排放权利即排污权，并允许这种权利可以像商品那样被买卖，以此来进行污染物的总量控制，最终达到减少污染物排放量，保护环境的目的。

（一）碳排放权交易

具体流程：

第一，环境管理部门依据某区域的环境质量目标评估该区域的大气污染物环境容量，推算出二氧化碳最大的允许排放量；

第二，将二氧化碳的最大的允许排放量划分成若干碳排放权；

第三，环境管理部门采用公开拍卖、定价出售或无偿配给等方法将碳排放权分配给市场的参与者，市场的参与者参与交易；

第四，建立制度、法规对碳排放权交易进行监督、管理。

建设碳交易市场．是协同治理大气污染的有效措施。碳排放权交易的实施减缓了全球气候变暖的速度，改善了人类赖以生存的生态环境，从长期看也促进了该政策实施地经济的发展。中国作为温室气体排放大户，建立碳交易体系，积极开展碳排放交易试点，旨在通过市场机制调节温室气体排放总量，实现节能减排，同时控制大气中污染物的排放。

（二）二氧化硫排放权交易

中国是二氧化硫排放大国，多年来二氧化硫排放总量居高不下，为争取以最小的成本实现二氧化硫总量控制目标，中国开始采用二氧化硫排放权交易。以污染物总量控制为基础，为各排污企业分配二氧化硫排污配额，该配额可在排污企业之间进行买卖交易，企业拥有的配额是该企业排污量的上限。此法是用低减排成本使企业承担减排工作，以最低成本实现国家总量控制目标。

五、大气污染联防联控机制

大气污染联防联控的重点工作为：一是构建联合监测与评价体系。已有的大气监测站点基本上是区域内各个城市独立设立的，整体上未必科学合理。因此，需要规定区域内统一的监测与评价标准、监测点设置分布，统一取样标准，监测结果评价等。二是信息通告与报告制度。为减少信息不充分、不对称、不及时对区域大气污染治理的消极影响，需要建立信息通告制度，并以立法形式予以确定，从实体与程序两方面明文规定：实体方面，应明确由各省市政府就本辖区内的大气治理情况向区域联席委员会提交报告；程序方面，应规定信息通告的具体时间，包括常规情况及突发情况、提交的方式和形式要求、报告的形成过程。三是执法监管与监督法律措施。以政策制定和发布为主要功能的大气污染治理联席委员会同时也应该是环境执法监督机构，其执法监管主要包括两方面：一是对相关政府部门的雾霾治理行为进行监管，二是对相关企业的排污行为进行执法检查。

第三节　大气污染源管理

一、大气污染源解析

空气质量与污染源排放的关系十分复杂，污染源与空气质量的关系即“源—受体”关系一直是环境科学研究的关键科学问题，是环境管理和环境决策关注的核心问题。大气污染源解析技术是区分和识别大气污染的复杂来源并定量分析其源贡献率的一种科学的方法，它是确定各种排放源与环境空气质量之间响应关系的桥梁，是控制和治理大气污染的一个十分重要而又非常复杂的课题。

一般来说，解析常态污染下颗粒物的来源，为制定长期颗粒物污染防治方案提供支撑，建议使用受体模型；细颗粒物（$PM_{2.5}$）污染突出的城市或区域．建议受体模型和源模型联用。解析重污染天气下颗粒物污染的来源，为颗粒物重污染应急响应决策提供支撑，建议受体模型和源模型联用；同时基于在线高时间分辨率的监测和模拟技术，开展快速源识别。评估颗粒物污染的长期变化趋势和控制效果，建议使用受体模型。

二、主要行业固定源管理

大气固定源主要是指燃煤、燃油、燃气的锅炉和工业窑炉以及石油化工、冶金、建材等生产过程中产生的废气通过排气筒向空中排放的污染源。

大气固定源污染治理的其他重点行业包括钢铁行业、建材行业、采矿业等。

钢铁行业的废气具有排放量大、污染因子多、污染面广、烟气阵发性强、无组织排放多等特点，包括原料场、烧结（球团）、炼铁、炼钢、轧钢和铁合金等工序。国家政策不支持建设独立的炼铁厂、炼钢厂和热轧厂，不鼓励建设独立的烧结厂和配套建设燃煤自备电厂（符合国家电力产业政策的机组除外）。钢铁工业应推行以清洁生产为核心，以低碳节能为重点，以高效污染防治技术为支撑的综合防治技术路线。注重源头削减，过程控制，对余热余能、废水与固体废物实施资源利用，采用具有多种污染物净化效果的排放控制技术。

水泥行业产生的大气污染物主要是粉尘、二氧化硫、氮氧化物等，与雾霾、光化学烟雾、酸雨等污染现象紧密相关。水泥行业应优化产业结构与布局，淘汰能效低、排放强度高的落后工艺，削减区域污染物排放量；采用清洁生产工艺技术与装备，配套完善污染治理设施，加强运行管理，实现污染物长期稳定达标排放；有效利用石灰石、粘土、煤炭、电力等资源和能源，对生产过程产生的废渣、余热等进行回收利用；生产设施运行过程中应确保环境安全。

三、流动源管理

（一）机动车

当前，我国移动源污染问题日益突出，已成为空气污染的重要来源，特别是北京和上海等特大型城市以及东部人口密集区，移动源对细颗粒物（$PM_{2.5}$）浓度的贡献高达20%~40%。在极端不利的条件下，贡献率甚至会达到50%以上。同时，由于机动车大多行驶在人口密集区域，尾气排放直接威胁群众健康。

为有效控制移动源污染，需要从移动源管理、车用能源和城市规划等角度，制定针对“油—车—路”的综合对策，减少污染物排放量。机动车尾气排放是大气污染移动源管理的主要职能，其他属于交通运输和城市管理范畴。

2. 港口船舶

航运污染已逐渐成为治理空气污染的重点。排放标准控制是主要手段。国际上，船舶从航行区域上可划分为国际远洋航行船舶和国内航行船舶，需满足不同的标准和管理要求。

四、城市扬尘管理

扬尘，是指地表松散物质在自然力或人力作用下进入到环境空气中形成的一定粒径范围的空气颗粒物。扬尘的形成有两个必备条件：一是尘源，二是动力。地表的一切松散物质都是扬尘潜在的直接来源，其种类广泛而复杂，例如路面、硬地面、屋顶等上面的积尘，裸露地面及山体、干涸的河谷、农田等的表层松散颗粒物，未密闭的各种原料堆、废物堆等都是潜在的直接扬尘源。形成扬尘的动力包括自然力和人力：自然力最主要的形式是风力；人力的形式则相当广泛，包括挖掘、填埋、运输、拆迁、粉碎、搅拌等活动形式。城市是人类活动密集的区域．如果不控制尘源或对人类活动加以规范，城市扬尘将是重要空气颗粒物来源。

扬尘根据其主要来源，可以分为以下几种主要类型：

第一，土壤风沙尘。土壤尘指直接来源于裸露地表（如农田、裸露山体、滩涂、干涸的河谷、未硬化或绿化的空地等）的颗粒物。对于城市地区而言，除了本地及周边地区的风沙尘外，长距离传输的沙尘暴也是不容忽视的尘源。我国沙尘暴发生的频率和强度很高，不但严重影响北方大部分城市，有时甚至会波及华南的部分城市，已成为春季的重要源类。

第二，道路扬尘。道路扬尘是道路上的积尘在一定的动力条件（风力、机动车碾压或人群活动）的作用下，一次或多次扬起并混合，进入环境空气中形成不同粒度分布的颗粒物。

第三，施工扬尘。施工扬尘指在城市市政建设、建筑物建造与拆迁、设备安装工程及装修工程等施工场所和施工过程中产生的扬尘。我国正处于城市建设的高峰时期，建筑、拆迁、道路施工及堆料、运输遗洒等施工过程产生的建筑尘，已成为城市重要的扬尘源。建设施工及建筑材料运输过程中所造成的扬尘污染，主要与施工过程中的管理有关。

第四，堆场扬尘。堆场扬尘是指各种工业料堆（如煤堆、沙石堆以及矿石堆等）、建筑料堆（如砂石、水泥、石灰等）、工业固体废弃物（如冶炼渣、化工渣、燃煤灰渣、废矿石、尾矿和其他工业固体废物）、建筑渣土及垃圾、生活垃圾等由于堆积和装卸操作以及风蚀作用等造成的扬尘。虽然这一类扬尘源类对受体的贡献很难量化，但造成明显的局部扬尘污染已是不争的事实。

五、施工工地扬尘管理

建筑施工活动引起的扬尘是我国城市空气颗粒物污染的重要来源。我国城市正处于大规模的施工建设时期，施工扬尘成为这些城市大气 $PM_{2.5}$。的主要来源。施工对大气环境造成的危害，既包括施工工地内部各类施工、运输等环节造成的一次扬尘，也包括因施工运输车辆的车轮车身带泥以及材料遗撒对道路造成污染，然后由施工车辆特别是社会车辆引起的二次交通扬尘。目前，国际上对建筑施工扬尘的研究主要集中在排放因子方面，自20 世纪 70 年代至今，已经研究得到许多经验排放因子，但国内到目前为止还没有对建筑施工扬尘开展较为系统的研究。目前，在颗粒物来源解析研究中，通常利用建筑水泥来代表建筑施工扬尘，或者在建筑工地随机采取路面或地面的积尘作为建筑尘的源样品。但建筑施工过程较为复杂，扬尘排放成分也多种多样，实际排放颗粒物的化学组成特点也并不清楚。此外，对于建筑施工扬尘污染一直以来缺乏切实可行的监控指标。

第六章　水环境管理

第一节　水环境管理对象和目标

一、水环境管理对象

《中华人民共和国水污染防治法》明确，“水污染是指水体因某种物质的介入而导致其化学、物理、生物或放射性等方面特性的改变，从而影响水的有效利用，危害人体健康或破坏生态环境，造成水质恶化的现象。”通常用水质指标来表示水质的好坏和水体被污染的程度。水质指标通常可分为物理性指标、化学性指标和生物性指标三类，常见的水质指标包括：温度、色度、浊度、电导率、固体含量、pH、硬度、生化需氧量（BOD）、化学需氧量（COD）、总有机碳（TOC）、溶解氧（DO）、大肠杆菌数、氟化物、氰化物、砷、汞、铬、硝酸盐等。

水环境包括地表水环境管理、地下水环境管理和海洋环境管理三个方面。虽然全球水循环作为一个整体具有紧密的相互关联，但由于自然条件和本底特征不同．管理方式、管理体制和管理难度也有较大差异。

二、水环境管理目标

长期以来，水环境污染一直是全国环境安全中最突出的问题。总体上看，我国正面临着前所未有的由污染带来的水安全问题。从有关部门反映的情况看，我国水环境总体形势依然十分严峻，许多水域的环境容量仍然超载；虽然大江大河水环境质量持续改善．但仍有近十分之一的地表水因控断面水质低于五类，不少流经城镇的河流沟渠黑臭，一些饮用水水源存在安全隐患，一些地区城镇居民饮用水污染问题时有发生。水污染、水资源短缺、水生态破坏三大水问题并存，构成了我国长期、复杂、多样的综合性水危机状况．最突出的问题是水污染。

第二节　地表水环境管理

一、地表水环境管控目标

环境管理模式与经济发展水平、公众环境意识和监督管理能力等因素密切相关，通常有三种模式：第一种是以环境污染控制为目标导向，以实施严格的排放标准和总量控制为标志；第二种是以环境质量改善为目标导向，以严格的环境质量标准和目标为标志；第三种是以环境风险防控为目标导向，以风险预警、预测和应对为主要标志，关注人体健康和生态安全。目前我国正处于第一种模式向第二种模式转型的时期，地表水环境管理基本属于从以污染控制为目标导向转向污染控制与质量改善兼顾的模式。

依据地表水水域环境功能和保护目标，我国地表水水质按功能高低依次划分为五类：Ⅰ类主要适用于源头水、国家自然保护区；Ⅱ类主要适用于集中式生活饮用水地表水源地一级保护区、珍稀水生生物栖息地、鱼虾类产场、仔稚幼鱼的索饵场等；Ⅲ类主要适用于集中式生活饮用水地表水源地二级保护区、鱼虾类越冬场、洄游通道、水产养殖区等渔业水域及游泳区；Ⅳ类主要适用于一般工业用水区及人体非直接接触的娱乐用水区；Ⅴ类主要适用于农业用水区及一般景观要求水域。对应地表水上述五类水域功能，将地表水环境质量标准基本项目标准值分为五类，不同功能类别分别执行相应类别的标准值。水域功能类别高的标准值严于水域功能类别低的标准值。同一水域兼有多类使用功能的执行最高功能类别。

二、水污染源管控对象

1. 污染源的分类

污染源按污染成因可分为天然污染源和人为污染源；按污染物种类可分为物理性、化学性和生物性污染源；按分布和排放特性可分为点源（来自工矿企业、城市或社区的集中排放，其污染物的种类和数量与点源本身的性质密切相关）、面源（流域集水区和汇水盆地，污染通过地表径流进入天然水体的途径，其主要污染物有氮、磷、农药和有机物等）、扩散源和内源。

2. 国控水污染源的确定

按照规定，国控水污染源由环境保护部筛选确定，省级、市级参照环境保护部的筛选标准确定省控及市控污染源名单。确定方法是，以上年度环境统计数据库为基础，工业企业分别按照废水排放量、化学需氧量和氨氮年排放量大小排序，筛选出累计占工业排放量

65%的企业；分别按照化学需氧量和氨氮年产生量大小排序，筛选出累计占工业化学需氧量或氨氮产生量50%的企业；合并筛选出的5类企业名单取并集，形成废水国控源基础名单。在此基础上，补充纳入具有造纸制浆工序的造纸及纸制品业、有印染工序的纺织业、皮革毛皮羽毛（绒）及其制品业、氮肥制造业中的大型企业。对于污水厂，以上年度环境统计数据库为基础，设计处理能力大于或等于5 000吨/日的城镇污水处理厂和设计处理能力大于或等于2 000吨/日的工业废水集中处理厂纳入污水处理厂国控源基础名单。

国控水污染源是水环境管理和监测的重中之重。各级环境保护主管部门对国控水污染源监督性监测及信息公开工作实施统一组织、协调、指导、监督和考核。环境保护主管部门所属的环境监测机构实施污染源监督性监测工作，负责收集、填报、传输和核对辖区内的污染源监督性监测数据，编制监测信息、监测报告等。

三、水功能区划

1. 水功能区及其划分

水功能区划的原则包括：

第一，坚持可持续发展的原则。区划以促进经济社会与水资源、水生态系统的协调发展为目的，与水资源综合规划、流域综合规划、国家主体功能区规划、经济社会发展规划相结合，根据水资源和水环境承载能力及水生态系统保护要求，确定水域主体功能；对未来经济社会发展有所前瞻和预见，保障当代和后代赖以生存的水资源。

第二，统筹兼顾和突出重点相结合的原则。区划以流域为单元，统筹兼顾上下游、左右岸、近远期水资源及水生态保护目标与经济社会发展需求，区划体系和区划指标既考虑普遍性，又兼顾不同水资源区特点。对城镇集中饮用水源和具有特殊保护要求的水域，划为保护区或饮用水源区并提出重点保护要求，保障饮用水安全。

第三，水质、水量、水生态并重的原则。区划充分考虑各水资源分区的水资源开发利用和社会经济发展状况、水污染及水环境、水生态等现状，以及经济社会发展对水资源的水质、水量、水生态保护的需求。部分仅对水量有需求的功能，例如航运、水力发电等不单独划水功能区。

第四，尊重水域自然属性的原则。区划尊重水域自然属性，充分考虑水域原有的基本特点、所在区域自然环境、水资源及水生态的基本特点。对于特定水域如东北、西北地区，在执行区划水质目标时还要考虑河湖水域天然背景值偏高的影响。

水功能区划采用两级体系。一级区划分为保护区、保留区、开发利用区、缓冲区四类，旨在从宏观上调整水资源开发利用与保护的关系，主要协调地区间用水关系，同时考虑区域可持续发展对水资源的需求；二级区划将一级区划中的开发利用区细化为饮用水源区、工业用水区、农业用水区、渔业用水区、景观娱乐用水区、过渡区、排污控制区七类，主要协调不同用水行业间的关系。

四、水环境区域补偿

水环境区域补偿是针对损害水环境的行为建立的经济补偿制度，当跨界断面水质超过考核标准，造成污染的上游区县政府应对下游区县进行补偿。学界对环境区域补偿尚未形成统一认识，但都认同是不同地区间的一种经济补偿。有学者认为区域生态补偿是按照行政区域的划分和公平合理的一般性原则对受益地区与受损地区、开发地区与保护地区进行的生态补偿。有学者则认为生态补偿作为一个区域对另一个区域的补偿，不是一个具体企业对另一个企业和少数受害者的赔偿，而是区域之间一种财政方面的民事给付。这种补偿包括两种情形：一是污染区域对受害区域的补偿；二是上游改善生态环境使下游获益而应得到的补偿。水环境区域补偿机制实质上是一种区域间的利益协调机制。通过水环境区域补偿机制的动态运行，确认各行政区域的合法利益，协调各区域的环境利益并促进相邻区域的水环境保护合作，从而实现区域间的环境正义和整体环境利益的最大化。

目前，国内已有江苏省、北京市等实行了水环境区域补偿制度。补偿金主要有两种核算方法：一是根据补偿因子实际水质浓度超过水质标准的倍数，或浓度范围来划分扣缴档次，即超标浓度法，集中在北方省份如河北、辽宁、山西、陕西。二是按污染物超标排放总量进行计算．即超标总量法，集中在南方省份如江苏、湖北和湖南。超标浓度法无法直接与水质功能类别挂钩，超标总量法多用于有天然径流、水量充沛的南方省市。目前流域补偿的经济核算方法包括支付意愿法、生态价值法、恢复成本法、经济损失价值法等，但对于多个行政区域的跨界断面补偿，由于各行政区域直接成本投入、间接成本投入存在巨大不同，对每个区县都计算各自的经济成本和经济损失的不确定性大，没有稳定的时效性，不能建立统一的补偿或赔偿标准。即使以其中的一项制定补偿标准，也难以和变化的管理需求对接，不符合实际。因此目前国内在多个行政区域的跨界断面补偿上多以经济核算作为参考，不以经济成本作为制定补偿标准的决定因素。而是主要结合政府财政支付能力，根据管理需求，以总扣缴规模反推得到补偿标准。

五、入河排污口管理

入河排污口管理作为水功能区限制纳污红线管理的核心工作，是控制污染物入河总量的重要手段，也是保护水资源、改善水环境、促进水资源可持续利用的一项重要措施。《中华人民共和国水法》、《中华人民共和国水污染防治法》、《中华人民共和国河道管理条例》都规定了在江河、湖泊新建、改建排污口或者扩大入河排污口，应当经过有管辖权的水行政主管部门或者流域管理机构的同意．确立了入河排污口设置审批制度的法律地位。

就具体分工而言，国务院水行政主管部门负责全国入河排污口监督管理的组织和指导工作，县级以上地方人民政府水行政主管部门和流域管理机构按照权限负责入河排污口设置和使用的监督管理工作，入河排污口设置应按规定同时办理环境影响报告书（表）审批手续。

入河排污口应符合“一明显，二合理，三便于”的要求，即环保标志明显；排污口设置合理，排污去向合理；便于采集样品、便于监测计算、便于公众参与监督管理。凡在城镇集中式生活用水地表水源一、二级保护区、国家和省划定的自然保护区和风景名胜区内的水体、重要渔业水体、其他有特殊经济文化价值的水体保护区，不得新建排污口。

六、饮用水水源管理

饮用水是人类生存的基本需求，饮用水安全问题直接关系到广大人民群众的健康，饮用水水源管理一直是我国水环境管理工作的重中之重。为加强饮用水水源安全保障，我国建立了十分严格的饮用水水源保护区制度。

七、良好湖泊水环境管理

从政策侧重点看，规划由过去重点关注富营养化等水质变化，向关注整个流域生态系统健康转变，对水体营养程度变化、湖水咸化、生物多样性变化等生态环境问题予以全面关注；从保护范围看，由过去重点关注东部湖区等发达地区的湖泊或城市内湖，向全国五大湖区广覆盖转变，对西部等偏远地区的湖泊也给予应有重视；从保护资金看，水质较好湖泊生态环境保护项目资金主要由地方为主，中央财政资金予以适当补助，以引导各地积极拓宽融资渠道、创新投融资机制。

第三节　地下水环境管理

一、我国地下水环境管控目标

（一）主要问题

近年来，我国城市污水排放量大幅增加，由于资金投入不足，管网建设相对滞后、维护保养不及时，管网漏损导致污水外渗，部分进入地下水体；雨污分流不彻底，汛期污水雨水溢流，部分垃圾填埋场渗滤液严重污染地下水。

土壤污染总体形势不容乐观，土壤中一些污染物易于淋溶，对相关区域地下水环境安全构成威胁。我国单位耕地面积化肥及农药用量分别为世界平均水平的2.8倍和3倍，大量化肥和农药通过土壤渗透等方式污染地下水；部分地区长期污水灌溉，农业区地下水氨氮、硝酸盐氮、亚硝酸盐氮超标和有机污染日益严重。

地表水污染对地下水影响日益加重，特别是在黄河、辽河、海河及太湖等地表水污染较严重地区，因地表水与地下水相互连通，地下水污染十分严重。部分沿海地区地下水超采，破坏了海岸带含水层中淡水和咸水的平衡，引起了沿海地区地下水的海水入侵。上述污染严重威胁地下水饮用水水源环境安全，部分地下水饮用水水源甚至检测出重金属和有机污染物，对人体健康构成潜在危害。由于地下水水文地质条件复杂，治理和修复难度大、成本高、周期长，一旦受到污染，所造成的环境与生态破坏往往难以逆转。当前，我国相当部分地下水污染源仍未得到有效控制，污染途径尚未根本切断，部分地区地下水污染程度仍在不断加重。

（二）管控目标

全面监控典型地下水污染源，有效控制影响地下水环境安全的土壤，科学开展地下水修复工作，重要地下水饮用水水源水质安全得到基本保障，地下水环境监管能力全面提升，重点地区地下水水质明显改善，地下水污染风险得到有效防范，建成地下水污染防治体系。

二、地下水污染防治区划

地下水污染防治区划是地下水污染地质调查评价工作的一项重要内容，其目的是保护地下水资源，为制定和实施地下水污染防治规划提供依据。目前，地下水污染防治区划并未形成明确概念。有学者认为地下水污染防治区划是基于一定的调查与原则，在评价地下水现实和潜在利用价值、含水层遭受污染的脆弱性、土地利用和污染源类型、分布来确定污染荷载的风险性，以及根据地下水的不同使用功能来确定污染危害性的基础上开展的区划。其中地下水功能评价和地下水脆弱性评价是地下水污染防治区划的基础。有学者认为地下水污染防治区划是针对地下水污染问题，从污染事件发生的本质角度、地下水开采利用的社会经济角度及现阶段实施地下水保护措施的政策角度综合开展的地下水评价。

保护区可以划分为一级保护区、二级保护区及准保护区；防控区划分为优先防控区、重点防控区和一般防控区；治理区划分为优先治理区、重点治理区和一般治理区。

（一）污染原载荷评估

地下水重点污染源主要包括工业污染源、矿山开采区、危险废物处置场、垃圾填埋场、加油站、农业污染源和高尔夫球场等。

单个地下水污染源荷载风险的计算公式为：

$P = T \times L \times Q$

式中：P 表示污染源荷载风险指数；T 表示污染物毒性，以致癌性标示；L 表示污染源释放可能性，与污染物类型、污染年份、防护措施等有关；Q 表示可能释放污染物的量，与污染年份、污染面积、排放量等有关。

将单个污染源风险进行计算，计算结果 P 值由大到小排列，根据取值范围分为低、较低、中等、较高、高五个等级。依据各污染源计算结果叠加形成综合污染源荷载等级图，由强到弱分为强、较强、中等、较弱、弱五级。

（二）地下水脆弱性评估

地下水脆弱性评估主要针对我国浅层地下水的水文地质条件，提出适合的孔隙潜水、岩溶水及裂隙水的地下水脆弱性评估方法，得出在天然状态下地下水对污染所表现的本质敏感属性。地下水脆弱性评估与污染源或污染物的性质和类型无关，取决于地下水所处的地质与水文条件，是静态、不可变和人为不可控制的。因此地下水脆弱性评估首要是判别地下水类型，然后识别地下水脆弱性主控因素。

（三）地下水功能价值评估

地下水的使用功能主要包括饮用水、饮用天然矿泉水、地热水、盐卤水、农业用水、工业用水等。在明确地下水使用功能的基础上，地下水功能价值等级的计算综合考虑两个方面因素：地下水水质和地下水富水性。地下水富水性表征地下资源的埋藏条件和丰富程度，可用评估基准年的单井涌水量表征。

（四）地下水污染现状评估

地下水污染现状评估是指在不同的地下水使用功能区内评估人类活动产生的有毒有害物质的程度。主要采用“三氮”、重金属和有机类等有毒有害污染指标，在扣除背景值的前提下进行评估，直观反映人为影响的污染状况，根据评估指标超过标准的程度进行分区。其评估方法主要是对照法。

三、地下水环境监测

地下水环境监测是评价地下水环境质量的重要依据，是检验地下水环境保护措施是否有效的直接手段。通过监测评价地下水污染程度和污染浓度的分布，可识别地下水污染问题成因和责任主体。

建立地下水环境监测网，应充分利用现有国土、水利和环保等地下水环境监测井。地下水环境监测井以地下水集中式饮用水水源和重点污染源等小尺度为主，以区域大尺度为辅。孔隙型地下水饮用水水源地监测点布设宜采用网格法布点，岩溶地下水饮用水水源地监测点宜按照地下河管道布点，裂隙型地下水饮用水水源地监测点宜按照裂隙发育通道布点。如，针对位于华北平原地下水集中式饮用水源补给径流区的石油化工企业、大中型矿山开采及加工区、地市级以上工业固体废物堆存场和填埋场、规模较大的生活垃圾堆放场、高尔夫球场等地下水环境风险较大的重点污染源，监测井布设需满足在每个污染源地下水背景区至少布置一个监测井和下游区至少布置三个监测井，及时掌控地下水污染态势。

科学布设监测井层位，构建立体分层监测网。地下水不同层位可能具有不同使用功能和污染状况，应根据监测对象和目的设置相应地下水监测层位，构建地下水三维立体分层环境监测网，为地下水质分层评价提供依据。地下水集中式饮用水水源地下水环境监测应以饮用水开采的含水层段为主，兼顾有水力联系含水层。重点污染源周边地下水环境监测以浅层地下水监测为主。区域尺度地下水环境监测层位包括浅、中、深层的不同含水层组，监控不同层位地下水环境状况。

四、地下水污染控制

（一）地下水污染的主要途径

地下水污染途径是污染物从污染源到达地下水中整个过程的路径。其途径有：通过渗井、渗坑的直接注入；通过地表水体（河流、湖泊、明渠、蓄水池、污水库、海水等）的入渗；工业废水和生活污水通过包气带的渗透；含水层中污染物质的运移包括扩散、对流和弥散；相邻含水层的补给。

按照水力学上的特点，地下水污染途径又可分为四类：间歇入渗型、连续入渗型、越流型和径流型。

1. 间歇入渗型

特点是污染物通过大气降水或灌溉水的淋滤，使固体废物、表层土壤或地层中的有毒或有害物质周期性（灌溉旱田、降雨时）从污染源通过包气带土层渗入含水层。这种渗入一般是呈非饱水状态的淋雨状渗流形式，或者呈短时间的饱水状态连续渗流形式。其污染物是呈固体形式赋存于固体废物或土壤中的。当然，也包括用污水灌溉大田作物，其污染物则是来自城市污水。这种类型的污染对象主要是潜水。

2. 连续入渗型

特点是污染物随各种液体废弃物不断经包气带渗入含水层，这种情况下或者包气带完全饱水，呈连续入渗的形式，或者是包气带上部的表水层完全饱水呈连续渗流形式，而其下部（下包气带）呈非饱水的淋雨状的渗流形式渗入含水层。这种类型的污染物一般是液态的。最常见的是污水蓄积地段（污水池、污水渗坑、污水快速渗滤场、污水管道等）的渗漏，以及被污染的地表水体和污水渠的渗漏，当然污水灌溉的水田更会造成大面积的连续入渗。这种类型的污染对象亦主要是潜水。

3. 越流型

特点是污染物通过层间越流的形式转入其他含水层。这种转移或者通过天然途径（水文地质天窗），或者通过人为途径（结构不合理的井管、破损的老井管等），或者因为人为开采引起的地下水动力条件的变化而改变了越流方向，使污染物通过大面积的弱隔水层越流转移到其他含水层。其污染来源可能是地下水环境本身的，也可能是外来的，它可能污染承压水或潜水。

4. 径流型

特点是污染物通过地下水径流的形式进入含水层，即或者通过废水处理井，或者通过岩溶发育的巨大岩溶通道，或者通过废液地下储存层的隔离层的破裂进入其他含水层。海水入侵是海岸地区地下淡水超量开采而造成海水向陆地流动的地下径流。其污染物可能是人为来源也可能是天然来源，可能是污染潜水或承压水。

（二）现阶段主要控制的地下水污染源

1. 城镇污染

持续削减影响地下水水质的城镇生活污染负荷．控制城镇生活污水、污泥及生活垃圾对地下水的影响。在提高城镇生活污水处理率和回用率的同时，加强现有合流管网系统改造．减少管网渗漏；规范污泥处置系统建设，严格按照污泥处理标准及堆存处置要求对污泥进行无害化处理处置。逐步开展城市污水管网渗漏排查工作，结合城市基础设施建设和改造，建立健全城市地下水污染监督、检查、管理及修复机制。降低大中城市周边生活垃圾填埋场或堆放场对地下水的环境影响，目前正在运行且未做防渗处理的城镇生活垃圾填埋场，应完善防渗措施，建设雨污分流系统。

2. 工业污染

建立工业企业地下水影响分级管理体系，以石油炼化、焦化、黑色金属冶炼及压延加工业等排放重金属和其他有毒有害污染物的工业行业为监管重点。石油天然气开采的油泥堆放场等废物收集、贮存、处理处置设施应按照要求采取防渗措施，并防止回注过程中对地下水造成污染。防控地下工程设施或活动对地下水的污染，兴建地下工程设施或者进行地下勘探、采矿等活动，特别是穿越断层、断裂带以及节理裂隙的地下水发育地段的工程设施，应当采取防护性措施。整顿或关闭对地下水影响大、环境管理水平差的矿山。

3. 农业面源污染

除化肥和农药等主要污染源防控外，还要把控制污水灌溉作为重点。要科学分析灌区水文地质条件等因素，客观评价污水灌溉的适用性。避免在土壤渗透性强、地下水位高、含水层露头区进行污水灌溉，防止灌溉引水量过大，杜绝污水漫灌和倒灌引起深层渗漏污染地下水。污水灌溉的水质要达到灌溉用水水质标准。定期开展污灌区地下水监测，建立健全污水灌溉管理体系。

重污染地表水侧渗、垂直补给和土壤污染也是导致地下水污染的途径之一。

第四节 海洋环境管理

一、我国海洋环境管理体制

与海洋环境问题严峻的形势相比，我国海洋环境管理“条块分割、以块为主、分散管理”的体制机制基本延续了新中国成立后以行业职能管理为基础的形式。

纵观我国海洋环境管理体制演变历程，我国海洋环境管理体制发展有两条主线贯穿其中：一方面，我国海洋环境管理体制一直沿袭着将有关海洋环境管理的活动划分给不同职能部门进行分工管理，这种职能管理是政府陆地管理模式向海洋的延伸。另一方面，在职能管理基础上，海洋环境的“综合管理”逐渐纳入国家视野。因此，逐渐形成了我国现行海洋环境管理体制中综合管理与职能管理、统一管理与分级管理的统筹结合。

从国家层面来讲，我国海洋环境管理体制呈现出“条条”状的管理模式，体现了综合管理与职能管理的统筹：一方面，我国已经成立了综合化的海洋环境管理与协调机构，即国家海洋委员会和国土资源部国家海洋局。前者作为高层次的海洋议事协调机构，其负责研究制定国家海洋发展战略，统筹协调海洋各大事项；后者作为国家海洋行政主管部门，则承担全国海洋环境的监督管理、海洋污染损害等。另一方面，《海洋环境保护法》第一章第五条规定，我国海洋环境管理的相关政府部门还有作为国务院环境保护行政主管部门的环境保护部、作为国家海事行政主管部门的交通运输部海事局，作为国家渔业行政主管部门的农业部渔业局以及海军环境保护部门，使得海洋环境管理的职能分散于交通运输管理部门、国土资源部门、农业管理部门的多个职能机构中。另外，国家海洋局统一指挥中国海警局队伍，其与中国海事局共同肩负着我国海洋环境管理执法的职能。

当前的海洋环境管理体制，海洋环境管理职能平均或低差异性地分配给不同职能部门，而不是由某一部门集中担责，无法形成统一的组织与协调机制，导致无法应对快速性、复杂性、多样性和敏感性的海洋事务。虽然，国家海洋局承担海洋综合管理职能，但海洋环境保护仅是其职能之一，甚至海洋环境执法还需要与海事局联合行动，极大地降低了管理的权威性。另一方面，从机构级别来看，作为海洋环境保护行政主管部门的国家海洋局目前仅仅是国土资源部下设的副部级机构，而其他海洋环境管理部门既有属于平级的副部级机构也有属于部级的更高一级的管理部门。因此，在海洋环境管理过程中，让层次较低的部门去协调层次较高的不同部门，极易出现“低层次协调失灵”的局面。

二、海洋环境管理主要制度

（一）主要污染物排海总量控制制度

实施总量控制的污染物种类各海域可以不同，视污染源情况、污染物种类和数量、海域环境质量和经济技术条件确定，一般来说，海域污染物总量控制主要有四种类型，即区域环境质量目标控制、海域允许纳污总量控制、陆源排污入海容量总量控制、海洋产业排污总量控制。海域污染物总量控制基本要素包括区域经济目标、区域环境目标、海域功能与环境目标、海域环境状况与趋势、海域自净能力、排污强度与处理能力、排污源与目标之间相应关系、污染防治政策法规和制度、决策支持系统、管理组织机构等。建立并实施总量控制制度以目标总量控制和容量总量控制为主，至于具体的总量控制区域的提出，实施总量控制的污染物种类和控制目标的确定，根据法律规定由国务院制定。

（二）入海排污口管理

陆源污染是海洋环境污染的最大来源，据估计每年进入海洋的污染物质约有50%～90%来自于陆源污染。陆源入海排污口作为最典型的陆源入海排放点源，由于其可控性相对较强，并且与人类活动紧密相关，一直以来都是世界各国防止陆域人类活动污染近岸海洋环境的主要控制对象，“保护海洋环境免受陆源污染全球行动计划”（GPA/NPA）已经将“污水排放”作为优先关注的主要问题之一。我国沿海分布着大量的陆源入海排污口，面临着较大的污水和污染物处置压力。

第五节　中国水环境管理制度的改革与创新建议

一、国外水环境管理经验借鉴

由于发展阶段的差异，发达国家已经结束经济高增长期，近些年来对水环境治理进行了大量探索，积累了一系列行之有效的经验，政策界和学术界的广泛参与和积极互动，确立了水环境治理的若干新理念、新路径和新方法。从组织架构和机制设计两个层面把握国外水环境治理的最新趋势，有助于更好地理解水环境治理与社会经济发展乃至体制变革之间的内在联系，供我国借鉴。

（一）组织架构

作为治理水环境的主体．国外在治理组织的结构方面大致经历了两个阶段的演化过程。前一个阶段是以流域为单位的统一治理模式，通常表现为治理“委员会”等组织形式，后一个阶段则以更高层级上的政府机构重组为核心，通常表现为“大部制”导向的政府部门改革。根据管理学的基本原理，西方国家在水环境治理组织机构上的演变，实际上是从传统的U型组织机构．到矩阵制结构，再到超级事业部制结构的演变过程。从“委员会”到“大部制”的转化，既确保了最高一级政府对涉及水环境治理的诸多部门的监管和控制力度，也加强了各个分散的部门之间的联结和协调程度，从而提升了政府对水环境治理的决策能力。同时．根据经济学的基本原理，“大部制”的形式，尽可能地避免了垂直分级管理、横向多头管理等问题、是促使外部性得以内部化的一种组织结构调整。

（二）机制设计

在开发利用水资源和治理水环境的各方之间，存在频繁的利益博弈。如何进行有效的机制设计，促使非合作博弈变成合作博弈，是在确立了治理水环境的组织结构之后的重要议题。已有的机制设计，例如法律的强制性手段、市场交易途径等，均以政府强制主导为主。这种机制存在地方政府与中央政府立场不一、政府无法完全有效配置相关资源的问题。因此，政策企业家作为利益诱导的典型机制，近年来得到了广泛的应用。政策企业家指的是有较强的掌握资源和运用资源的能力，积极主动参与并对公共政策过程发挥作用和影响的个体和组织。政策企业家个体的共同特征是，愿意投入自己的资源，包括时间、精力、声誉以及金钱，来促进某一主张以换取表现为物质利益、达到目的或实现团结的预期未来收益。从政府强制主导到政策企业家利益诱导的机制设计路径变革，本质上是对水环境治理的相关政策资源进行重新配置的结果。通过政策企业家利益诱导的机制，进一步优化了水治理决策的质量和实施的有效性，从政府单方面主导政策制定和实施，转变为政策企业家等多方面参与共治和政策的主动实施。此外，以政策企业家为典型的外部个体和组织的加入，促进了治理机构的柔性化改造，这种创新型的治理机制，对于水环境这类特殊的治理对象，显得格外重要。

二、水环境管理模式的改革与创新

鉴于我国水环境管理特色和国情，我国的水环境管理应该采取复合式的管理模式，根据不同地区的水环境特点分别采取不同的管理方式，因地制宜，借鉴国外管理经验，我国可以采取如下几个水环境管理模式：

第一，河长制。

第二，引入水环境第三方治理。

第七章　土壤环境管理

第一节　土壤环境管理对象和目标

一、土壤环境管理对象

新型工业化、信息化、城市化和农业现代化的发展在现代的经济体系中不断取得了耀眼的进步，与此同时，我们国家所面临的土壤问题日渐严峻，对我国的食品安全、生态安全以及人民的健康生活都带来了不利的影响，同时还对我国社会经济的可持续发展和生态文明建设产生了阻碍因素。

土壤是最基础的科技领域。如果我们不能保证土壤安全，那么人类的粮食、纤维制品以及淡水资源的安全供应将无法得到保障，陆地生物多样性的安全问题就会愈加严重，这将破坏土壤作为地球系统生源要素（碳、氮、磷、硫等）循环库的潜力，以至于失去产生可再生能源的关键物质前提。所以可持续、有效和安全的利用土壤资源已经是全球性的共识。当前，国际社会高度重视土壤安全问题，解决与土壤有关的重大问题，以改善土壤资源的可持续管理，满足和促进人类对粮食、燃料和纤维生产的需求，改善土壤生态系统的一些功能，以此应对当前和未来气候条件的变化。

土壤的可持续发展可以分为三个主题：资源、环境以及生态。第一个土壤资源管理属于土地利用管理的范围，指的是根据土地空间利用管理体系的框架协调经济、社会以及生态的效益。在不减少或减少一部分土壤资源的基础之上，保障土地资源的可持续发展。第二个土壤环境管理，是预防和管理土壤污染以及对各类土地的土壤环境质量进行管理。土壤生态所关注的就是土壤生物多样性和土壤生态系统功能问题。此章内容为了保持系统的完整性，考虑到我国的环境管理体系，将固体废物的管理加入这章，主要研究的是土壤环境管理的问题。

二、土壤环境管理目标

保证土壤的安全是土壤环境管理的主要任务。土壤安全是一种以社会可持续发展目标为前提的土壤系统意识。在环境可持续发展的系统中，土壤在粮食安全、水资源安全、能源可持续性等方面发挥着重要的影响，并且对于这些安全问题而言有着无法取代的作用。通常情况下，土壤安全是具有自然属性的（包括土壤中物理、化学和生物过程的变化），还有一部分与政治经济有关的社会属性。

国务院办公厅出台的《土壤污染防治行动计划》对于我国土壤环境管理的基本思想和主要目标做出了明确的指示。对于我国的土壤环境管理问题，需要依据我国现阶段的国庆以及发展的阶段，关注经济社会的全面发展，将土壤环境质量的改善作为中心问题，以农产品质量和居民居住区的安全为重点，坚持风险管控、预防为主、保护至上、对重点区域、行业和污染物进行处理，严格控制新污染源，防止土壤污染，组成由政府主导、企业负责、公众参与和社会监督的控制系统。

第二节　土壤环境管理主要政策

一、农用地土壤环境管理

（一）优先保护类耕地

所有地区必须首先将受保护的耕地归为永久性基本农田，并实行严格的保护，以使其面积不会减少、土壤环境质量不会持续的恶化。除了法律规定的重大建设项目选择的土地之外，在其他的建筑工程中不能占用农田。建设高水平的农田工程应该首先考虑受保护农田集中的区域。实施秸秆还田、增加有机肥料的使用、少耕或者免耕等措施。农田的转让人必须承担对土壤的保护责任，并避免由于不专业的农业生产方法（例如过度施肥和滥用农药）而导致土壤环境的恶化。

（二）安全利用类耕地

按照土壤污染和农产品超标的状况，集中安全种植耕地的地区，结合该地区主要农作物的品种以及种植的习惯，制定和实施受污染耕地的安全利用的措施，并采用农艺调控、替代种植等方式减少农产品过量使用的危害。

（三）严格管控类耕地

对耕地的利用进行严格的控制，按照相关的法律条例限制某些农产品的生产以及禁止种植农产品的区域。如果对地下水和饮用水源的安全构成威胁，有关县（市，区）必须制定环境风险管理和控制的计划。国家新一轮的退耕还林还草包括严格管控耕地，调整重度污染耕地的种植结构或者是调整退耕还林还草的部分草案。

二、土地使用准入和退出环境管理

（一）场地调查评估制度

对准备收回的企业用地，比如：有色金属冶炼、石油加工、化学工厂、电镀、制革等行业的占地，以及用于住宅和商业、学校和医疗等用途的占地，由土地使用权的负责人进行土壤环境的调查和评估工作；对于已经由国家收回的土地，由所在城市、县级政府派遣相关的责任人进行调查和评估。将污染严重的农田转为城市建设工地的，由当地城市或县级人民政府进行调查评估。以上进行调查评估的责任主体，禁止将土地流转；如果受污染的场地尚未进行翻新和修复，明令禁止其他项目的建设以及进行任何与恢复有关的事情。

（二）土壤规划与建设项目事前管理制度

加强规划区和建设项目布局论证，按照土壤等环境的承载力，合理确定区域功能定位和空间布局，严格执行相关的产业和企业布局要求，不能再学校以及居住区等地方建设有关有色金属冶炼、焦化等行业，对于排放主要污染物的建设项目，在评价环境影响时应增加土壤环境影响评价的内容，同时制定防止土壤污染的详细方法。施工在进行预防土壤污染的设施建设的时候，应与其主体工程同时进行设计和施工。将未利用的土地开发为农业用地时，相关县（市，区）人民政府必须组织对土壤环境状况进行评估，如果不符合相关标准，将无法种植食用农产品。

三、受污染土地的土壤环境管理

根据国家技术标准超出相关土壤环境标准的可疑污染区域称为污染地块，也就是受污染的土地范围。除了常规性的调查和评估外，受污染地区的土壤环境管理还包括三个方面：

污染土地的风险管理和控制。按照土壤环境的调查和风险评估结果，为需要风险管理和控制措施的受污染地区建立风险管理和控制计划，并实施目标风险管理和控制途径。及时清除或净化污染物，采取污染隔离和遏制措施以防止污染大面积扩散，对土壤、地表水、地下水和大气进行环境监测，在扩散后发现污染时应及时采取有效的补救措施。

处理和恢复受污染的土地。也就是说，通过物理、化学和生物方法将体第中的污染物进行转移、吸收、分解和转化，将其浓度降低到可接受的程度，或将有毒和有害污染物转化为无害温和的物质，通常包括生物净化、物理修复和化学修复等方法。

除此之外，我国非常注重污染土地的责任分担，包括土地使用权、土壤污染责任人、专门机构和第三方机构的责任。首先是土地使用者的责任。这类集体应该对可疑受污染土地的土壤环境进行初步的调查，对受污染土地的土壤环境进行详细的调查，进行风险的评估、管理以及控制，或对其影响进行处理和恢复以及评估，应对上述活动的结果承担相应的责任。第二是治理和恢复的责任。根据“污染、治理一体化”的原则，造成土壤污染的单位或个人负有控制和恢复的主要责任。当责任实体变更时，变更后继承债权或债务的单位或个人应承担相关的责任。

责任人消失或者责任人不清楚的，由县级人民政府依法负责。在依法转让土地使用权的情况下，土地使用权的受让方或双方约定的责任人将对此负责。如果土地使用权被终止，则原始土地使用者应对使用土地期间发生的土壤污染负责。实施土壤污染管理和恢复的终生责任制。第三是专业组织和第三方组织的责任。委托进行可疑和受污染场地有关的活动的专门机构，或委托进行治理和恢复有效性评估的第三方机构，必须遵守相关的国家和地方相关的环境标准以及技术规范，并就有关活动进行调查报告、负责评估报告的可靠性、准确性和完整性。

四、土壤环境标准

在信息化迅猛发展的时代，我国的经济发展速度越来越快，土壤环境状况也发生了重大变化，变得纷繁复杂，呈现出局部发展的趋势。

我国的土壤环境标准还有很多改进的空间，首先，我们需要将国家和地方政府结合起来。土壤污染具有区域性和局部性特征，甚至相邻的土地也具有不同的污染特征，这是因为使用和保护的目的存在差异。考虑到区域土壤差异的性质，美国和德国采用了国家和区域标准的组合模式来处理区域土壤差异的问题。我国的土壤环境保护标准体系还应包括国家和地区的不同标准。

当前，上海、北京、浙江和重庆的地方政府已经开始根据当地土壤环境保护工作的要求，为展馆和建筑工地制定了当地土壤环境保护标准。但是总的来说，我国保护土壤环境区域标准的制定还不是相当的完整，还有很大的改进空间。

其次是实行分类控制管理。我国土壤环境管理主要是通过分析区域环境特征和土壤特征、土壤环境保护、土壤污染防治与土壤环境管理的需求，主要是防止土壤污染、土壤风险管理控制以及土壤的改良。

根据目前面临的问题，相关的机构应将中国的土壤环境保护标准体系分为四个组成部分，关键是环境质量系列的标准，一套由土壤环境背景值、土壤污染风险筛查值（土壤生态风险筛查值，土壤人体健康分析筛查值）、农业用地土壤生产力和土壤修复值组成的土壤环境质量标准。接下来是土壤污染预防和控制标准，该标准管理是控制和防止已引入或可能引入的污染物。另一个系列是与土壤有关的支持标准和土壤基本环境标准。在此基础上，提出了土壤环境保护标准体系的优化方案，属于两阶段四分类的标准体系。

第八章　固体废物及其资源化

第一节　概　述

一、固体废物处理、处置和资源化的概念和分类

（一）固体废物的定义、分类及危险废物的越境转移问题

1. 固体废物的定义

固体废物（solid waste）是指在生产、生活和其他活动中产生的丧失原有利用价值或者虽未丧失利用价值但被抛弃或者放弃的固态、半固态和置于容器中的气态的物品、物质以及法律、行政法规规定纳入固体废物管理的物品、物质。固体废物的概念是有时间性和空间性的，一种过程的废物随着时空条件变化可以成为另一过程的原料，所以，固体废物又有“放错地点的原料”之称。

2. 固体废物的分类

固体废物来源广泛、种类繁多、组成复杂，按物质的成分可分为无机废物和有机废物；按危害程度可分为一般固体废物和危险废物；按其来源可分为矿业废物、工业废物、城市垃圾、农业废物和放射性废物五类，固体废物分为工业固体废物、城市生活垃圾和危险废物三大类。

（1）工业固体废物（industrial solid waste）

其是指在工业生产活动中产生的固体废物，包括矿业固体废物、冶金工业固体废物、能源工业固体废物、石油化学工业固体废物、轻工业固体废物和其他固体废物。

随着我国固体废物的逐年增长，我国政府也加大了治理的力度。削减工业固体废物的产生量是我国污染物排放总量控制的重要内容之一。

（2）城市生活垃圾（municipal solid waste）

其是指在城市日常生活中或者为城市日常生活提供服务的活动中产生的固体废物以及法律、行政法规规定视为城市生活垃圾的固体废物。

我国城市垃圾的主要特点是：产出相对集中；经济价值低；产量与构成因季节而变化。应当指出，以上几点特性对我国城市垃圾的处理均有消极性的影响。垃圾的产出集中，使得少数城市消纳渠道逐渐饱和，处理压力大，问题相对突出；经济价值低，造成处理过程选择麻烦；而季节性变化大，导致对处理方案的抗冲击能力要求高等。

（3）危险废物（hazardous waste）

其是指列入国家危险废物名录或者根据国家规定的危险废物鉴别标准和鉴别方法认定的具有危险特性的废物。所谓危险特性是指具有化学反应性、毒性、腐蚀性、爆炸性、易燃性或引起危害的特性。

3. 危险废物的越境转移

随着工业的发展，尤其是化学工业的发展，危险废物的产生与日俱增，各国面临的主要公害。危险废物越境转移已成为人们关注的又一焦点问题。境转移是指危险废物从一国管辖地区或通过第三国向另一国管辖地区转移危险废物在国际间的转移，尤其是向发展中国家的转移，会对人类健康和环境造成严重的危害。首先，危险废物在运输过程中发生泄漏或出现其他事故直接释放到环境中去，对环境造成直接污染。其次，许多发展中国家没有处理危险废物的必要技术和设施，危险废物得不到完全的和适当的处置，不但污染本国，也可能危及邻国。

（二）固体废物处理、处置和资源化的概念

1. 处理

处理通常是指通过物理、化学、生物、物化及生化方法把固体废物转化为适于运输、贮存、利用或处置的废物的过程。固体废物处理的目标是无害化、减量化、资源化。目前采用的主要方法包括压实、破碎、分选、固化、焚烧、生物处理等。

2. 利用和资源化

利用是指从固体废物中提取物质作为原材料或者燃料的活动。资源化表示资源的再循环（生产—消费，废物—生产）。关于再循环的含义，指的是从原料制成成品，经过市场直到最后消费变成废物，又引入新的生产—消费的循环系统。

3. 处置

处置是指将固体废物焚烧和用其他改变固体废物的物理、化学、生物特性的方法，达到减少已产生的固体废物数量、缩小固体废物体积、减少或者消除其危险成分的活动，或者将固体废物最终置于符合环境保护规定要求的填埋场的活动。固体废物的处置，是控制固体废物污染的末端环节，是解决固体废物归宿问题的关键。

二、固体废物污染的特点

固体废物问题较之其他形式的环境问题有其独特之处，具有资源性、污染的特殊性和严重的危害性等特征。

1. 资源性

固体废物品种繁多、成分复杂，尤其是工业废渣，不仅数量大，而且具备某些天然原料、能源所具有的物理、化学特性，易于收集、运输、处理和再利用；城市垃圾含有多种可再利用的物质，世界上已有许多国家实行城市垃圾分类包装，作为“再生资源”或“二次资源”。这一特点同时说明由于时空条件的限制，固体废物是“放错地点的资源”。

2. 污染的特殊性

固体废物不仅占用土地和空间，还通过水、气和土壤对环境造成污染，并由此产生新的“污染源”，如不再进行彻底治理，往复循环，就形成固体废物污染的特殊性，即固体废物具有富集终态和新污染源的交叉性的特点。

3. 严重的危害性

固体废物堆积，占用大片土地造成环境污染，严重影响着生态环境。生活垃圾可滋生、繁殖细菌，能传播多种疾病，危害人畜健康，而危险废物的危害性更为严重。固体废物污染具有潜在性、长期性以及灾难性。

固体废物问题，尤其是城市生活垃圾，最贴近人们的日常生活，因而是与人类生活最息息相关的环境问题。人们每天都在产生垃圾、排放垃圾，同时也在无意识中污染我们的生存环境。关注固体废物问题，也就是关注我们最贴近的环境问题，通过对我们日常生活中垃圾问题的关注，也将最有效地提高全民的环境意识、资源意识。

三、固体废物处理、处置和资源化的原则

我国固体废物的污染控制工作起步较晚，开始于20世纪80年代初期，由于技术力量和经济力量有限，近期内还不可能在较大范围内实现“资源化”。因此，必须着眼于眼前，放眼于未来，以寻求我国固体废物处理的途径。为此，我国于80年代中期提出了以“资源化”“减量化”“无害化”作为控制固体废物污染的技术政策，并确定今后较长一段时间内应以“无害化”为主。我国固体废物处理利用的发展趋势必然是从“无害化”走向“资源化”，“无害化”是“资源化”的前提。

1. 无害化（safe treatment）

目前，废物“无害化”处理工程已经发展成为一门崭新的工程技术。如垃圾的焚烧、卫生填埋、堆肥、粪便的厌氧发酵、有害废物的热处理和解毒处理等。在对废物进行“无

害化”处理时，必须看到各种“无害化”处理工程技术的通用性是有限的，它们的优劣程度往往不是由技术、设备条件本身所决定。以生活垃圾处理为例，焚烧处理确实不失为一种先进的“无害化”处理方法，但它必须以垃圾含有高热值和可能的经济投入为条件，否则，便没有利用的意义。

2. 资源化（recycle）

固体废物资源化的基本任务是采取工艺措施从固体废物中回收有用的物质和能源。资源化主要包括以下三个范畴：一是物质回收，即处理废物并从中回收指定的二次物质，如纸张、玻璃、金属等；二是物质转换，即利用废物制取新形态的物质，如利用废玻璃和废橡胶生产铺路材料，利用炉渣生产水泥和其他建筑材料，利用有机垃圾生产堆肥等；三是能量转换，即从废物处理过程中回收能量，作为热能和电能。如利用有机废物的焚烧处理回收热量，进一步发电；利用垃圾厌氧消化产生沼气，作为能源向居民和企业供热或发电。

3. 减量化（reduction）

固体废物减量化的基本任务是通过适宜的手段减少固体废物的数量和体积。这一任务的实现，需要从两个方面入手：一是对固体废物进行处理利用；二是减少固体废物的产生。

对固体废物进行处理利用，属于物质生产过程的末端，即通常人们所理解的“废物综合利用”，我们称之为“固体废物资源化”。例如，生活垃圾采用焚烧法处理后，体积可减少80%~90%，余烬则便于运输和处置。固体废物采用压实、破碎等方法处理也可以达到减量并方便运输和处理处置的目的。

减少固体废物的产生，属于生产过程的前端，需从资源的综合开发和生产过程中物质资料的综合利用入手。当今，从国际上资源开发利用和环保的发展趋势看，世界各国为解决人类面临的资源、人口、环境三大问题，越来越注意资源的合理利用。人们对综合利用范围的认识，已从物质生产过程的末端（废物利用）向前延伸了，即从物质生产过程的前端（自然资源开发）起，就考虑和规划如何全面合理地利用资源。把综合利用贯穿于自然资源的综合开发和生产过程中物质资料与废物综合利用的全过程，我们称之为“资源综合利用”。

第二节　固体废物的处理

一、破碎处理

（一）破碎的概念和意义

破碎是固体废物处理技术中最常用的预处理工艺。它不是最终处理的作业，而是运输、焚烧、热分解、熔化、压缩等其他作业的预处理作业。

（二）破碎技术

目前，被广泛应用的固体废物破碎途径是直接从采矿工业部门借鉴而来的机械破碎方法，破碎作用分为挤压、摩擦、剪切、冲击、劈裂、弯曲等，其中前三种是破碎机通常采用的基本作业方式。

破碎方式可分为干式、湿式、半湿式三类。其中，干式破碎即通常所说的破碎，又可分为机械能破碎和非机械能破碎两种方法。湿式破碎与半湿式破碎是在破碎的同时兼有分级分选的处理。半湿式选择性破碎分选是利用城市垃圾中各种不同物质的强度和脆性的差异，在一定的湿度下破碎成不同粒度的碎块，然后通过网眼大小不同的筛网加以分离回收的过程。湿式破碎技术是利用纸类在水力作用下的浆液化特性，基于回收城市垃圾中的大量纸类为目的而发展起来的。

二、分选技术

城市生活垃圾在固体废物处理、处置与回用之前必须进行分选，将有用的成分分选出来加以利用，并将有害的成分分离出来。根据物料的物理性质或化学性质（包括粒度、密度、重力、磁性、电性、弹性等），分别采用不同的分选方法，包括筛分、重力分选、磁选、电选、光电分选、摩擦与弹性分选、浮选以及最简单有效的人工分选等。

三、固化

固化（solidification）是指用化学、物理方法，把有害固体废物固定或包容在固体基质中，使之呈现化学稳定性或密封性的一种无害化处理方法。固化主要是针对有害物质或放射性物质而言的，也称危险废物的固化。有害废物经过固化处理形成的产物称为固化体，固化所用的惰性材料称为固化剂。

已研究和应用多种固化方法来处理不同类型的固体废物，但是迄今为止尚未研究出一种适用于处理任何类型的固体废物的固化方法，目前所采用的固化方法只能适用于一种或几种类型的废物。根据固化基材的不同，固化技术主要分为包胶固化、自胶结固化和玻璃固化。包胶固化是采用某种固化基材对废物进行包覆处理的方法，分为水泥固化、石灰固化、热塑性材料固化和有机聚合物固化，适用于多种废物的固化；自胶结固化适用于大量能成为胶结剂的废物；玻璃固化（熔融固化）是根据玻璃的溶解度及其所含成分的浸出率都非常低而减容系数却非常高的特点，应用已经成熟的玻璃制造技术，将含有重金属的污泥和废渣进行玻璃固化，以便固定在玻璃中。玻璃固化适用于极少数特毒废物的处理。

四、生物处理技术

生物处理技术（biochemical process）是利用微生物对有机固体废物的分解作用使其无害化。该种技术可以使有机固体废物转化为能源、食品、饲料和肥料，是固体废物资源化的有效的技术方法。目前应用比较广泛的有堆肥化、沼气化、废纤维素糖化、废纤维饲料化、生物浸出等。

（一）好氧堆肥化技术

堆肥就是利用微生物对有机废物进行分解腐熟而形成肥料。目前我国已建成的堆肥场主要采用机械化堆肥和简易高温堆肥技术。存在的问题是产品肥效低。比较好的堆肥技术，是把有机垃圾送入机械消化机中，通过好氧微生物的作用，变成高效有机肥。另外，一定要把有毒有害的废物如废电池、废塑料等分拣出来，剩下有机物才能去堆肥。相关内容参见本章第五节。

（二）厌氧发酵产沼技术

从沼气生产技术的角度来说，发酵是指在厌氧条件下，利用厌氧微生物（特别是产甲烷细菌）新陈代谢的生理功能，经过液化（水解）、酸化及气化三个阶段，将有机物转化成沼气（CH_4、CO_2）的整个工艺生产过程。由60%甲烷和40%二氧化碳组成的沼气称为标准沼气。以厌氧消化为主要环节的“能环工程”手段，处理过程中不仅不耗能，而且每去除1kgCOD所产生的沼气还可发0.6度电，人们利用厌氧消化来治理环境并获得能源是人类利用自然规律的一个杰作。

五、热处理技术

热处理技术（heat treatment）包括焚烧法（incineration）和热解法（pyrolysis）。

焚烧是将垃圾放在特殊设计的封闭炉内，在1000℃左右烧成灰，然后送去填埋。此法可将垃圾的体积缩小50%~95%。垃圾焚烧可以用于发电。

垃圾焚烧投资大，运行费用高昂，操作管理要求高。建设一个日处理垃圾1000t的焚烧炉及附属热能回收设备，需要7亿~8亿元。更重要的是，垃圾焚烧存在一些不利于环保的因素。一是烧掉了大量的纸张、塑料等可回收的资源；二是产生“二次污染”，焚烧中释放出污染气体（如二噁英、电池中的汞蒸气等），产生有毒有害的灰烬。好处是把大量有害的废料分解而变成无害的物质。

由于固体废物中可燃物的比例逐渐增加，采用焚烧法处理固体废物，利用其热能已成为必然的发展趋势。以此种处理方法处理固体废物，占地少，处理量大，在保护环境、提供能源等方面可取得良好的效果。欧洲国家较早采用焚烧法处理固体废物，焚烧厂多设在10万人口以上的大城市，并设有能量回收系统。日本由于土地紧张，普遍采用焚烧法。焚烧过程获得的热能可以用于发电。利用焚烧炉发生的热量，可以供居民取暖，用于维持温室室温等。目前日本及瑞士每年把超过65%的都市废料进行焚烧而使能源再生。但是焚烧法也有缺点，例如投资较大、焚烧过程排烟造成二次污染、设备锈蚀现象严重等。

热解是将有机物在无氧或缺氧条件下高温（500～1000℃）加热，使之分解为气、液、固三类产物。与焚烧法相比，热解法则是更有前途的处理方法。它的显著优点是基建投资少。

第三节　固体废物资源化技术

一、固体废物的资源化及其意义

固体废物资源化就是采取工艺技术从固体废物中回收物质和能源。固体废物在一定的时间对某一过程而言，是没有利用价值的废弃物；同时，对于其他的过程，它又是可利用的资源。

固体废物资源化的意义在于：环境效益高，可从环境中去除某些有毒废物；生产成本低，用废铁炼钢比用铁矿石炼钢节约能源47%～70%，减少空气污染85%，减少矿山垃圾97%；生产效益高，用铁矿石炼1t钢需要8个工时，而用废铁仅需2～3个工时。

二、固体废物资源化的基本途径

固体废物资源化的基本途径归纳起来有五个方面：生产建材，比如由粉煤灰制造水泥和砖；提取各种金属，把最有价值的各种金属提取出来是固体废物资源化的重要途径，某些稀有贵金属的价值甚至超过主金属的价值；生产农肥，比如由堆肥制造有机肥，由钢渣制造钙镁磷肥；回收能源，比如利用厌氧发酵制取沼气，利用有机废物热解产生储存性能源，垃圾焚烧产生热能等；取代某种原料，加工处理后代替工业原料，节约资源，比如用高炉渣滤料处理造纸废水。

三、固体废物资源化的原则

固体废物资源化的原则是资源化的技术必须是可行的；资源化的产品应符合相应产品的质量标准，因而具有竞争力；资源化的经济效益比较好，因而具有较强的生命力；资源化所处理的废物应当尽可能在排放源附近处理利用，以节省存放、运输等方面的费用。

四、固体废物资源化系统和系统技术

固体废物资源化是指从原材料经过加工制成的成品，经人们消费后，成为废物又引入新的生产—消费循环系统。就整个社会而言，就是生产—消费—废物—再生产的一个不断循环的系统。

（一）固体废物资源化系统

整个资源回收系统可分为两个分系统：前期系统和后期系统。

1. 前期系统

前期系统不改变物质的性能，也称分离回收，又可分为：废物收集时原形的系统（即重复系统），如回收空瓶、空罐、家用电器中的有用零件，通常采用手选清洗，并对回收物料进行简易修补；改变原形而不改变物理化学性质的有用物质回收系统（即物理性原料的再利用系统），如回收的金属、玻璃、塑料、纸张等材料，多采用破碎、分离、水洗后，根据各材质的物性用机械的物理方法分选后收集回收。

2. 后期系统

后期系统又分为以回收物质为目的的系统和以回收能源为目的的系统两大类。后者进一步分为可储存可迁移型能源及燃料的回收系统和不可储存即随产随用型能源的回收系统。

后期系统主要是将前期系统回收后的残留物，用化学的、生物的方法，改变废物的物性而进行回收利用。这个系统比分离回收技术要求高且困难，故成本较高。

（二）固体废物资源化系统技术

大体来说，固体废物资源化技术可分为前期系统技术和后期系统技术。前期系统技术包括破碎、分选等，以回收资源为目的；后期系统技术包括燃烧、热解、生化分解等，以回收能源为目的。对某些废物处理来讲，前后技术连续成为整体系统，而这个系统又分为许多单元操作，所以形成了复杂的工艺过程。特别值得注意的是，以回收的废物为原料与生产用的原始原料相比，成分复杂，品质低，对技术上要求高，用这种原料生产精度较高的产品，必然费用高、经济效益低，如不加精制利用则价值低。

第四节　固体废物的最终处置

一、固体废物处置的目标和方法

固体废物经过减量化和资源化处理后，剩余下来的无再利用价值的残渣，往往富集了大量的不同种类的污染物质，对生态环境和人体健康具有即时性和长期性的影响，必须妥善加以处理。安全、可靠地处理这些固体废物残渣，是固体废物全过程管理中的最重要的环节。

废物处置总的目标是保证废物中的有害物质现在和将来对于人类均不致发生不可接受的危害。

（一）废物屏障系统

根据填埋的固体废物（生活垃圾或危险废物）的性质进行预处理，包括固化或惰性化处理，以减轻废物的毒性或减小渗滤液中有害物质的浓度。

（二）密闭屏障系统

利用人为的工程措施将废物封闭，使废物渗滤液尽量少地突破密闭屏障，向外溢出。其密封效果取决于密封材料的品质、设计水平和施工质量保证。

（三）地质屏障系统

地质屏障系统包括场地的地质基础、外围和区域综合地质技术条件。

地质屏障的防护作用大小，取决于地质对污染物质的阻滞性能和污染物质在地质介质中的降解性能。

二、土地填埋处置技术

废物的陆地处置可分为土地耕作、永久贮存或贮留地贮存、永久填埋三种类型，其中应用最多的是土地填埋处置技术。

土地填埋处置是从传统的堆放和土地处置发展起来的一项最终处置技术，不是单纯的堆、填、埋，而是一种按照工程理论和土木标准对固体废物进行有控管理的综合性科学工程方法。在填埋操作处置方式上，它已从堆、填、覆盖向包容、屏蔽及隔离的工程贮存方向发展。土地填埋处置，首先要进行科学选址，在设计规划的基础上对场地进行防护（如防渗）处置，然后按严格的操作程序进行填埋操作和封场，要制定严格的管理制度，定期对场地进行维护和监测。

土地填埋处置具有工艺简单、成本较低、适于处置各种类型的固体废物的优点。目前，土地填埋已成为固体废物最终处置的一种主要方法。土地填埋处置的主要问题是渗滤液的收集控制问题。实践证明，以往的某些衬里系统是不适宜的，衬里一旦破坏很难维修，另一个问题是由于各项法律的颁布和污染控制目标的制定，致使处置费用不断增加。因此，对土地填埋处置方法需进一步改善。

第五节　城市生活垃圾的处理

一、基本现状

中国垃圾处理起步较晚，垃圾无害化处理能力较低，曾出现垃圾包围城市的严重局面。近年来，中国环境卫生行业有了较大的发展，使城镇垃圾处理水平提高，垃圾包围城市的现象有所缓解。

二、填埋、焚烧和堆肥处理垃圾

（一）填埋处理

填埋是大量消纳城市生活垃圾的有效方法，也是以上三种主要的垃圾处理工艺中唯一的最终处置方法。不论采用何种手段处理固体废物，最终总会有一部分没有任何利用价值的剩余物遗留下来，即“终态废物”，目前，我国普遍采用直接填埋法。所谓直接填埋法是将垃圾填入已预备好的坑中盖上压实，使其发生生物、物理、化学变化，分解有机物，达到减量化和无害化的目的。

填埋处理方法是一种最通用的垃圾处理方法，它的最大特点是处理费用低，方法简单，但如果填埋处理操作不当，容易造成地下水资源和大气的二次污染，甚至[illegible]填埋场气体爆炸，因此要特别注意防渗层的处理、渗滤液和填埋场气体的收集等技术问题，并要定期对场地进行维护和监测。填埋处理操作过程中另外一个日益突出的问题是：随着城市垃圾量的增加，靠近城市的适用的填埋场地越来越少，开辟远距离填埋场地又大大提高了垃圾排放费用，相关部门无法承受高昂的费用，因此新的垃圾填埋场选址越来越困难。

（二）焚烧处理

焚烧处理的优点是减量效果好（焚烧后的残渣体积减少 90% 以上，质量减少 80% 以上），处理彻底。但是，焚烧厂的建设和生产费用极为高昂。在多数情况下，这些装备所产生的电能价值远远低于预期的销售额，给当地政府留下巨额经济亏损。由于垃圾含有某些金属，焚烧具有很高的毒性，产生二次环境危害。焚烧处理要求垃圾的热值大于3.35MJ/kg，否则，必须添加助燃剂，这将使运行费用增高到一般城市难以承受的地步。

（三）堆肥处理

将生活垃圾堆积成堆，保温至70℃贮存、发酵，借助垃圾中微生物分解的能力，将有机物分解成无机养分。经过堆肥处理后，生活垃圾变成卫生的、无味的腐殖质，既解决垃圾的出路问题，又可达到再资源化的目的。但是生活垃圾堆肥量大，养分含量低，长期使用易造成土壤板结和地下水质变坏，所以，堆肥的规模不宜太大。

城市生活垃圾的填埋、焚烧或堆肥处理，必须要有预处理。预处理程序首先要求居民将生活垃圾分类收集，按可回收物质、有机物质和无机物质分别装袋，然后，垃圾处理公司按垃圾分类收集和运送，分类处理和利用。

三、电子废物及回收利用

（一）电子垃圾的概念

电子垃圾现在还没有明确技术标准来确定。但笼统地说，凡是已经废弃的或者已经不能再使用的电子产品，都属于电子垃圾。如旧电视机、旧电脑、旧冰箱、旧微波炉、旧手机、年久失效的集成电路板等。

（二）电子垃圾的危害

管、印刷电路板上的焊锡和塑料外壳等都是有毒物质。一台电视机的阴极射线管中含有1.8～3.6kg铅。制造一台电脑需要700多种化学原料，其中含有300多种对人类有害的化学物质[illegible]一台电脑显示器中铅含量平均达1kg之多。铅元素可破坏人的神经、血液系统和肾脏。[illegible]脑的电池和开关含有铬化物和汞，铬化物透过皮肤，经细胞渗透，可引发哮喘；汞则会破坏脑部神经；机箱和磁盘驱动器中的铬、汞等元素对人体细胞的DNA和脑组织有巨大的破坏作用。如果将这些电子垃圾随意丢弃或掩埋，大量有害物质会渗入地下，造成地下水严重污染；如果进行焚烧，会释放大量有毒气体，造成空气污染。

（三）电子垃圾处理回收利用技术

面对日益膨胀的电子垃圾以及严重的环境污染，电子垃圾处理回收利用技术成为解决这一问题的核心技术。随着电子环保法规及标准的出台与实施，电子垃圾处理技术内容主要包括以下几个方面：无铅化焊料和无溴阻燃剂的生产工艺技术；阴极射线屏幕和液晶显示器的拆解、循环利用和处置的成套技术装备；电子废弃产品破碎、分选及无害化处置的技术和装备；家用电器与电子产品无害化或低害化的生产原材料和生产技术；废弃电冰箱、空调器压缩机中含氟制冷剂、润滑油的回收技术与装备等。随着电子垃圾的日益增多，电子垃圾处理技术将成为新的技术热点，它对保护人类的生存环境、促进人类的可持续发展，都具有十分重要的意义。

第九章　物理性污染及其防治

第一节　噪声污染及其控制

一、噪声与噪声源

（一）噪声

噪声可能是由自然现象产生的，也可能是由人们活动形成的。噪声可以是杂乱无序的宽带声音，也可以是节奏和谐的乐音。总的来说，噪声就是人们不需要的声音，噪声具有客观与主观两方面的特点。

从物理学的观点看，噪声就是各种频率和声强杂乱无序组合的声音。从生理学和心理学的观点看，令人不愉快、讨厌以致对人们健康有影响或危害的声音都是噪声，即对噪声的判断与个人所处的环境和主观愿望有关。当声音超过人们生活和社会活动所允许的程度时，就成为噪声污染（noise pollution）。

（二）噪声的来源

1. 噪声污染源的分类

各种各样的声音都起始于物体的振动。凡能产生声音的振动物体统称为声源。噪声的来源有两种：一类是自然现象引起的自然界噪声；另一类是人为造成的。噪声污染通常指人为造成的。噪声污染源主要有以下四种。

第一，工厂噪声污染源。工厂各种产生噪声的机械设备，如运行中的排风扇、鼓风机、内燃机、空气压缩机、汽轮机、织布机、电锯、电机、风铲、风铆、球磨机、振捣台、冲床机和锻锤等。

第二，交通运输污染源。运行中的汽车、摩托车、拖拉机、火车、飞机和轮船等。

第三，建筑施工噪声污染源。运转中的打桩机、混凝土搅拌机、压路机和凿岩机等。

第四，社会生活噪声污染源。高音喇叭、商业、交际等社会活动和家用电器等。

2. 噪声的分类

若按噪声产生的机理来划分，可以分为机械性噪声、空气动力性噪声、电磁性噪声和电声性噪声四大类：

第一，机械性噪声。这类噪声是在撞击、摩擦和交变的机械力作用下部件发生振动而产生的。破碎机、电锯、打桩机等产生的噪声属于此类。

第二，空气动力性噪声。这类噪声是高速气流、不稳定气流中由于涡流或压力的突变引起了气体的振动而产生的。鼓风机、空压机、锅炉排气放空等产生的噪声属于此类。

第三，电磁性噪声。这类噪声是由于磁场脉动、磁场伸缩引起电气部件振动而产生的。电动机、变压器等产生的噪声属于此类。

第四，电声性噪声。这类噪声是由于电一声转换而产生的。广播、电视等产生的噪声属于此类。

（三）噪声的特征

噪声污染与大气污染、水污染相比具有以下四个特征：

1. 主观性

噪声是感觉公害，任何声音都可以成为噪声。噪声是人们不需要的声音的总称，因此一种声音是否属于噪声全由判断者心理和生理上的因素所决定。例如优美的音乐对正在思考问题的人属于噪声。

2. 局部性

声音在空气中传播时衰减很快．它不像大气污染和水污染影响面广，而只对一定范围内的区域有不利的影响。

3. 暂时性

噪声污染在环境中不会有残剩的污染物质存在，一旦噪声源停止发声后，噪声污染也立即消失。

4. 间接性

噪声一般不直接致命，它的危害是慢性的和间接的。

二、噪声的危害

（一）对人体健康的影响

1. 听力损伤

（1）急性损伤

当人们突然暴露于极强烈的噪声之下，由于其声压很大，常伴有冲击波，可造成听觉器官的急性损伤，称为暴振性耳聋（explosive deafness）或声外伤。此时，耳的鼓膜破裂、流血，双耳完全失听。我国古代时有这样一种刑罚，叫钟下刑。受刑的人被扣在一口大钟的里面，然后行刑的人在外面用木槌用力敲钟，使受刑人在钟里痛苦难忍，甚至造成精神分裂或昏迷。这说明在强烈噪声的环境下，人将受到严重的危害。

（2）慢性损伤

除上述的急性损伤以外，噪声还会对人的听觉系统造成慢性损伤。大量的调查研究表明，人们长期在强噪声环境下工作会形成一定程度的听力损失。衡量听力损失的量是听力阈级。听力阈级是指耳朵可以觉察到的纯音声压级。它与频率有关，可用专用的听力计测定。阈级越高，说明听力损失或部分耳聋的程度越大。国际标准化组织规定，听力损失用500Hz、1000Hz和2000Hz三个频率上的听力损失的平均值来表示。一般来讲，噪声性耳聋是指平均听力损失超过25dB。长期在不同的噪声环境下工作，噪声性耳聋发病率会有所不同。

2. 生理影响

大量研究结果表明，人体多种疾病的发展和恶化与噪声有着密切的关系。噪声会使大脑皮层的兴奋和抑制平衡失调，导致神经系统疾病，患者常出现头痛、耳鸣、多梦、失眠、心慌、记忆力衰退等症状。

噪声还会导致交感神经紧张，代谢或微循环失调，引起心血管系统疾病，使人产生心跳加快、心律不齐、血管痉挛、血压变化等症状。不少人认为，当今生活中的噪声是造成心脏病的重要原因之一。

噪声作用于人的中枢神经系统时，会影响人的消化系统，导致肠胃机能阻滞、消化液分泌异常、胃酸度降低、胃收缩减迟，造成消化不良、食欲不振、胃功能紊乱等症状，从而导致胃病及胃溃疡的发病率增高。

噪声还会伤害人的眼睛。当噪声作用于人的听觉器官后，由于神经传入系统的相互作用，使视觉器官的功能发生变化，引起视力疲劳和视力减弱，如对蓝色和绿色光线视野增大，对金红色光线视野缩小。

噪声还会影响儿童的智力发育。有调查显示，在噪声环境下儿童的智力发育比在安静环境下低20%。

（二）对生活和工作的干扰

1. 对睡眠的干扰

睡眠对人是极重要的，它能够使人的新陈代谢得到调节，使人的大脑得到休息，从而消除体力和脑力疲劳。所以保证睡眠是关系到人体健康的重要因素。但是噪声会影响人的睡眠质量和数量，老年人和病人对噪声干扰比较敏感。当睡眠受到噪声干扰后，工作效率和健康都会受到影响。研究结果表明，连续噪声可以加快熟睡到轻睡的回转，使人多梦，熟睡的时间缩短。突然的噪声可使人惊醒。环境噪声会掩蔽语言声音，使语言清晰度降低。语言清晰度是指被听懂的语言单位百分数。噪声级比语言声级低很多时，噪声对语言交谈几乎没有影响。噪声级与语言声级相当时，正常交谈受到干扰。噪声级高于语言声级10dB 时，谈话声就会被完全掩蔽。

由于噪声容易使人疲劳，因此会使相关人员难以集中精力，从而使工作效率降低，这对于脑力劳动者尤为明显。

此外，由于噪声的掩蔽效应，会使人不易察觉一些危险信号，从而容易造成工伤事故。

（三）损害设备和建筑物

噪声对仪器设备的危害与噪声的强度、频谱以及仪器设备本身的结构特性密切相关。当噪声级超过 135dB 时，电子仪器的连接部位会出现错动，引线产生抖动，微调元件发生偏移，使仪器发生故障而失效。当噪声超过 150dB 时，仪器的元器件可能失效或损坏。

高强度和特高强度噪声能损害建筑物的结构。航空噪声对建筑物的影响很大，如超声速低空飞行的军用飞机在掠过城市上空时，可导致民房玻璃破碎、烟囱倒塌等损害。美国统计了 3000 件喷气式飞机使建筑物受损的事件，其中，抹灰开裂的占 43%，窗损坏的占32%，墙开裂的占 15%，瓦损坏的占 6%。

三、噪声控制

（一）基本原理

噪声从声源发生，通过一定的传播途径到达接受者，才能发生危害作用。因此噪声污染涉及噪声源、传播途径和接受者三个环节组成的声学系统。要控制噪声必须分析这个系统，既要分别研究这三个环节，又要做综合系统的考虑。

1. 噪声源的控制

这是最根本的措施，包括改进结构、改造生产工艺、提高机械加工和装配精度、降低高压高速气流的压差和流速等措施。

2. 传播途径上的控制

这是噪声控制中的普遍技术，包括隔声、吸声、消声、阻尼减振等措施。

3. 对接受者的保护

对噪声接受者进行防护，除了减少人员在噪声环境中的暴露时间外，可采取各种个人防护手段，如佩戴耳塞、耳罩或者头盔等。对于精密仪器设备，可将其安置在隔声间内或隔振台上。

（二）基本技术

1. 吸声（sound absorption）

在噪声控制工程设计中，常用吸声材料和吸声结构来降低室内噪声，尤其在体积较大、混响时间较长的室内空间，应用相当普遍。吸声材料按其吸声机理来分类，可以分成多孔吸声材料及共振吸声结构两大类。

（1）多孔吸声材料

多孔吸声材料是目前应用最广泛的吸声材料。最初的多孔吸声材料是以麻、棉、棕丝、毛发、甘蔗渣等天然动植物纤维为主，目前则以玻璃棉、矿渣棉等无机纤维替代。这些材料可以为松散的，也可以加工成棉絮状或采用适当的黏结剂加工成毡状或板状。

多孔材料内部具有无数细微孔隙，孔隙间彼此贯通，且通过表面与外界相通，当声波入射到材料表面时，一部分在材料表面上反射，一部分则透入到材料内部向前传播。在传播过程中，引起孔隙中的空气运动，与形成孔壁的固体筋络发生摩擦，由于黏滞性和热传导效应，将声能转变为热能而耗散掉。声波在刚性壁面反射后，经过材料回到其表面时，一部分声波透回空气中，一部分又反射回材料内部，声波的这种反复传播过程，就是能量不断转换耗散的过程，如此反复，直到平衡，这样材料就“吸收”了部分声能。

（2）共振吸声结构

在室内声源所发出的声波的激励下，房间壁、顶、地面等围护结构以及房间中的其他物体都将发生振动。振动着的结构或物体由于自身的内摩擦和与空气的摩擦，要把一部分振动能量转变成热能而消耗掉，根据能量守恒定律，这些损耗掉的能量必定来自激励它们振动的声能量。因此。振动结构或物体都要消耗声能，从而降低噪声。结构或物体有各自的固有频率，当声波频率与它们的固有频率相同时，就会发生共振。

2. 隔声（sound insulation）

隔声是在噪声控制中最常用的技术之一。声波在空气中传播时，使声能在传播途径中受到阻挡而不能直接通过的措施，称为隔声。隔声的具体形式有隔声墙、隔声罩、隔声间和声屏障等。

（1）隔声墙

隔声技术中常把板状或墙状的隔声构件称为隔板或隔墙。仅有一层隔板的称为单层墙；有两层或多层，层间有空气或其他材料的称为双层墙或多层墙。

双层隔声结构的隔声量比单层要有所提高，主要原因是空气层的作用。空气层可以看成与两层墙板相连的“弹簧”，声波入射到第一层墙透射到空气层时，空气层的弹性形变具有减振作用，传递给第二层墙的振动大为减弱，从而提高了墙体的总隔声量。

（2）隔声罩

隔声罩是噪声控制设计中常被采用的设备，例如空压机、水泵、鼓风机等高噪声源，如果其体积小，形状比较规则，或者虽然体积较大，但空间及工作条件允许，可以用隔声罩将声源封闭在罩内，以减少向周围的声辐射。隔声罩由隔声材料、阻尼涂料和吸声层构成。隔声材料用1～3mm的钢板，也可以用较硬的木板。钢板上要涂一定厚度的阻尼层，防止钢板产生共振。

（3）隔声间

隔声间的应用主要有两种情况：一种是在高噪声环境下需要一个相对比较安静的环境，必须用特殊的隔声构件进行建造，防止外界噪声的传入；另一种情况是声源较多，采取单一噪声控制措施不易奏效，或者采用多种措施治理成本较高，就把声源围蔽在局部空间内，以降低噪声对周围环境的污染。这些由隔声构件组成的具有良好隔声性能的房间统称为隔声间或隔声室。

隔声间一般采用封闭式的，它除需要有足够隔声量的墙体外，还需要设置具有一定隔声性能的门、窗等。

（4）声屏障

在声源与接收点之间设置障板，阻断声波的直接传播，以降低噪声，这样的结构称为声屏障。如在居民稠密的公路、铁路两侧设置隔声堤、隔声墙等。在大型车间设置活动隔声屏可以有效地降低机器的高中频噪声。

3. 消声（noise suppression）

消声器是一种既能允许气流顺利通过，又能有效地阻止或减弱声能向外传播的装置。但消声器只能用来降低空气动力设备的进排气口噪声或沿管道传播的噪声，而不能降低空气动力设备本身所辐射的噪声。

（1）阻性消声器

阻性消声器是一种吸收型消声器，利用声波在多孔吸声材料中传播时，因摩擦将声能转化成热能而散发掉，从而达到消声的目的。材料的消声性能类似于电路中的电阻耗损电功率，从而得名。一般来说，阻性消声器具有良好的中高频消声性能，对低频消声性能较差。

（2）抗性消声器

抗性消声器与阻性消声器不同，它不使用吸声材料，仅依靠管道截面的突变或旁接共振腔等在声传播过程中引起阻抗的改变而产生声能的反射、干涉，从而降低由消声器向外辐射的声能，达到消声的目的。常用的抗性消声器有扩张室式、共振腔式、插入管式、干涉式、穿孔板式等。这类消声器的选择性较强，适用于窄带噪声和中低频噪声的控制。

第二节 电磁性污染及其控制

一、电辐射及其危害

电磁辐射（electromagnetic radiation）是由振荡的电磁波产生的。在电磁振荡的发射过程中，电磁波在自由空间以一定速度向四周传播，这种以电磁波传递能量的过程或现象称为电磁波辐射，简称电磁辐射。

电磁辐射可能造成的危害主要有以下几个方面：

（一）电磁辐射对人体的危害

高强度的电磁辐射以热效应和非热效应两种方式作用于人体，能使人体组织温度升高，导致身体发生机能性障碍和功能紊乱，严重时造成植物神经功能紊乱，表现为心跳、血压和血象等方面的失调，还会损伤眼睛导致白内障。此外，长期处于高电磁辐射的环境中，会使血液、淋巴液和细胞原生质发生改变，影响人体的循环系统、免疫、生殖和代谢功能，严重的还会诱发癌症，并会加速人体的癌细胞增殖。

2. 电磁辐射对机械设备的危害

电磁辐射可直接影响电子设备、仪器仪表的正常工作，造成信息失真、控制失灵，以致酿成大祸。如火车、飞机、导弹或人造卫星的失控，干扰医院的脑电图、心电图信号，使之无法正常工作。

3. 电磁辐射对安全的危害

电磁辐射会引燃或引爆，特别是高场强作用下引起火花而导致可燃性油类、气体和武器弹药的燃烧与爆炸事故。

二、电磁性污染的控制

控制电磁性污染的手段一般从两个方面进行考虑：一是将电磁辐射的强度减小到容许的强度；二是将有害影响限制在一定的空间范围。

（一）电磁屏蔽

在电磁场传播的途径中安设电磁屏蔽装置，可使有害的电磁场强度降至容许范围以内。电磁屏蔽装置一般为金属材料制成的封闭壳体。当交变的电磁场传向金属壳体时，一部分被金属壳体表面所反射，一部分在壳体内部被吸收，这样透过壳体的电磁场强度便大幅度衰减。电磁屏蔽的效果与电磁波频率、壳体厚度和屏蔽材料有关。一般来说，频率越高，壳体越厚，材料导电性能越高，屏蔽效果也就越好。

（二）接地导流

将辐射源的屏蔽部分或屏蔽体通过感应产生的射频电流由地极导入地下，以免成为二次辐射源。接地极埋入地下的形式有板式、棒式、格网式多种，通常采用前两种。接地法的效果与接地极的电阻值有关，使用电阻值越低的材料，其导电效果越好。

（三）吸收衰减

电磁辐射的吸收是根据匹配、谐振原理，选用适宜的具有吸收电磁辐射能力的材料，将泄漏的能量衰减，并吸收转化为热能的方法。石墨、铁氧体、活性炭等是较好的吸收材料。

（四）合理规划，加强管理

在城市规划中，应注意工业射频设备的布局，对集中使用辐射源设备的单位，划出一定的范围，并确定有效的防护距离。进一步加强无线电发射装置的管理，对电台、电视台、雷达站等的布局及选址，必须严格按照有关规定执行，以免居民受到电磁波的辐射污染。实行遥控和遥测，提高自动化程度，以减少工作人员接触高强度电磁辐射的机会。

第三节　放射性污染及其控制

一、放射性污染与污染源

由于大气扩散和水体输送，可在自然界得到稀释和迁移。放射性核素可被生物富集，使某些动物、植物，特别是在一些水生生物体内，放射性核素的浓度比环境中高出许多倍。在大剂量的照射下，放射性会破坏人体和动物的免疫功能，损伤其皮肤、骨骼及内脏细胞。放射性还能损害遗传物质，引起基因突变和染色体畸变。

大自然生物圈中的电离辐射源，除天然本底的照射之外，人工放射性污染源包括核试验、核事故、核工业生产过程及放射性同位素使用等。

（一）核武器试验的沉降物

全球频繁的核武器试验是造成核放射污染的主要来源。核武器试验造成的环境污染影响面涉及全球，其沉降灰中危害较大的有^{90}Sr、^{37}CS、^{131}I、^{14}C。

（二）核燃料循环的“三废”排放

20世纪50年代以后，核能开始应用于动力工业中。核动力的推广应用，加速了原子能工业的发展。原子能工业的中心问题是核燃料的产生、使用和回收。而核燃料循环的各个阶段均会产生“三废”，这会给周围环境带来一定程度的污染，其中最主要的是对水体的污染。

（三）医疗照射

由于辐射在医学上的广泛应用，医用射线源已成为主要的人工污染源。辐射在医学上主要用于对癌症的诊断和治疗方面。这些辐射大多数为外照射，而服用带有放射性的药物则造成了内照射。

（四）其他

其他辐射污染来源可归纳为两类：一是工业、医疗、军队、核动力舰艇或研究用的放射源，因运输事故、偷窃、误用、遗失以及废物处理等失去控制而对居民造成大剂量照射或污染环境；二是一般居民消费用品，包括含有天然或人工放射性核素的产品，如放射性发光表盘、夜光表以及彩色电视机产生的照射，虽对环境造成的污染很低，但也有研究的必要。

二、放射性污染的控制

根据放射性只能依赖自身衰变而减弱直至消失的固有特点，对高放及中、低放长寿命的放射性废物采用浓缩、贮存和固化的方法进行处理；对中、低放短寿命废物则采用净化处理或滞留一段时间待减弱到一定水平再稀释排放。

（一）重视放射性废气处理

核设施排出的放射性气溶胶和固体粒子，必须经过滤净化处理，使之减到最小程度，符合国家排放标准。

（二）强化放射性废水处理

铀矿外排水必须经回收铀后复用或净化后排放；水冶厂废水应适当处理后送尾矿库澄清，上清液返回复用或达标排放；核设施产生的废液要注意改进和强化处理，提高净化效能，降低处理费用，减少二次废物产生量。

（三）妥善处理固体放射性废物

废矿石应填埋，并覆土、种植植被做无害化处理；尾砂坝初期用当地土、石，后期用尾砂堆筑，顶部需用泥土、草皮和石块覆盖；核设施产生的易燃性固体废物需装桶送往废物库集中贮存；焚烧后的放射性废物，其灰渣应装桶或固化贮存。

第四节　光污染、热污染及其防治

一、光污染及其防治

（一）可见光污染

可见光污染比较常见的是眩光，例如汽车夜间行驶所使用的车头灯、球场和厂房中布置不合理的照明设施都会造成眩光污染。在眩光的强烈照射下，人的眼睛会因受到过度刺激而损伤，甚至有导致失明的可能。

杂散光是光污染的又一种形式。在阳光强烈的季节，饰有钢化玻璃、釉面砖、铝合金板、磨光石面及高级涂面的建筑物对阳光的反射系数一般在65%～90%，要比绿色草地、深色或毛面砖石的建筑物的反射系数大10倍，产生明晃刺眼的效应。在夜间，街道、广场、运动场上的照明光通过建筑物反射进入相邻住户，其光强有可能超过人体所能承受的范围。这些杂散光不仅有损视觉，而且还能导致神经功能失调，扰乱体内的自然平衡，引起头晕目眩、食欲下降、困倦乏力、精神不集中等症状。

（二）红外线污染

红外线是一种热辐射，对人体可造成高温伤害。较强的红外线可以灼伤人的皮肤和视网膜；波长较长的红外线可灼伤人的眼角膜；长期在红外线的照射下，可以使人罹患白内障。

（三）紫外线污染

紫外线对人体的伤害主要是眼角膜和皮肤。造成眼角膜损伤的紫外线波长为250～305nm，其中波长为280nm的作用最强。紫外线对皮肤的伤害作用主要是引起红斑和小水疱；对眼角膜的伤害作用表现为一种称为畏光眼炎的极痛的角膜白斑伤害。

光污染的防护对策主要有以下几个方面：

第一，在城市中，除需限制或禁止在建筑物表面使用隐框玻璃幕墙外，还应完善立法，加强灯火管制，避免光污染的产生。

第二，在工业生产中，对光污染的防护措施包括：在有红外线及紫外线产生的工作场所，应适当采取安全办法，如采用可移动屏障将操作区围住，以防止非操作者受到有害光源的直接照射等。

第三，个人防护光污染的最有效的措施是保护眼部和裸露皮肤勿受光辐射的影响，为此佩戴护目镜和防护面罩是十分有效的。

二、热污染及其防治

在生产和生活中有大量的热量排入环境，这会使水体和空气的温度升高，从而引起水体、大气的热污染（thermal pollution）。

（一）水体热污染

水体热污染主要来源于含有一定热量的工业冷却水。工业冷却水大量排入水体，势必会使水体温度升高，对水质产生影响。

热污染对水体的水质会产生影响。当温度上升时，由于水的黏度降低，密度减小，从而可使水中沉淀物的空间位置和数量发生变化，导致污泥沉积量增多。水温升高，还引起氧的溶解度下降，其中存在的有机负荷会因消化降解过程增快而加速耗氧，出现氧亏。此时，可能使鱼类由于缺氧导致难以存活。同时水中化学物质的溶解度提高，并使其生化反应加速，从而影响在一定条件下存活的水生生物的适应能力。在有机物污染的河流中，水温上升时一般可使细菌的数量增多。另外，水温变化对鱼类和其他冷血水生动物的生长和生存都会有一定的影响。

对于水体的热污染可通过以下几个方面的措施进行防治：加强水体观察，将热监督作为重要的常规项目，制定废热排放标准；提高降温技术水平，减少废热排放量；对水体中排入废热源进行综合利用。

（二）大气热污染

人类使用的全部能源最终将转化为一定的热量逸散到大气环境之中。向大气排入热量对大气环境造成的影响主要表现在以下两个方面：一方面，燃料燃烧会有大量二氧化碳产生，使大气层温度升高，引起全球气候变化；另一方面，由于工业生产、机动车辆行驶和居民生活等排出的热量远高于郊区农村，所形成的热岛现象和产生的温室效应会给城市的大气环境带来一系列不利影响，特别是在静风条件下，热岛造成的污染将终日存在。

为了降低废热排放对大气环境的影响，可通过以下几个方面的措施进行防治：增加森林覆盖面积，在城市和工业区有计划地利用空闲地种植并扩大绿化面积；积极开发和利用洁净的新能源，这类新能源的推广应用必将起到积极减少热污染的作用；改进现有能源利用技术，提高热能利用率。

第十章　污染生态系统修复

第一节　污染物在环境中迁移、转化过程及其生态效应

一、环境中污染物迁移、转化的主要生态过程

（一）污染物的扩散－混合过程

1. 大气湍流扩散－混合过程

化学污染物在大气介质中扩散的主要原因是化学梯度势，属于湍流扩散，可以近似地看作分子扩散，遵循 Fick 定律，其基本扩散方程为

$$\frac{\partial C}{\partial t} = D\frac{\partial^2 C}{\partial X^2}$$

式中：C 为化学污染物的质点浓度；D 为扩散系数；X 为扩散距离；t 为时间。其基本假定是：由湍流所引起的局地的某种属性的通量与这种属性的局地梯度成正比，通量的方向与梯度方向相反。

大气湍流扩散以垂直扩散过程占优势，污染物在大气中的扩散形式与污染源密切相关，可以分为点源扩散、线源扩散和面源扩散。

2. 河流湍流扩散－混合过程

化学污染物在河流中的扩散，受源强、河流两岸和流场的影响。对于瞬时点源，当化学污染物进入很宽的河流时，其变化浓度为

$$C(X,t) = \frac{M}{\sqrt{4\pi Dt}}\exp\left[-\frac{(X-\xi)^2}{4Dt}\right]$$

式中：M 为瞬时源的源强；$\xi = ut$，u 为平均流速 t 为时间。

对于不宽的河流，污染物扩散受河流两岸的限制，污染物在两个界面间发生多重反射，其变化浓度为

$$C(X,t) = \sum_{-\infty} \frac{1}{\sqrt{4\pi Dt}}\exp\left[-\frac{(X-2nL)^2}{4Dt}\right]$$

式中 n 为河岸反射的次数；L 为混合过程段的长度。

污染物发生湍流混合作用，直至剖面浓度均匀为止。

（二）化学污染物的吸附－解吸过程

吸附属于生态系统中污染物经常会出现的现象，是污染物在气——固或液——固两相生态介质中固相污染物浓度升高的过程。这包括将溶质从气相或液相转移到固相的所有反应，例如静电吸附、化学吸附、沉淀等等。吸附涉及两个过程：吸持和分配。吸持是指污染物在固相表面上的吸附，这属于定点吸附。分配是外部污染物通过有机物在土壤和沉积物中的溶解。

1. 吸附剂与吸附质

吸附剂是用作吸附载体的物质，例如土壤、活性炭、腐殖质等。吸附质是吸附在载体上的物质。它们两者之间的物理或化学作用力使两者形成了吸附的系统。

2. 吸附平衡

物质在载体中的吸附是并不是一个静态的过程，许多有机分子也与吸附剂分离，同时一些分子被吸附到载体的表面。当吸附速率和解吸速率的水平之间不会有差别的时候，吸附剂上的吸附容量保持不变，这种状态就属于吸附平衡。

3. 吸附等温线

在吸附系统中，固相介质上的污染物吸附量与液相浓度之间的依赖曲线称为吸附等温线。吸附等温线高度依赖于化合物和生态条件，因为它们的吸附能力随化合物、土壤和沉积物的物理和化学性质以及组成的变化而变化。

在一般情况下在，L 型吸附等温线会在以下条件下发生：

首先，被吸附物和吸附剂之间存在几种相互的作用。

其次，在吸附的分子之间存在很强的分子间重力，这导致吸附的分子彼此形成簇状结构。

最后，被吸附物和溶剂之间几乎没有竞争性吸附。这种类型的吸附等温线可见于亲脂性表面上的亲脂性溶剂吸附和亲水性表面上可电离的溶质吸附。

产生 S 型吸附等温线的条件如下：

首先，它具有在吸附剂和吸附质之间保持固定位点的吸持作用。

其次，它具有中等强度和比较温和的分子间引力。

最后，在吸附质不同的分子之间，吸附质与溶剂之间以及不同的吸附质之间存在竞争性吸附现象。可以通过 S 型吸附等温线观察亲脂性部位上的疏水性溶质的吸附、亲脂性表面上的亲脂性溶质吸附以及亲水性表面上的亲水性溶质吸附。

通过C型吸附等温线将疏水性污染物吸附到土壤和沉积物上更为常见，发生条件如下：

首先，吸附剂属于多孔介质。

其次，吸附剂相对单一。

最后，溶质与吸附剂之间的吸引力相对于溶质与溶质之间的吸引力的比较会更大。这种类型的吸附通常用于非离子化合物在有机物表面上的吸附，大多数疏水性污染物在较小浓度范围内的吸附遵循C型吸附等温线。

吸附过程的重要性在于，它可能会对生态系统中污染物的行为和命运起到关键的作用。当两个具有相同结构的分子吸附在固体颗粒的表面上或隐藏在颗粒内部的深处时，它们显示出与被水和离子包围的状态完全不同的特性。水生生态系统中的游离污染物分子易于挥发，而吸附的离子则倾向于与土壤和沉积物颗粒一起沉淀在底泥中。在生物净化方面，污染物分子必须通过与微生物、植物或动物接触而吸收和分解。因为自由分子的运动和运动比固体物质内层的运动快得多，所以自由分子的吸收和分解速率远高于被吸附分子的吸收和分解速率。

（三）黏土矿物对污染物的晶体化学及固定过程

土壤、沉积物介质中含有大量的黏土矿物，多属于铝硅酸盐，其一个重要的晶体化学特征就是能进行类质同象替代。

1∶1型黏土矿物，如高岭土、珍珠陶土、高岭石等由于其SiO_4四面体可以变形扭曲，MO_6八面体可以扭曲和转动，基本不发生类质同象替代。该类黏土矿物永久电荷极少，因而相对地对污染物的固定量少，所以南方以高岭石为主的热带、亚热带土壤，对污染物的承纳能力明显较低。但是，高岭石的MO_6八面体的OH基团中的H在一定的酸碱度条件下能向外解离，使高岭石表面产生一定量的负电荷，从而对带正电荷的污染物如Pb^{2+}、Hg^{2+}等重金属有一定程度的固定能力。

蒙脱石族黏土矿物的晶体化学特征是具有类质同象替代，而且不仅发生在SiO_4四面体的Al^{3+}、Mn^{2+}置换Si^{i+}，还发生在MO_6八面体的Mg^{2+}、Fe^{2+}、Fe^{3+}置换Al^{3+}。所以蒙脱石族黏土矿物存在四面体负电荷或八面体负电荷，其表面就产生一定大小的静电吸引力，把符号相反的阳离子如Cd^{2+}、Hg^{2+}等重金属污染物加以固定。此外，蒙脱石族黏土矿物层间阳离子是可以交换的，有毒阳离子可以交换下蒙脱石族黏土矿物层间部分无毒阳离子。因此，以蒙脱石族黏土矿物为主的土壤，如北方的黑钙土、栗钙土等对污染物的承载能力一般较大。

云母族黏土矿物包括钾云母、钠云母、钙云母和珍珠云母等，云母族黏土矿物的同晶替代与蒙脱石族黏土矿物相似，也发生在SiO_4四面体和MO_6八面体中的阳离子之间及其层间阳离子之间。以 SiO_4 四面体 Al^{3+} 替代 Si^{i+} 为主，而 Mg^{2+}、Fe^{2+}、Fe^{a+}、Mn^{2+}、Ti^{4+}、Ni^{3+}、Li^{+}、Cr^{3+}、V^{3+} 和 Co^{i+} 替代 Al^{3+} 较为少见。同时，云母族黏土矿物层间由 K^{+} 来平衡，其键能强，固定的 K^{+} 在少数情况下部分被 Mg^{2+}、Ca^{2+}、Na^{+} 和 H^{+} 所替换，因此，该类黏土矿物层间阳离子置换对污染物的固定作用不强。总体来说，以云母族黏土矿物为主的土壤对污染物的承纳能力介于以高岭石族黏土矿物为主的土壤和蒙脱石族黏土矿物为主的土壤之间。

伊利石层与层由 K^{+} 来连接，其层间电荷比云母小，层间阳离子数也较云母少，因此伊利石对污染物的固定能力比云母大得多。以伊利石黏土矿物为主的土壤对污染物的固定能力要大于以云母族黏土矿物为主的土壤。

绿泥石黏土矿物的晶体构造单元层由滑石层和氢氧镁石层两种基本层构成，类质同象不仅发生在 SiO_4 四面体层和 MO_6 八面体层内，还发生在水镁石层，因而绿泥石永久电荷数较多，固定能力也大，以绿泥石黏土矿物为主的土壤有较大的污染物承纳能力。

(四) 污染物的溶解 – 沉淀过程

溶解 – 沉淀过程是生态系统中发生的最普遍、最基本的过程。当污染物进入生态系统，在生态介质、生态组分的作用下，会发生溶解 – 沉淀过程，并受温度、压力等因素的影响。例如，土壤介质中汞化合物的沉淀或矿物可以部分地溶解于土壤溶液中，并转化为 Hg^{2+} 和 Hg_2^{2+}；相反，土壤溶液中的 Hg^{2+} 和 Hg_2^{2+} 也可与土壤介质中的其他化学成分如 CO_3^{2-}、Cl^{-}、S^{2-}、$I^{-}OH^{-}$、NH_3、SO_5^{2-}、HPO_4^{2} 等发生化学反应形成沉淀，构成土壤汞的溶解 – 沉淀动态过程。

(五) 污染物的配位 – 解离过程

配位 – 解离过程也是生态系统中发生的最基本和最普遍的过程之一。特别是当水溶液中存在过量的 OH^{-}、Cl^{-}、I^{-}、SO_4^{2-}、CNS^{-}、CN 或 Y^{-} 时，这种配位作用更易发生。

(六) 污染物的生物降解过程

在微生物、酶或植物分泌物作用下，进入土壤介质中的污染物会发生降解作用，转化为毒性不同的其他化学物质。

1. 一般的有机污染物的生物降解

一般的有机污染物如淀粉、蛋白质、脂肪等，主要存在于生活污水中，它们在水解酶的作用下，首先降解为低分子的糖、氨基酸、脂肪酸和甘油等。在好氧条件下，进一步分解为 CO_2、H_2O 和无机盐类；在厌氧条件下，转化为有机酸、醇类和各种还原性气体。

2. 烃类化合物的生物降解

烃类化合物包括烷烃、烯烃、环烷烃、芳香烃等。在水体或土壤中，烷烃首先形成脂肪酸或醇，然后进一步降解。烯烷首先形成脂肪酸，然后在甲基上发生氧化作用，形成烯酸，再通过氧化作用形成二醇化合物。环烷烃一般不容易发生降解。苯在细菌作用下，发生双羟基作用形成儿茶酚，进而进一步降解形成乙醛和丙酮酸，或转化为乙酰 CoA 和琥珀酸。菲和萘等芳香烃首先转化为水杨酸，然后转为儿茶酸，再转化为乙醛和丙酮酸。

3. 有机农药的生物降解过程

有机氯农药的生物降解并不容易，研究表明，在厌氧条件下，一些微生物可使 DDT 转化为 DDD。在产气杆菌和氢极毛杆菌属的共同作用下，DDT 经过脱氢、脱氯、水解、还原、羟基化和环破裂等过程后，可转化为对氯苯酸或对氯苯乙酸。

有机磷农药在细菌的作用下，首先降解为二烷苯基磷酸盐和硫代磷酸盐，然后降解为磷酸、硫酸和碳酸盐等。

4. 邻苯二甲酸酯类化合物的生物降解过程

邻苯二甲酸酯类化合物的生物降解反应首先是由微生物酯酶作用水解为邻苯二甲酸单酯，再生成邻苯二甲酸和相应的醇。在好氧条件下，邻苯二甲酸在加氧酶的作用下，生成3，4-二羟基邻苯二甲酸或5，5-二羟基邻苯二甲酸后，形成原儿茶酸（3，4-二羟基苯甲酸）等双酚化合物，芳香环开裂形成相应的有机酸，进而转化为丙酮酸、琥珀酸等进入三羧酸循环，最终转化为 CO_2、H_2O 和无机盐类。试验表明，低相对分子质量的邻苯二甲酸酯类化合物一周内的生物降解率可达到90%，而多数高相对分子质量的邻苯二甲酸酯类化合物要在 12 天后生物降解率才能达到90%。在厌氧条件下，邻苯二甲酸酯类化合物首先降解为邻苯二甲酸单酯和邻苯二甲酸，进而转化为苯甲酸，最终转化为 CO_2、H_2O 和无机盐类。不过，在厌氧条件下，邻苯二甲酸酯类化合物的生物降解率很低，不容易发生。

（七）污染物的生物吸收－摄取过程

1. 植物的吸收过程

污染物借助植物叶片进入植物体内方式有以下几种：第一种是直接喷洒，如农药、液态的肥料、生长调节剂；第二种是大气颗粒物借助沉降的方式逐渐积累在叶片上，然后进入植物的体内；最后一种就是植物借助自身的气孔从周围的大气介质中吸收污染物。

一般情况下，植物叶片外表面会有角质层，它对污染物通过叶片进入植物的通量起着比较大的作用。角质层中会有蜡质的物体存在，对非极性有机化合物有很高的亲和性质，因此极性较强的污染物通常可以凭借角质层进入植物，而大多数非极性污染物在角质层中积累，被生物降解或通过生物的光合作用降解。同时，污染物通过角质层的速率同植物种类之间有着非常紧密的联系。不同植物角质层的组成、结构和厚度对污染物的吸收通量和传输时间起着关键的作用。

气孔是植物叶片表面物质运输的主要通道。植物可以通过蒸腾拉动从体内排出污染物，同时大量的污染物借助呼吸作用进入体内。相关的研究证实，土壤挥发和大气沉降是植物中疏水性较强的有机污染物的主要来源渠道，主要是被叶片吸收而不是从根部输入。

2. 动物对污染物的摄取 – 吸收过程

污染物主要通过表皮吸收、呼吸和摄食等不同的方式进入动物体内。

由于动物的皮肤长时间裸露在环境中，经常会接触到许多的污染物。一般情况下动物的皮肤对污染物的渗透性会比较低，在一定程度上可以阻止污染物的吸收。不同类型的动物，它们的皮肤通透性存在着明显的不同，例如腔肠动物、节肢动物、两栖动物等的表皮细胞，几乎没有阻止外源污染物入侵的能力，污染物穿透体表后会直接进入体液或组织细胞。而对哺乳动物来说，污染物首先要通过角质层，主要过程是简单的扩散，扩散速度根据角质层的厚度、外源污染物的性质和浓度等会产生相应的变化，当污染物通过植物的角质层后，必须通过真皮才能进入体内的循环。虽然真皮结构比较疏松，但血浆属于水溶性的液体，所以脂溶性比较大、容易透过表皮的物质不容易透过真皮，会受到皮肤的阻隔。

污染物的呼吸吸收主要在肺部，针对的是高等动物，肺泡上皮细胞层薄，表面积大，吸附在大气中的挥发性气体、气溶胶和浮尘上的污染物可以通过肺泡进入动物的毛细血管。这个过程关键是肺泡和血浆中的污染物数量所引起的扩散作用，它的扩散速率由污染物的状态、脂溶性等因素决定。气体、细颗粒的气溶胶和辛醇，水分分布系数高的物质在整个过程中会更加容易被吸收。与此同时，污染物的吸收还与肺的通气量和血流量有着紧密的联系。它们之间的比例越高，吸收的就会越快。空气中的灰尘进入肺部后，颗粒沉积在气管和肺泡的表面。不溶于水的污染物会被吞噬作用吸收，可以溶于水的物质就会被扩散吸收。

一些污染物进入动物体内的主要反方式就是动物的摄食吸收。它的主要原理就是消化道壁中的体液与消化道内容物的浓度差两者之间引起的简单扩散。还有一些污染物是借助动物吸收营养的特殊运输系统吸收的。有很多的因素会影响污染物的摄食吸收方式，包括胃肠蠕动速率、胃酸等消化液、肠道菌群、食物中的污染物等成分是否会在消化道发生特殊的化学反应等等。

（八）污染物的生物积累——放大过程

在环境中的生物吸收污染物后，会有一个逐渐积累、扩大的过程，这是就属于一个典型的生态污染过程。

以水生生态系统为例，浮游植物吸收并积累水体或沉积物中的污染物。虽然这些污染物在植物体内含量不高，但是当这些植物被一些动物吃掉消化后再被鱼类捕捉吃掉，污染物就会逐渐的在食物链中积累，尤其是在顶级捕食者体内会含有高浓度的污染物。

二、污染生态效应

（一）污染生态效应的概念及其机制

1. 污染生态效应的概念

生态效应主要指的是一些不利于生态系统中生物生存和发展的现象。当污染物进入生态系统并参与生态系统的物质循环时，一定会对生态系统的组成、结构和功能有着关键的作用。生态系统中的这种反应就属于污染生态效应。一般来说，污染生态效应分为以下几个层次。

一、生物个体污染的生态效应：是污染对生物体的影响，体现在生物个体层面的具体指标的响应上。属于影响个体生理生化过程的必然结果，往往同高度、生物量、净生产量、植物根、茎、叶的形态指标、动物体长、体重等指标有着紧密的关联。

二、生物种群污染的生态效应：污染在生物种群和群落层面的响应。它囊括了污染物长期暴露对于物种分布、生态类型分化、种群结构、群落组成和结构变化以及植被演替的作用。

三、生态系统污染的生态效应：污染对生态系统结构和功能的作用，主要是对生态系统的组成和结构，以及物质循环、能量流动、信息传递和系统动态演化的作用。

2. 污染生态效应的机制

当污染物进入生态系统后，它与环境、污染物之间的相互作用对它们能否被生物吸收转化，进而产生各种生态效应而言有着决定性的作用。一般而言，它包括以下内容：

（1）物理机制

污染物在生态系统中经历渗透、蒸发、冷凝、吸附、解吸、扩散和沉积等各种物理过程，对生态系统产生一定的影响，导致了各种生态效应。

（2）化学机制

化学的污染物同生态系统中的各种环境要素相互作用，使得污染物的现有形式逐渐变化，以及它们对生物体的毒性和生态效应也会发生变化。例如，当土壤中重金属的形态不同时，其自身性质的差异以及与土壤的相互作用会产生不同的生态效应。土壤中典型的砷元素，亚砷酸盐的毒性一般会大于砷酸盐，甚至砷酸盐由于金属离子不同，相应的毒性也会发生变化。

（3）生物学机制

污染物进入生物体后，会对生物体的生长、代谢、生理生化过程存在各种不同的作用。大部分污染物在进入生态系统后，就会被一些生物体直接吸收，并在生物体内积累。它们中的一部分会借助不同营养级的转移和传递，使得食物链顶端的生物体内会有浓度较高的污染物，这种情况会使得生物体内发生严重的疾病。不同的是，一部分污染物可以被生物体吸收，在进入生物体后，生物体内的各种酶会参与氧化、还原、水解、配位等反应，会把一部分污染物转化降解为低毒或无毒物质。

（4）综合机制

进入生态系统的污染物产生污染生态效应，通常是整合了多种过程，属于各种污染物共同作用的结果，形成复合污染效应。具体的内容有以下方面。

一、协同效应；是一种或两种以上污染物的毒性作用因另一种污染物的存在而不断增加的现象。

二、相加效应：是两种或两种以上污染物共同产生作用时，其产生的毒性或危害是它们单独作用时毒性的总和。

三、拮抗效应：指由于生态系统中污染物因另一种污染物的存在，降低了污染物对生态系统的毒性作用

四、竞争效应：是指两种或两种以上污染物同时从外界进入生态系统，一种污染物与另一种污染物之间就属于竞争的关系，从而减少另一种污染物进入生态系统的数量和概率，或者外来污染物与系统中原有污染物竞争吸附点或结合点的现象。

五、保护效应：指的是生态系统中的一种污染物可以掩盖另一种污染物，从而使得这些污染物的生物毒性及其与生态系统一般组成部分的接触发生变化的现象。

六、抑制效应：指生态系统中某一污染物对其他的污染物产生某种作用，导致生物活性降低，不易进入生态系统的生命成分进行危害的现象。

七、独立作用效应：指的是在生态系统中的各种污染物之间没有相互作用的现象。

（二）污染生态效应的具体表现

1. 污染的种群生态效应

污染物在分子、细胞、组织、器官和个体水平上影响生物体，然后在群体水平上显示污染生态效应。

（1）污染对种群动态的影响

很多的研究证实，有机污染物和藻类的生长之间存在着高浓度的剂量效应。低浓度刺激藻类生长的效应被叫做小剂量促进效应。原因之一是利用有机物作为营养源，为藻类生长提供必要的营养。另一方面，小剂量的污染物增加了藻类细胞中一些酶的活性，会对藻

类植物的生长起到一定的促进作用。高浓度下对藻类生长的抑制作用就是高剂量抑制作用，这是由于污染物对藻类细胞组织尤其是细胞膜会造成直接的损伤，以及细胞内各种组织与污染物的直接接触而产生毒性作用。此外，污染物在藻类细胞代谢中会产生部分有害产物，如活性氧自由基。

污染物也可以凭借改变种群的生活史来影响种群的动态。生物的不同发育阶段对污染物的敏感性也会随之发生变化。这种敏感性的差异对种群的动态有着关键的作用。作用于发育中胚胎的污染物可以直接杀死胚胎，或者胚胎变形，对种群的出生率有着重要的作用，或者对个体的生长、生育和死亡产生有害影响，从而对种群的增长率产生一定的作用。对于某些群体而言，年轻个体死亡率增加10%对种族的整体规模影响不大。然而，成年雌性的死亡率增加10%将对随后的种族规模产生非常关键的影响。所以，在对种族生育非常重要的时期产生了污染物对种群的影响，那么对种群动态的影响将会是非常显著的，对于那些一生只有一次繁殖机会的物种来说，这种影响会甚为关键。

（2）污染对种间关系的影响

污染物会对生物体的生理和代谢功能产生一定的作用，会引起一些不一样的生理、心理和行为反应，会改变原有的种间关系。例如，污染物的毒性会影响动物进食、捕捉猎物和躲避捕食者的能力等等。

污染物可以凭借很多种途径对捕食者或猎物的行为产生相应的影响，污染物对捕食过程中任何相关行为的影响都会对捕食的最终结果产生作用。比如用铜喂养青鱼，用铅锌喂养斑马鱼，用烷基苯磺酸洗涤剂喂养旗鱼，都发现由于这些重金属的因素，延长了捕获后处理的时间，最后使得拒食和捕食能力相应的减弱。这可能是由于污染物对动物的味觉造成了阻断，动物因为没有味觉而无法确认捕获的猎物是否可以食用而拒绝进食。

同时暴露于甲基对硫磷污染的环境中的两种猎物——泥鳅和羊肉以及它们的捕食者海湾杀手鱼，猎物之间的捕食风险会出现不一样的情况：在没有污染的正常环境中，羊肉鲷的捕食风险会大于草虾；然而，在受到污染的环境中，草虾的捕食风险就会随之上升。这是由于草虾在污染环境中更活跃，更容易被捕食者发现和捕捉。在正常环境中相比，当草虾和针鱼暴露在有机氯农药污染的环境中时，污染条件下草虾的捕食脆弱性会明显的增加。

（3）污染与种群进化

很多研究证实，一部分生物对污染物的抗性是污染胁迫下种群进化的基本过程。在受到污染胁迫下的种群进化过程本质上是抗性基因频率逐渐增加的过程。抗性是指生物体在逆境（如有毒物质、低温、干旱、病虫害等）下成功进行各种固有活动的能力。一般情况下，生物对污染物的抗性会有回避性和耐受性两种最为基础的类型。

对于污染物来说，回避性就是指生物体防止环境中过量的污染物进入体内的能力。比如身体的表皮组织阻挡空气污染物的能力就属于一种回避，生长在盐碱地或重金属污染环境中的植物，其盐分或重金属含量仍然保持正常水平，这也是回避性的结果。耐受性是指机体对体内过度积累的污染物的处理能力。例如，生长在重金属严重污染环境中的过度积累植物体内重金属含量较高，但由于对重金属的耐受性较强，仍能可以正常的生长发育。

2. 污染的群落生态效应

污染物会对群落组成和结构产生重要的影响，主要有优势物种、生物量、丰度和物种多样性等多种因素的变化。污染物对群落物种组成的影响是根据不同物种对污染物的不同敏感性而决定的。不同的物种对特定的污染物有不一样的敏感度。

水体富营养化会引起赤潮和水华，这实际上就是在营养物质污染水体后，浮游生物群落的组成和结构发生变化的现象。比如福建沿海围垦区发生赤潮之前，浮游植物的种类会比较多样，优势种并不是非常的明显，其中硅藻具有一定优势。当赤潮发生后，原有的硅藻基本消失，或者硅藻数量迅速减少，导致浮游植物多样性也迅速下降。而赤潮发生前仅有少量存在的裸藻和甲藻的数量会随着赤潮的发生而产生变化。

污染物对群落结构的影响也可以借助影响种间关系（如竞争、捕食、寄生、共生等）发挥作用。比如重金属污染物（如铜、汞等。）通常会使得水中的浮游植物物种组成发生改变，从而可能使得草食动物的物种组成也随之发生变化，甚至会改变群落中的食物链（网）。

环境污染影响陆地生物群落结构与其强度之间存在着紧密的联系。高浓度的污染物会直接导致严重的发病率甚至是生物群落的消亡。

国内外许多研究者已经证明了重金属污染对土壤微生物群落结构和物种多样性会产生相应的影响。因为微生物种类的不同会对不同的污染物具有不同的抗性，污染物在土壤中的存在无疑会对土壤微生物群落结构产生相应的作用，甚至会引起优势种群的变化，同时会降低微生物的多样性。

3. 污染物对生态系统功能的影响

污染物作用于生态系统时，会使得生态系统的能量流动、物质循环和信息传递之间发生改变。一部分有机污染物属于环境激素，极大地影响了各种动植物之间的信息传递等等。

（1）污染对初级生产的影响

初级生产量是生态系统功能最重要的特征之一。当进入生态系统的污染物达到足够数量时，初级生产者就会受到严重伤害，出现斑点、枯萎甚至死亡等可见的症状，会使得生态系统的初级生产量大不如前。例如，金属冶炼厂会排放很多的 SO_2 废气，这种气体会对附近农作物、果树等的生长产生关键的负面影响，会在整体上降低生产量，甚至会使某些物种直接消亡；工矿企业排放的废水中重金属浓度高，对附近农作物的产量有着不利影响，使其产量逐渐减少；在被矿山和冶金重金属废水污染的湖泊生态系统中，由于重金属浓度较高，浮游植物和高等植物的种类和生物量将会明显减少。

在中等强度的污染情形中，污染物可能不会显示出对初级生产者的急性伤害．但能通过各种不产生明显症状的直接或间接作用影响初级生产量。大量研究表明，多种污染因素，如重金属、农药、大气污染物（如 SO_2、O_3、氟化物、粉尘）等都表现出对光合作用的抑制作用。例如，Cd 对水稻生长的影响首先表现在光合作用的降低，当 Cd 浓度达 5 mg/kg 时，光合效率降低 59%，光合效率的降低使初级生产量下降。在水生生态系统中，光合作用因污染抑制而使许多藻类和水生维管束植物生物量减少。

（2）污染对物质循环的影响

污染物能在营养循环的一些作用点上影响营养物质的动态，如改变有机物质的分解和矿化速率、营养物质吸收状况等而影响生态系统的物质循环。分解作用是生态系统中物质循环的一个重要环节。污染物能够通过影响这些分解者（细菌、放线菌、真菌、原生动物和无脊椎动物等），使污染生态系统中的微生物种群受到抑制．而降低有机质的分解和矿化速率。

研究表明，多种污染物能损害固氮生物，并抑制其固氮作用。重金属污染物对固氮菌有显著抑制作用。以 Cd、Ni、Co 和 Zn 处理沙培大豆，Cd 显著地减小大豆的根瘤数、干重，降低固氮作用。Ni 处理植株的固氮作用大大降低。

污染也可通过改变营养物质的生物有效性和循环的途径而影响生态系统的物质循环。如酸雨能改变生态系统中的营养循环过程，表现在养分加速从植物叶片和土壤淋失的过程，同时能改变土壤矿物的风化速度等。

（3）污染与生态系统演替

人类在自然环境中的活动的越来越多，环境污染已成为影响生态系统演替的外部因素，在一些污染比较严重的区域，因为初级生产量的下降和污染造成的环境条件的变化，使得整个生态系统正在逐步恶化。，群落正朝着反向演替的方向发展，并可能会导致整个生态系统的崩溃。所以，人们非常重视污染对生态系统演替过程和动力机制的影响。

三、污染生态效应评价

这个概念就是指通过定量分析和评估环境污染物对生态系统的不利影响，为环境质量评估、调整和环境管理提供科学的前提。科学地测量和评估污染物对环境和生态的影响对于建立科学有效的环境保护措施，保护环境，保护人类健康以及维持人类社会的可持续发展至关重要。

（一）污染生态效应评价的指标体系

生态系统中的污染物直接或间接的都会对此系统中的生物产生一定的影响，并产生一系列的生态影响，其影响程度在生态系统、群落等方面都会有所体现。为了全面、准确地反映污染物的生态效应，这些影响需要借助具体的指标来表达。

1、个体生物指标：主要有植物的身高、生物量、根长、动物体长以及体重等个体生物学指标。生理生化指标主要包括对生物代谢过程的影响，如植物的吸收功能、光合作用、呼吸作用以及蒸腾作用等。

2、生物种群指标：主要包括种族的密度、数量、结构等相关指标。例如绝对密度、相对密度、出生率、死亡率、性别比率等等。

3、生物群落指标：生物群落表现了生活在一个区域中的各种生物与环境之间的关系，在群落水平评估污染对生态的影响有着更加实际的生态意义。可以根据群落的组成和结构、社区动态、生态和分布来选择评估指标。比如：群落生物完整性指数、组成多样性指数、生物种群数量的变化、生物量和生产力、种间关系相关的一些指标等。

4、生态系统指标：这个指标主要含有生态系统组成和结构、生态系统稳定性、生物与环境之间的关系、系统养分库等方面的变化。常见的一些指标包括 BT、GPP、NPP、GEP、生物完整性指数、生态能质等等。

（二）污染生态效应评价的类型与方法

1. 污染生态效应评价的类型

污染生态效应的评估包括以下三种类型：回顾性评估、现状评估和预测性评估。

首先，回顾性评估指应用各种手段获得某个地区或生态系统之前的生态数据，并评估生态系统的组成、结构和功能的变化以及已经发生的演替过程。另一方面，回顾性评估需要查找以前积累的环境数据，对这些数据实施抽样调查，进行生态效果的模拟并计算以前的生态环境条件。作为后期的评估，这种评估方式可以预测生态环境发生改变所带来的结果。

其次，现状评估基于污染物的多样性，评估生态系统的生物组成和污染物导致的物理环境变化，评估生态系统的整体结构和功能、局部生态环境的变化，并对消耗自然资源的速率展开评估。采用现状评估的方式应说明生态系统的类型以及其基本结构和特征，各种生态因素之间的联系，同时表述清楚污染物的类型以及其理化性质、毒性和对生物的影响。污染物对种族、群落和生态系统的影响，并且需要了解的是这个效应发生的原理以及程度等等。

第三，预测评价是在影响识别、现状调查与评价基础上进行的，通过模拟研究与系统分析，预测未来不同时段污染物对区域生态系统及生物的污染生态效应，并提出相应的污染生态效应控制对策与措施。

第三，预测性评价指的就是在对每个影响识别、现状调查和评估的前提下，借助模拟研究和系统分析的途径，预测未来不同时期污染物对当地生态系统和生物的生态影响以及相应的污染提示，在此基础上制定相应的调控方案。

2. 污染生态效应评价的方法

（1）叠置法

最初的办法是把研究区域划分为几个地理单位，根据每个单位的调查数据为每个评估因子创建一个污染生态影响图，并使用阴影的颜色和暗淡来表示污染的程度。计算机技术在当前各个领域内大面积使用，把研究区域变成格子状，根据空间重叠分析的方式，定性评估污染物的生态影响，并借助加权的途径将研究区域多重生态影响的重要性表达出来。

（2）列表清单法

这种途径指的是在表中列出选择的污染物生态影响参数，这些参数可以反映污染物对生态系统的不利或有益的生态影响，相关的数据会表明其相对的强弱程度。

（3）矩阵法

制定污染生态影响分析的矩阵，水平列出生态系统种的生物和环境因素，垂直列出污染因素。矩阵小网格的左上角表示影响大小值。右下角显示污染物影响的相对重要性，矩阵的右列显示每种污染物对污染生态影响的贡献和重要性，矩阵底部显示污染物的大小和相对重要性。这种方法可以看作是清单的一种表示途径，它可以描述哪些行为会影响哪些环境特征并指出影响的程度。矩阵方法包括利奥波德矩阵方法、迭代矩阵方法、奥德姆最优通道矩阵方法，摩尔影响矩阵方法等不同的方式。

（4）网络法

这种方法可以识别和积累污染物对生态系统的直接或者是间接的影响。这种方法的一般表现形式就是常见的树状图。

因果网络法的本质是一个网络图，其中包括计划和协调操作、这些操作与受影响的因素和各种因素之间的关系。这种网络图的好处在于，它能够确定环境影响的路径，并且可以方便地根据因果关系来考虑缓解和补救的方法。不利条件一方面就是因果关系太复杂，以至于会在一些不太重要或不可能的影响上浪费部分时间金钱，另一方面在考虑因果关系时太全面整体，缺少重要的影响因素，特别是对间接影响的疏忽。

（三）污染生态效应评价的主要内容

污染生态效应评价首先是评估受污染影响的生态系统的组成、结构和功能的变化，其次是评估污染物的理化性质和生态的毒理作用。

第二节　污染生态诊断

一、生态系统污染衡量标准

（一）环境背景值

环境背景值就是环境本身固有的要素，在还没有受到污染的前提下，环境中能量分布的正常数值。这个数值可以做为判断生态系统污染程度的参考值，假如污染物的含量大于这个参考的数值并且能量分布不太正常的情况下，就表示生态系统受到了一定程度的污染。但是，由于人类长期活动的影响，尤其是现代农业生产活动对生态环境的影响，自然环境中的化学成分和含量水平都会有显著的不同，所以很难找到当地的环境要素的背景值。所以，环境背景值实际上是在相对没有受到污染的环境中，由一些环境要素的基本化学构成。

植物的背景值就是在良好的环境条件下生长于土壤中且具有背景值的植物可食部分的化学组成和营养特性，此处的良好环境条件包括正常条件下的水、肥料以及其后等相关的因素。

（二）环境质量标准

这个标准旨在保护人民的健康和生活环境，规定环境因素中允许的有害物质含量，并反映国家环境保护政策和要求以及经济和技术发展水平。在正常情况下这个标准会分为水质标准、空气质量标准、土壤质量标准和生物质量标准几个部分。

制定这个标准的前提就是要依靠科学的条件。环境质量基准和环境质量标准属于两个不一样的概念。环境质量基准就是根据是化学物暴露对象之间剂量以及效应的关系决定的，没有社会、经济、技术和其他人为的因素影响，同时也不会存在法律效力。而后者——环境质量标准是以基准位前提，并考虑社会和经济因素，通过详细全面的综合分析后制定，由国家管理机构发布，是有一定的法律效力的。

（三）环境容量

环境容量是以生态系统为基础，在一定区域与一定期限内，遵循环境质量标准，既保证农产品生物学质量，又不使环境遭到污染时，环境所能容纳污染物的最大负荷量。

从理论上讲，环境容量 M 由两个部分组成，即

$$M = K + R$$

式中：K为基本环境容量（或称为K容量或稀释容量）；R为变动环境容量（或称为R容量或自净容量）。前者主要表征的是自然环境的特性，后者主要表征的是污染物质的特性。所以环境容量是自然环境的基本属性之一，由自然环境特性和污染物质特性所共同确定。

（四）临界浓度

临界浓度是指环境中某种污染物对人或其他生物不产生不良或有害影响的最大剂量或浓度。它反映环境介质中的污染物作用于研究对象，在不同浓度或剂量下引起危害作用的种类和程度。按作用对象的不同，可分为卫生临界浓度（对人群健康的影响）、生态临界浓度（对动植物及生态系统的影响）和物理临界浓度（对材料、能见度、气候等的影响）。

（五）污染的程度分级

在生态系统污染评价中，目前国内外尚无统一的评价标准，以往绝大多数的国内外文献报道，均用背景值加2倍或3倍标准差作为污染标准。但这种污染评价方法没有与元素的毒理学性质联系起来，也没有与元素的生态环境效应联系起来。而且其得出的指数不具有等价的属性，难于进行不同元素间污染程度的对比。为此，采用指数评价法，以既考虑污染物的毒理学性质和生态效应，又考虑污染物的环境效应的某区域土壤的临界浓度作为评价标准。

$$P = C/C_s$$

式中C为土壤中污染物的实测浓度（mg/kg）；C_s为土壤中污染物的临界浓度（mg/kg）；P为土壤中污染物的污染指数。

二、污染生态诊断方法

（一）敏感植物指示法

1. 症状法

植物受到污染影响后，常常会在植物形态上，尤其是叶片上出现肉眼可见的伤害症状，即可见症状，不同的污染物质和浓度所产生的症状及程度各不相同。根据敏感植物在不同环境下叶片的受害症状、程度、颜色变化和受害面积等指标，来指示生态系统的污染程度，以诊断主要污染物的种类和范围。

2. 生长量法

生长量法利用植物在污染生态区和清洁区生长量的差异来诊断和评价生态系统污染状况。一般影响指数越大，说明生态系统污染越严重。

$$IA = \frac{W_0}{W_m}$$

式中：IA 为影响指数；为清洁区（即对照区）植物生长量；W_m 为诊断区（即污染区）植物生长量。

3. 清洁度指标法

清洁度指标法利用敏感植物种类、数量和分布的变化来指示大气环境的污染状况。通常指数越大，说明空气质量越好。以地衣生态调查为例，可用下式求得各监测点大气清洁度指数（IAP）：

$$IAP = \sum_{i=1}^{n}(Q \times f)/10$$

式中：IAP 为大气清洁度指数；n 为地衣种类数；Q 为种的生态指数（即平均数）；f 为种的优势度（即目测盖度及频度的综合）。

4. 种子发芽和根伸长的毒性试验

本方法可用于测定受试物对陆生植物种子萌发和根部伸长的抑制作用，以诊断受试物对陆生植物胚胎发育的影响。种子在含一定浓度受试物的基质中发芽，当对照组种子发芽率在65%以上，根长达2 cm时，试验结束，测定不同处理浓度种子的发芽率和根伸长抑制率。计算发芽率和根长的平均值、标准差，对浓度-反应曲线进行拟合优度的测定，计算种子发芽率和根伸长的 EC_{10} 和 EC_{50} 。

5. 陆生植物生长试验

该测试可用于诊断受试物对陆生植物的毒性、生态效应，估计受试物对植物生长及生产力的影响。植物幼苗生长在一定浓度的受试物环境中，时间以14天为宜，用生长指标和中毒症状与对照的相应参数加以比较。将试验植物种子20粒，直接播种在盆内支持介质中，出苗后间苗，每盆保留10株生长整齐一致的幼苗。试验从处理开始至结束，共14天。试验结束，调查测定各处理植物的生长参数，统计植物全株、根和地上部分的长度、鲜重与干重的平均值与标准差，对各处理样和对照样作图，给出浓度-反应曲线，并进行拟合优度的测定，计算 EC_{10} 。和 EC_{50} 。

6. 生活力指标法

此方法是利用植物在生态系统中生长发育所受到的影响来诊断生态系统的污染状况。通常是先确定调查点，再确定调查物种，然后确定植物生活力指标调查项目并分级定出诊断标准。实地调查时，在每个调查点上选定几株样树，然后对每株样树进行评定，将各项目的评价值加起来除以调查项目，就可以得到影响指数。指数越大，生态系统污染越严重。

（二）敏感动物指示法

1. 蚯蚓指示法

选用蚯蚓进行筛选试验是为了诊断污染生态系统中化学物质对土壤中动物的急性伤害。基本原理是将蚯蚓置于含不同浓度受试物的土壤中，饲养 7 天和 14 天，评价其死亡率，应包括使生物无死亡发生和全部死亡的两组浓度。最后根据受试物处理浓度和死亡率数据，计算 LC_{50} 和置信限。

2. 鱼类回避试验

许多研究表明，行为是一种早期和敏感的毒理学指标，人或动物接触相对低剂量（或浓度）的环境毒物后，常是在出现临床症状或生理生化指标改变之前，表现出行为功能障碍。行为测试目前已较广泛用于有机溶剂、重金属（尤其是铅、汞）、工业废气、农药等神经毒理学研究。

回避反应是鱼类行为方式之一，目前对污染物产生回避反应的水生动物种类主要有鱼、虾、蟹。水生昆虫等也有一定回避能力。

在天然条件下，观察回避反应难度较大，所以目前多在实验室进行。测量回避行为的参数有两个：一是受试动物进入清水区和废水区的次数（尾数）；二是滞留时间。一般肉眼观察时，可 30 min 记录一次；也可采用自动观测装置。由试验结果可以计算出鱼类回避率，其计算公式如下：

$$鱼类回避率 = \frac{E - A}{E} \times 100$$

式中：E 代表进入清水区的鱼的尾数（4 次试验总计为进入废水区的鱼的尾数（4 次试验总计）。

通常以受试鱼类进入废水区和清水区次数或时间各占 50%，表示中性反应；进入清水区次数或时间超过 50%，表示有某种程度的回避。但要注意生物之间差异性和室内外结果的综合分析。

（三）发光细菌诊断法

利用发光杆菌作为指示生物的方法，是一种快速、简便、灵敏、廉价的诊断方法，并与其他水生生物测定的毒性数据有一定的相关性，因此，该方法对有毒化学品的筛选、诊断和评价具有重要意义，也可作为诊断、评价污染生态系统内化学物毒性的指标。

明亮发光杆菌（Photobacterium phosphoreum）在正常生活状态下，体内荧光素

(FMN) 在有氧参与时，经荧光酶的作用会产生荧光，光波长的峰值在490 nm左右。当细胞活性高时，细胞内ATP含量高，发光强；休眠细胞ATP含量明显下降，发光弱；当细胞死亡时，ATP立即消失，发光即停止。处于活性期的发光菌，当受到外界毒性物质（如重金属离子、氯代芳烃等有机毒物、农药、染料等）的影响，菌体就会受抑制甚至死亡，体内ATP含量也随之降低甚至消失，发光减弱甚至消失，并呈线性相关。

将待测化合物配成5个以上的浓度等级，以2 mL3% $NaCl$ 溶液作空白对照，用生物毒性测试仪测定发光强度。记录样品管和对照管的发光强度，可根据下式求得：

$$\text{相对发光强度} \frac{\text{样品管发光强度}}{\text{对照管发光强度}} \times 100\%$$

将浓度对数和相对发光率进行回归分析，用直线内插法求出相对发光率为50%时所对应的化合物浓度，即 EC_{50} 。

（四）遥感诊断法

遥感技术是指从遥远的地方，对所要研究的对象进行探测的技术。这种技术不需要与目标物接触即可获得来自目标的某些信息。如可以根据目标物的电磁波特征信息的收集、传输、处理、分析，来探测和识别地物的性质、空间和时间分布、变化规律。

遥感技术能够监测全球性大气、土壤、水质、植物污染，掌握污染源的位置、污染物的性质及扩散的动态变化，及时了解污染物对生态系统的影响，从而采取积极的防护措施。

1. 水环境污染诊断

水污染主要包括石油和固体废物，水中悬浮颗粒物、淤泥、微生物和其他悬浮物的污染，化学方面的废弃物、放射性废物和其他溶解性物质等造成的水资源污染。在最近一段时间内，我国不断对海河、渤海湾、大连湾、珠江、苏南大运河等大型水体实施了遥感测量，研究了有机污染、石油污染、富营养化等问题。借助渤海的水彩遥感的数据建立地表水中叶绿素含量与海水光谱反射率之间的相关模型来定量划分有机污染区。

在有石油的海洋和港口中，一个普遍存在并且相对比较严重的问题就是石油污染。由于紫外线、蓝色和红外波段的油膜反射高于海水，因此可以使用紫外线遥感、可见光和近红外遥感、热红外遥感、微波遥感等手段实行诊断。根据不同情况进行水资源质量的监控。

2. 土壤污染遥感诊断

部分岩石、土壤、植被和水体都有自己的光谱特性。地物光谱特征之间存在的差异就是遥感技术掌握地物特征的关键依据，这种特征也是应用遥感技术评价土壤重金属污染的理论前提。当前，利用遥感技术评估土壤重金属污染的程度有两个主要的方向：第一种就是植被反演。按照地面上的植被范围和重金属在植物的根和叶中的积累，一些植物会在重金属元素的作用下其叶绿素等光谱特性都会发生明显的变化，可以利用植被的光谱数据反演土壤中的金属含量，以此间接性的对其污染程度做出相应的评价。

第二是土壤监测。根据重金属对土壤光谱特性的影响，按照土壤光谱数据进行重金属含量的监测。这种方法的关键机制就是借助光谱分析的方式来测量土壤发射光谱资料。通过线性回归或指数回归分析、标准化比值计算和特征光谱宽化处理等方式之后，制定土壤重金属元素含量与发射率之间的土壤重金属反演模型，可以定量地反演土壤中的重金属含量。

3. 大气污染遥感诊断

使用气象卫星进行大气遥感可以定期的监测气温和水蒸气的垂直分布。尽管不可能通过遥感直接确定诸如气溶胶含量和各种有害气体之类的物理量，但是某些微量气体分子（例如二氧化碳，水蒸气，甲烷和臭氧）的辐射和吸收光谱是固定的，因此可以大致计算出大气层的吸收、辐射和散射光谱。遥感图像可以直接用来分析大气气溶胶的分布和光学厚度，并且由于空气污染的程度和特征通常不会直接显示在遥感图像上，因此只能通过间接解释符号来推断。

大气卫星都带有一个红外通道，这个通道可以检测大气反射和发射的辐射，从而使气象卫星可以监测大雾天气。这些监测可以通过远程监测的方式对地板表面（例如土壤，植被和水）的反射辐射和自发辐射进行监测。

雾主要是由由水滴或冰晶构成，具有较大的粒径以及足够的水蒸气含量，并已达到饱和的状态。这是因为雾是靠近地面的水蒸气凝结而成的。由液态水或冰晶组成的雾的散射基本上不会受到波长的影响，因此遥感影像中的雾主要为乳白色或蓝白色，这种类型的雾在昼夜之间的变化会非常大，并且雾区和晴空之间界限分明。霾是由多种污染物组成，例如，雾霾天气的实质包括大量的细粉尘（例如硫酸盐，硝酸盐，碳氢化合物等）以及细粒子气溶胶污染。

霾是不溶于水的。这是因为霾中存在干燥颗粒，它阻止了水蒸气含量达到饱和。根据以上说明的一些污染物所形成的霾，包含许多较长波长的散射光，因此远程遥感检测图上霾的颜色主要是黄色或灰色，与雾相比，霾没有明显的昼夜变化，霾与晴空区之间并不是泾渭分明的状态。当刮起强风时，积聚在地面上的各种沙尘会被风吹起来，就会形成沙尘天气。蒙古高原、西部沙漠、荒漠化的耕地和中亚沙漠是沙尘的主要来源。

一些分布范围较大的粒子，例如粘土、硅酸铝和石英是决定沙尘质的主要物质。因为沙尘天气主要发生在沙漠和附近的半干旱地区，这些区域一般情况下水汽含量极低以及饱和度也不会太高，所以尘埃颗粒的散射波长通常会较长，在遥感影像中主要表现为黄色或深黄色。

4. 植物污染遥感诊断

植物已被广泛认为是生态系统污染的重要指标。遥感是显示和调查受污染破坏的植被状况的一种无法取代的技术手段，遥感的技术能够快速而准确地给相关的研究人员提出各种植被污染情况。所以，遥感技术在生态系统污染监测中的应用受到人们的广泛关注，并在很多的领域中都得到了大面积的应用。植被指数和红边参数是目前常用的植被胁迫遥感监测的关键指标。

（1）植被指数

它是各种波长带中的卫星检测数据与可以反映植物生长状态的指标的结合。红波段被植物的叶绿素强烈吸收，通过光合作用产生干物质，属于光合作用的代表波段。近红外波段是在绿色植物的强反射光谱区域，是叶片是否健康的关键性指标。它对植物结构和生长的趋势差异十分的敏感，对植物水分含量的反应也很敏感，表明植物是否可以进行正常的光合作用。利用对这两个波段检测值的多样组合可以获得不同的植被指数。

随着高光谱遥感技术的最新发展，高光谱植被指数正在逐步实现发展，用高光谱分辨率仪器获得的连续带宽通常在 10 nm 之内，可以以足够的光谱分辨率来区分具有诊断光谱特性的表面材料。这对于使用植被指数监测污染提供了新方法。

（2）红边参数

与植物生长前的光谱相比，在植物的生长季节中，叶绿素含量增加，红光的吸收也会增加，红边就会沿着更长的波长方向移动，也就是红移。当植物被污染时，与正常植物的生长相比，它的叶绿素含量就会降低，红光反射率增加，红边位置移至较短的波长方向，也就是蓝移。这种波段的变化就是描述植物色素状况和健康的重要指标，对植物曲线最具诊断性。多项研究表明，根据红边位移的方向就可以判断植被朱否受到污染，监测植物是否受到污染的关键之处就在于根据获得的光谱数据来确定红边发生位移的方向。

第三节　环境污染的治理与修复

一、传统环境污染治理与修复

（一）污染治理与修复的概念

污染处理：是指采取多种措施以确保污染的环境不会对周围环境中的系统或生物产生负面影响。

污染修复：在治理受污染的环境后，结构可能会发生一些变化，但环境中的一部分功能会恢复到污染之前，从而使受污染的环境恢复活力并重换生机。

（二）传统的污染治理与修复方法

1. 生物修复

生物修复主要是指的是微生物的修复，即使用天然或人工培育的微生物吸收、代谢和分解污染物，并将有毒的污染物从环境中转化或完全分解为无毒的物质，甚至将这些污染物处理成对环境不产生危害的物质。生物修复主要是指微生物修复的原因是，人类用于恢复受污染环境的最早的活生物大部分都是微生物，而在污水处理中应用最为广泛，修复技术相对娴熟，影响的范围也很广。但是，生物包括微生物、植物、动物等。随着科技的不断进步，植物修复已经被大多数人所接受，逐渐发展位环境科学中的热点问题，所以，植物修复也包括在广义上的生物修复概念之中，同时还包括植物与微生物之间的联合修复。

2. 植物修复

指的是在环境污染处理技术中，利用植物及其根茎微生物系统的吸收、挥发、转化和降解作用机理以去除污染物的方法。植物修复的处理方法主要有：

首先，使用超积累的植物从受污染的土壤或水中甚至大气中去除重金属的含量。

其次，使用挥发性植物以气态挥发物的形式修复受污染的土壤或水域。

第三，使用固化植物，钝化土壤或水中的有机或无机污染物，以减少对生物体的危害。

第四，凭借植物独特的利用、转化或水解作用来分解和清除环境中的污染物。

第五，通过植物根茎共生或微生物系统分解的非共生效应来修复被有机污染物污染的土壤或水。

第六，借助绿色植物净化污染的空气。

广义上的植物修复包括通过植物净化空气（例如室内空气污染和城市烟雾控制），通过植物和根茎微生物系统净化水体（例如污水湿地处理系统、防止水体富营养化等）以及处理污染的土壤（包括重金属和有机污染物等有害物质）。狭义上的植物修复是指通过植物和根茎微生物系统主要修复受污染的土壤或受污染的水域，一般情况下的植物修复就是去除污染水域以及土壤的重金属，在这个过程中主要借助的就是重金属超积累的植物的提取作用。

可以将满足污染环境的恢复要求的特殊植物统称为修复植物。比如：绿化的树木和花朵具有良好的空气净化效果，能够直接吸收和转化有机污染物的植物分解；利用根茎生物降解有机污染物的根茎分解植物；重金属超积累植物的提取、挥发性植物和用来稳定受污染地区的固化植物等。

3. 微生物联合修复

在大多数修复过程中，是无法将植物修复与微生物修复完全分离的，在大部分植物的生命活动中，它是无法与其根际环境中微生物的生命活动完全分开的，并且在很多的情况下会形成共生的关系，例如菌根、根瘤等。当修复的植物处理污染物时，根茎微生物系统也会对污染物有着一定的影响，但因为植物修复因为植物在污染物净化中起着绝对作用，所以在定义的时候还是将其定义为植物修复。

将根茎的生物降解和微生物分解作为修复的前提而言，根茎微生物系统在污染物的修复中起着重要作用，但是植物也对污染物具有直接的分解或转化作用。但是，起关键作用还是微生物。植物仅为这些微生物更好地生存创造了有利条件，但是这些条件也非常重要。所以，根际圈生物降解修复也可以称为植物与微生物的联合修复。

4. 物理修复

物理修复是基于物理原理，并采用特定的工程技术从环境中部分或完全清除污染物，或将其转化为无害物质的一种控制方法。与其他修复方法相比，物理修复相对昂贵，因为它通常需要开发大中型的修复设备。

治理空气污染中的除尘（例如重力除尘、惯性除尘、离心力除尘、过滤器除尘和静电除尘等等），污水处理的沉淀、过滤和气浮，污染的土壤净化，土壤替代法、物理分离等都属于物理性的修复方法。

5. 化学修复

化学修复是一种修复技术，它通过使用添加到环境介质中的化学净化剂，与污染物的特定化学反应来消除或减少污染的有害性。

化学修复的方法被广泛使用。例如：湿法除尘和燃烧方法；氧化，还原，化学沉淀，萃取，絮凝等方式会用于污水处理。与其他受污染的土壤修复技术相比，化学净化技术发展较早且相对成熟。目前，污染土壤的化学净化技术主要涉化学氧化修复技术、化学还原和还原脱氯修复技术以及土壤性能改善和修复技术等技术类型。

二、污染的生态修复

（一）生态修复的定义

生态修复是在生物修复的基础上，以生态学原理的指导下，将各种物理修复、化学修复和工程技术措施进行综合，达到最佳效果和最低成本的优化组合。当前在理论上和技术上都有实际可操作性的污染修复技术主要包括植物修复、微生物修复、动物修复、化学修复以及各种联合处理的方法。有一部分修复技术已进入现场应用的阶段，实现了更好的污染治理。结果无论是哪一种方法都会存在一些缺点，并且不能从根源处解决环境污染。只有对受污染的环境进行生态修复，污染物才不会进入食物链，才可以尽可能的防止危害人类健康，最有效地促进环境的可持续发展。

（二）生态修复的特点

污染环境的生态修复是基于生态学原理对多种修复方法的优化和综合，它的主要特征具体如下：

一是严格按照循环利用、和谐共处、整体优化和区域差异化的生态原则。

其次，生态修复的过程是利用微生物以及植物的一些生命活动来实现，并且由于影响生物生命活动的各种因素也将是影响生态恢复的重要因素，所以生态修复有着影响因素繁多而复杂的特征。

第三个特征就是跨学科方法也属于生态修复的专业知识，因为它需要参与生态、物理、化学、植物学、微生物学、分子生物学、栽培和环境工程等各个领域，才可以顺利的实施多学科生态修复。

（三）生态修复的机制

1. 污染物的生物吸收与富集机制

当某个地区的土壤或水资源受到重金属的污染后，一些植物会从根部吸收不同浓度的重金属。吸收的浓度根据植物根系的生理功能和植物根际圈中的微生物群落的组成、重金属的类型和浓度以及土壤的理化性质等不同的因素影响，吸收的主要原理属于主动或是被动的界限并不是很清晰。植物吸收重金属可能有三种情况：

第一种情况就是完全的“避”。这是因为当根系中含有的重金属浓度比较低时，根系会根据自我调节的功能来完成自我保护，或者是由于根系中的重金属含量无论达到哪种程度，植物本身就有这种“回避”的机制，可以预防重金属含量过高的危害，但这种情况并不是很常见。

其次，在适应性调节之后，植物就会对重金属产生一种耐受性，并从根部吸收一部分重金属。在这种情况之下，植物本身可以进行生长，但是根、茎、叶以及其他器官和各种细胞器都将会受到不同层次的破坏，植物生物量就会衰退。这种情况可能是由于植物根部被动吸收重金属的结果。

第三种情况是指某些具有特定遗传机制并以重金属元素为营养需求的植物，根际圈中的重金属元素浓度过高是并不会对植物本身造成任何破坏。以上提及的超积累植物就是这一种情况。

2. 有机污染物的生物降解机制

生物降解的概念是利用生物体的一部分生命活动把污染物降解为简单的化合物过程。微生物迅速繁殖并具有很强的遗传变异性，它们同时有着多样化的化学能力，例如氧化脱羧、脱氯、脱水以及水解等，这些特点使酶系统会以更快的速度在已经发生变化的环境当中生存，由于优越的环境条件和高能源利用效率，它具有将大部分污染物分解为无机物质（二氧化碳，水等）的能力，并且在分解有机污染物中发挥着关键的影响，所以一般情况下所说的生物降解也就是微生物分解。微生物的分解可以使得有机污染物变成无污染的物质，但是能否分解有机污染物的前提条件就是这类型的有机污染物是否具有可生物降解的性质。可生物降解性意味着在微生物的作用下把有机化合物降解为成分较为单一的低分子化合物的可能性。

除了直接利用自身的生命活动来分解有机污染物外，细菌还可以通过利用环境中的有机物作为其主要养分来源来分解大多数有机污染物。例如，许多类型的细菌都可以使用儿茶素和香豆素，它们是植物根系所分泌的产物。多氯联苯的降解也会分解低分子质量或低环有机污染物。一般情况下微生物会使用有机物作为唯一的碳和能源来矿化，而更高分子量的有机物以及多环的有机污染物会通过联合代谢而分解。这些有机污染物有时候可以被一种细菌分解，但是在大多数情况下，它们会被几种细菌结合并分解。

菌根真菌对于植物根部吸收有机污染物有着一定程度的推动作用，同时还会分解根际圈中的大部分有机污染物，特别是持久性有机污染物（POPs）。

富营养真菌和一些土壤动物也会分解一部分有机污染物。白腐真菌会产生一系列降解酶，其中包括氧化木质素和腐殖酸。这些酶有木质素过氧化物酶、锰过氧化酶和漆酶。除了分解某些污染物之外，它还能将一些污染物锁定在某个范围之内，以降低污染物对于植物的危害性。

3. 有机污染物转化机理

有机污染物的转化或分解属于微生物的正常生命活动或行为。将这些物质吸收进微生物体内后，微生物会将它们用作新陈代谢的营养来源。

4. 生态修复的强化机制

在高度污染且不适宜生物生存的一些污染环境中，有必要使用物理或化学的修复方法将环境中的污染物含量降低到最低浓度，然后再使用生物修复的方式。如果进行这种操作后依旧无法达到理想化的修复要求，必须考虑采用生态修复的方式，并且在利用这种修复方式之前，必须将环境的条件控制在有利于生物生长的条件下。然而，直接使用修复生物进行生态修复的效率不会达到理想的状态，这种情况下就需要采取一些加强方式来形成一套完整的修复技术。

这种强化的具体措施可以划分为两部分：一种是增强生物自身法人修复能力，另一种是提高环境污染物的生物利用度，例如深层曝气、营养输入以及添加添加剂等途径。

（四）生态修复的基本方式

按照生态修复的原则，主要包括微生物联合物理修复、微生物联合化学修复、微生物同时联合物理及化学修复、植物联合化学修复、植物联合物理恢修复、植物联合微生物修复以及植物联合微生物修复、植物联合微生物以及化学修复和植物联合微生物以及物理修复等多种修复途径。

（五）污染生态修复的关键问题

1. 确定最优化的生态条件

生态修复是一个相对“年轻”的研究领域，主要研究对象是微生物修复和植物修复。所以这两种修复方式要解决的核心也应该是生态修复要解决的核心。换句话就是说为了使生态修复取得最大化的成功，有必要充分利用各种修复方式有机结合后技术所产生的一些优势条件。这种条件的产生跟很多种因素有关，在技术参数层面通常可以包括以下几个角度：

（1）水分

调节微生物、植物和细胞中游离酶活性的关键因素之一就是水分。尤其是水会影响介质的渗透性、可溶性物质的性质和数量、渗透压、溶液的 pH 值以及不饱和导水率等，并且对受污染土壤的地下水和土壤的生态修复具有重大影响。

（2）营养物质

氮、磷和其他营养素的缺乏会限制某些或正在恢复的生物体的生长。营养供应充足，共氧化基质和其他促进生物生长的物质（剂量方法，剂量时间和剂量等）是生态恢复的另一个主要限制因素。许多研究人员建议，对于生物修复的最佳生态条件，C、N 和 P 的比例应该为 100∶10∶1。相对而言，对表层土壤进行修复的工作主要针对的是表层土壤养分的供应和控制，并且更易于实行。但是生态修复的关键并不仅仅是表层的修复，更关键的是成功清除了地下和深层土壤及地下水的污染。所以地下的生态控制技术是生态修复技术的关键成分，也就是说，地下生态调控的技术是生态修复所需的物质进入地下的技术。

（3）处理场地

处理场地中化学污染物及其浓度不应该明显的抑制微生物或酶的分解活性以及超积累植物对污染物的吸收作用。否则的话首先应该将其进行稀释。处理过的化学污染物需要具有生物利用度。在处理过程中进行操作的条件要有利于一些生物的生长，面对这种情况，相关的研究人员必须了解并建立处理场地本身和处理过程必须实现的生态条件。

（4）氧气与电子受体

充足的氧气供应是生态修复过程中的关键组成部分。如果采用的是植物修复中的方式，因为植物根部具有一定的呼吸作用，一般情况下的地下介质通常会需要充足的氧气。采用微生物修复的方式时，末端电子受体供应的速率对于微生物降解污染物的效率起着决定性的作用。大多数中间微生物种群会把氧气作为末端电子受体。氧化还原电势杜宇地下环境中微生物种群的代谢过程存在着一定的影响。

（5）介质的理化因素

有机物含量、粘土含量、CEC 和 pH 值、环境温度和影响环境温度的气候变化、磷酸盐和钙肥料的可用性等因素对生态修复过程起着十分关键的影响。在这些因素中，生物修复的最适 pH 为 5.5 ~ 8.5，最适宜的温度范围为 15 ~ 45℃。

2. 微生物接种

微生物接种是将一部分和土著微生物群落有关联的、具有独特或强制性代谢功能的微生物引入到污染处理的操作步骤，属于生物修复的重要组成部分，是生态修复的基础。在实施了这种方式之后，微生物的生物量呈现增长的趋势，生物的降解性会大幅度增强，微生物群落结构的优化以及对分解过程的良好控制，尤其是在改善本地微生物群落活性方面，会对环境化学和污染物的命运产生重大影响，这些都属于生物修复的成功和有效应用的具体体现。

3. 共代谢作用与二次利用

生物修复的联合代谢通常是微生物群落使用其他化学物质作为碳和能源，同时允许环境中的其他污染物参与代谢转化的过程。在此过程中，如果一部分污染物被清除或其毒性被降低完全属于非直接或纯偶然的情况。为了达到污染物分解的理想状态，微生物必须与其他支持生长的化合物共存以实现分解的过程。在有些情况下，微生物可以利用不利于细胞的转移反应递送污染物，这种对一些生物不存在好处的生物转移就是二次利用。联合代谢是常见且重要的二次使用过程。

根据一些角度来看，联合代谢是微生物转化的一种比较特殊的种类。即使它们的存在导致某些污染物（例如石油碳氢化合物以及有机染料）进行生物修复之后，然后使得原始污染物的浓度下降，但转化产物通常会对生态系统产生更大的有害性，并在部分氧化结束时的产物被本土微生物分解并不是非常容易的事情。所以根据生态毒理学的指示评价生物降解过程是非常有必要的。

4. 生物有效性及其改善

生态修复的过程中，我们会面临这些问题，无论生态条件如何优化，环境介质（土壤、水、沉积物或大气尘埃颗粒）对污染物的吸附或其他固定作用都可以隔离微生物、酶和植物与污染物的直接接触，降低了微生物、酶和植物对污染物的生物降解能力以及添加养分的利用率或程度（即生物利用率）。凭借着提高生物利用度，就可以加快生物降解的速度。

5. 生物进化及其利用

受污染的环境可以“锻炼”有些生物的耐受能力。在受污染的环境中，我们可以轻松地利用筛选并得到有着强大的分解或超积累污染物能力的微生物或植物。与之不同的是，我们在相对而言比较清洁的环境中，一般情况下是难以得到生物修复过程所必需的必需微生物或植物。可以看出，对选择生物修复时必需的微生物或植物来说，考虑环境污染对生物进化的积极影响是非常有意义的。

一方面，有必要掌握受到污染的环境中生物降解和生物蓄积的过程，从生物进化的理论来看，有意识和长期的驯服可以在实验条件下产生具有更强大的生物降解或生物蓄积能力的微生物和植物，并且主动利用这些生物的进化原理，主要有调节和利用生物的转录因子，为生态修复以达到技术成熟的状态而奠定前提。此外，随着污染物浓度的降低，进入受污染环境的个体数量逐渐减少，这是控制引入专性微生物的机制，包括最终消失的过程以及修复其他污染物点的方法。

第四节　生 态 工 程

一、生态工程的概念与发展

生态工程属于应用生态学科体系不可或缺的成分，是基于生态理论和方法研究和解决环境问题的新领域。生态工程具有特定的意义、基本特征、规模以及界限。作为生态学的分支之一，在很多相关的领域中，生态工程与应用生态学之间的关系更加的密切。

（一）生态工程的概念

为了实现人类社会以及自然的利益，它重点关注的是生态系统，尤其是关于社会—经济—自然复杂的生态系统，重视这种系统的可持续发展能力的综合工程技术。从追求一维经济增长或自然保护到复杂的生态繁荣、健康与文明三位一体的可持续发展，它促进了与自然的和谐、经济与环境之间的协调发展。

（二）生态工程的内涵

在上述的相关概念中，生态工程的详细内涵主要包括以下几个方面：

①生态工程的实践是将生态理论作为基础条件的。

②生态工程属于一个比较广泛的概念，涵盖了与所有类型的生态系统相互关联以及互相作用的潜在人类活动。

③它具体包含工程设计的概念和定义

④存在着潜在的价值体系

以上四个说法中的第一个是核心和前提，这意味着生态工程应该将生态学理论作为前提条件，第二个的内容与应用有关，这表明生态工程是一种新的设计范式，最显著的应用价值就是生态系统与人类之间相互作用的设计和实施。第三点把设计的想法加入到生态工程的概念，指出设计就是工程的核心与重点，一个理想的工程设计必须以严格的方法论为基础。最后一点代表了生态工程的目标，也就是可以使用的价值内涵。

生态工程的宽泛定义反映了生态工程的含义具有多样化的特点，可以应用于各个不同的领域内。一般而言，生态工程的应用主要体现在以下几个方面。

首先，我们通过替代人工或能源密集型系统来设计不同的、符合人类需求的生态系统。

第二，恢复之前受到破坏的生态系统并减轻对资源的过度开发；

第三，自然资源的管理、使用和保护；

第四，将人类社会与生态系统密切结合，以进行环境治理和建设（例如园林绿化、城市规划、城市花园设计等）。

（三）生态工程的特征

生态工程与环境工程两者之间存在着比较大的差异，环境工程是处理污染问题的科学原理，并且对于清除、转化或控制污染物的一些设备依赖性较强。而生态工程是利用综合技术进行规划、设计和重建自然环境，关键是通过生态系统的自给自我调节的功能不断改变自然环境。以前的环境保护工程、清洁生产工程相比于生态工程在对象、目的、设计、结构和功能上存在很多的差异。

二、生态工程的基本原理

（一）生态工程的生态学原理

1. 生态位原理

在生态研究中有一个多领域使用的概念就是生态位。每个生物群落在立体的生态系统中都有一个比较理想化的生态位，所有环境因素都赋予该生物一个现实的生态位。一方面，理想生态位和真实生态位之间的差异使得一部分生物体被迫寻找、占据和竞争更加优良的生态位。此外，它可以使有机体不断适应其环境并调整其自身的理想生态位，一些有机体会利用自然选择使其与环境之间达成长久平衡的状态。

2. 限制因子原理

生物的生长和发展与环境之间的关系是密不可分的，并且这一部分有机体会在生长过程中适应环境的变化。如果生态环境的生态因素超出了生物的适应范围，则这些超出的因素就会对生物产生一定程度的影响。只有当有机体与生活环境条件高度兼容时，它才会发挥出自己最大的潜力，从而充分利用良好的环境条件。所以，认真考虑生态因素在生态工程建设和生态工程技术应用中的局限性是非常必要的。

3. 食物链原理

在自然生态系统中，一条完整的食物链上有生产者、消费者和分解者三种身份的生物体存在，按照生态学的机制，这条完整的食物链就是能量转换链、材料转移链以及增值链。绿色植物被食草动物所吞食，食草动物被食肉动物当做营养来源，动植物的残留物被一些更小的生物体分解，从而形成一条吃与被吃的食物链关系以及更为复杂的食物网络。但是，在人工生态系统以及生态工程中，这种食物链在一般情况下就会减少，因此它们对能量的有效转化和物质的有效利用没有任何帮助，使得生态系统更加不稳定，并环境污染会更加的严重。

所以，按照生态系统中的食物链理论，通过生态系统的设计和建设，通过加环的方式，在其中加入把由于食物的选择而丢弃的生物物质和在粪便中排泄的物质转化为相应的生物载体，使得食物链与原来相比变得层次更加丰富，提高生物能源的使用效率。

4. 整体效应原理

一个系统是一个相对比较完整的体系，是由许多彼此之间影响和关联的部分组成的，并且这个整体带有特定的功能。它最基础的特点就是系统所表现出的集体性，最明显的表现就是系统各组成部分彼此之间的联系、依存、作用和制约，从而组成了一个无法分裂的整体，其整体的作用和效果要大于各部门的总和。生态工程是一个包含生物学、环境、资源和社会经济因素的、比较复杂的社会经济自然系统，所以要实现高能量流转化率，大范围的物流流通，平稳的信息流和价值流的显着增加，因此调整系统的组件必须正确配置和组装，以提高整个系统的整体生产率。

5. 生物与环境相互适应、协同进化原理

生命有机体的生存和繁殖需要不断的从生存的环境中吸收能量、物质和信息，生命有机体的生长和发展取决于环境，并且会受到环境的严重影响。影响外部环境中生物生命活动的各种能量、物质和信息因素就是生态因素。生态因素不仅包括生物生命活动必需的利导因素，还包括限制生物生命活动的限制性因素。利导因素会推动生物的生长和发展，而限制因素就会对限生物的生长和生产的发展产生一定程度的限制作用。所以，在地方生态工程建设中，为了挑选合适的物种以及其生存的模式，充分分析地方利导因子以及限制因子的质量与数量就显得格外的关键。

6. 效益协调统一原理

生态工程设计、建设和应用的最终目的是追求最大化的综合效益。在设计以及协调的过程中，把经济与生态工程的建设有机地融合在一起，比如将农业发展与生态环境建设相结合，资源利用与扩散相结合，农村农业发展与环境保护与污染防治相结合等等，这一原理主要体现的就是生态效益、经济效益和社会效益的三者之间的有机融合。

（二）生态工程技术调控原理

一般情况下，生态工程技术发的调节以及控制是指利用目前存在的生态系统的一个或多个链接的扩展、收缩、替换、增加或功能的转换，对这些链接所处的生态和经济环境的适当更改，最后实现生态工程的整体生态经济效益的最优化。

1. 生态工程的自然调控原理

自然调控原理就是生态工程设计技术调节与控制中的的关键原则，是不依赖外力形成具有全面的组织形式的有序结构系统，也就是利用反馈的作用，生态系统按照最低能耗原则建立的内部结构和生态工程的行为。

例如，如果一个生态工程的目标是创建一个用于废水处理的湿地系统，工程师将设计一个容器结构，以此控制合适的水资源含量，在系统中选择其他群落的进行种植，有利于生物群落的自然调控原则在整个湿地系统的设计和建造来实现。

这个原理属于生态系统的一个比较明显的特征，对相关的专业人员而言，这个原理就是与之前旧有的成熟技术相融合的一个比较新颖的工具。

通过种植适应需要环境设计和物种适应性知识的环境系统条件的物种，可以加快生态工程的自然调控。生物的适应性是以达尔文的进化理论作为基础的理论支撑，物种会受环境变化影响并与其他物种之间产生某种作用（例如竞争或者是掠食）。生物适应性的机制主要有生理、形态和行为特征，从某种意义上说，生物生态位是所有适应性的总和。实际上，预先适应的本质是“预先存在的特征使得有机体适应新的生存环境”。

2. 生态工程的人工调控原理

生态工程和技术调控的设计与建设应建立在自然生态系统稳定性的调节原理基础之上，人工调节应与系统内的自然调节之间彼此融合。根据人工调节控制的方法划分为环境、生物、系统结构、输入/输出等多种调控方式。

（1）环境调控

主要是适应改善生态环境、满足生物生长发育的需要。例如：植树造林以改善农田的小气候；覆盖地膜以提高地表温度和土壤湿度；种植豆科绿肥以增加土壤肥力并改善土壤结构。

（2）生物调控

利用选育和改良的品种，以及应用基因工程技术，可以做出具有高转化效率并适应外界环境的优良品种，从而充分利用环境资源。

（3）系统结构调控

通过调整生态系统的结构，改善了系统中能量和物质的流动和分布，并改善了系统的一部分功能。

（4）输入与输出调控

在生态系统工程中，人类无法控制光、热、水以及空气等元素的输入，但是就质量而言，某些输入的肥料、水源、土壤、种子等可以部分地由人类所控制。和数量。如果输入的额元素质量符合内部的运行机制以及系统的规则，则输出将会有助于改善环境质量并改善系统功能。相反如果不符合相关的规律，输出就会降低环境质量并使其系统的功能削弱。

（5）复合调控

生态工程的复合调控指的是自然调节和社会调节相互作用形成的调节方式，这种调节方式要考虑系统的自然环境，还要对各种政策、法律、市场交易和社会条件进行全面的考量。复合调控的机制也清晰地划分为三个级别：最低级别的自然监管、第二级别的直接调控和第三级别的社会间接调控，所以在进行生态工程建设和技术协调的过程中，操作员在规划和实施直接控制时除了重视系统的自然条件外还必须关注各种社会条件，并且这些管理者的行为和决策会在不同程度上受市场等因素的限制。

三、污染控制生态工程

生态工程技术已广泛应用于污染防治领域，比如水、土壤、天然气、固体废物及其他环境和复合污染的防治等等。在当前的环境保护中广泛使用的技术主要含有稳定塘与水生生物净化技术、土地处理技术以及污水回用与养殖技术等等。

（一）污水稳定塘处理技术

通过物理和生物过程处理有机废水的池塘统称为废水稳定池。在中国，它被称为氧化池。氧化池是通过藻类和细菌的功能协同作用来处理污水的生态系统。通过藻类的光合作用产生的氧气和空气中的氧气保持有利于生物生存的环境状态，因此水坑废水中的有机物在微生物的作用下被生物分解。

藻类在氧化池中扮演着重要的角色，发挥着关键的作用，因此可以在清除 BOD 的同时有效去除相对应的养分。有效的氧化池可以清除污水中 80%～95% 的 BOD 含量，以及 90% 以上的氮和 80% 以上的磷。随着这些物质的清除，藻类进行着 CO_2 的固定以及有机物的合成。通常，除去 1mg 的氮可以得到 10mg 的藻类，除去 1mg 的磷可以得到 50mg 的藻类。

大量繁殖的藻类将与处理后的水一起流出。如果可以采用一种特定的方法来回收藻类，要么在氧化池的出口处安装一个鱼池，要么通过混凝沉淀的方式处理氧化池的废水，沉淀物的水质将得到极大改善。现在，氧化池已广泛用于市政污水和食品、制革和工业废水处理，用氧化水坑处理污水后，BOD 的含量可以下降至 10%～40%，大肠杆菌的去除率达到 98% 左右。氧化池有着非常多的优点，主要包括其结构简单、投资和运行成本低以及易于维护和管理，当然同时也会存在一些不可避免的劣势，主要是这些氧化池的占地面积比较大。

氧化池可分为以下几种类型：

1. 兼性塘

兼性塘的深度通常为 1.0 至 2.5m 左右，主要包括上部好氧区、中部兼氧区和底部厌氧区三部分构成。在上部好氧区，阳光可以穿透，藻类的光合作用很强，会释放更多的氧气，这是好氧微生物氧化并代谢有机物的区域。中层兼氧区域阳光无法入内，由于溶解的氧气并是非常充足，因此会有许多略占优势的微生物。底部厌氧区以厌氧微生物为主导，以厌氧发酵沉积在池塘底部的沉积物。兼性塘主要处理的是工农业废水和生活污水。整个过程中 BOD 含量会下降至 15%～30%，最少的含量仅仅只有 1%。

2. 厌氧塘

厌氧池主要由厌氧微生物组成，厌氧池的有机负荷很高，BOD5 的表面负荷一般为 33.6～56g/m^2，有限清除的 BOD5 含量会达到 50%～80%。厌氧塘处理出水的 BC）Dr）为 100～500 mg/L，此后通常要安装通风池和好氧池。

3. 曝气池

曝气池是带有机械曝气装置以补充氧气的人工池，池的深度通常为 2 至 5 m，水压保持时间为 4 至 5 d。BOU_5 的含量可以下降至 10%～40%。曝气池的 BCD_5 负荷为 0.03～0.06 kg/（m^3 · d）。曝气可将池塘污水中的固体或部分固体保持悬浮状态，并具有搅拌和充氧的双重功能。

4. 好氧塘

好氧池是稳定的池，完全依靠藻类的光合作用获得氧气。水深通常会小于 1.0 m，从而使阳光可以透射在水池底部，藻类在任何深度进行光合作用。好氧池通常与池系统一起使用，或与其他污水处理技术结合以形成复杂的系统。它可以用来代替系统中的一级或一级和一二级处理，以及继承二级处理污染物的相关技术。

5. 水生植物塘

水生植物池塘也属于比较稳定的池塘，主要由水生植物和藻类组成。维管植物的主要功能是吸收和存储污染物、将氧气运至根部、并为微生物的生存提供条件。当前，使用最广泛的水生植物是水葫芦或水莲。水坑的深度应确保水生植物的纤维根分布在水流的大部分区域，以提供足够的清洁机会，所以总深度应小于0.9 m。当有机污染物负荷小于30 kg（BOD）/（$hm^2 \cdot d$）时，系统就可以保证良好的工作效率。

6. 生态系统塘

普通的好氧和兼性池塘无法控制藻类，因此废水中的藻类含量经常过多，对水体造成二次污染。使用稳定的池塘系统进行水产养殖会导致水体中原生动物和浮游动物的形成。例如，底栖动物、鱼类、家禽等参与的多个食物链。

该池塘系统结合了水的处理和利用，利用太阳能作为初始的能源，分解和净化进水中的各种污染物，并参与由多个食物链形成的复杂食物链的移动和转化。营养生物最终转化为人类可以食用的动物性食物，完成了生态系统的物质循环并有效去除了污染物，同时实现了污水的循环利用。

如果进水含有重金属和难熔的有机物，则可以通过食物链将其浓缩在动物体内。进入池塘的污水质量必须受到严格控制，因为在某些情况下可能对人类的健康构成一些威胁。

（二）污水土地处理系统

使用土地、微生物和植物根系净化污染物以处理预处理的污水或废水，并使用水分和肥料促进作物、牧草或树木土地处理系统生长的工程设施。

1. 污水土地处理系统的净化机理

土地处理主要是通过土地生态系统的自我清洁能力来清洁污水。土地生态系统净化的机制包括土壤过滤和维护、物理和化学吸附、化学降解、生物氧化以及植物和微生物的吸收等。大致的流程是：当污水流经土壤时，土壤会截留污水中悬浮和可以溶解的有机物，在土壤颗粒的表面会形成一层薄膜，里面充满细菌，细菌利用空气中的氧气从污水中去除污水中的有机物，在好氧细菌的作用之下，转换为无机物。在地面上生长的植物根部吸收污水中的水分，并通过光合作用将细菌矿化的无机营养物质转化为营养成分，从而实现将有害污染物转化为有用物质并净化污水的目的。

2. 土地处理系统的主要类型

（1）地表漫流系统（overland flow system）

这个系统就是一种把污水定量分配到地表的系统，这种地表一般具有坡度平缓、土壤渗透率低且植被茂密的特点，它是一种污水处理系统，污水可沿着地面细小且均匀地流过一定距离，之后的水体就会得到净化。该系统的水资源净化理论是利用“土壤－植物－微生物－水”系统的巨大容量来遏制、缓冲和降解污染物。缓慢的水流提供了良好的有氧条件，并为微生物提供了一个良好的呼吸环境。分布在地面上的生物膜可以吸收和分解污染物，植物可以均匀地分配水并吸收污染物，阳光会加速污染物的分解。影响地表漫流系统的因素包括几个角度：土壤的理化性、地表的坡度和平坦度以及植被的密度。此方法在渗透率较差的土壤和具有均匀、中等坡度（2 至 8）的平坦区域比较适用。

（2）慢速渗滤系统（slow-rate system）

这个系统是一种土地处理系统，可将污水有效地分配到土地或耕地的表面，通过土壤表面渗漏和土壤植物系统内的垂直渗入将其净化。是污水处理技术中水分和养分利用率最高、经济效益最大的类型。液压载荷和有机载荷是慢速渗滤系统的关键设计参数。除污水本身的水质因素外，水力负荷的选择主要与土壤质地和植物的选择之间有着密切的联系。

（3）快速渗滤系统（rapid infiltration system）

这个系统控制污水在土壤表面的分布，在向下渗透过程中，污水通过一系列物理、化学和生化过程进行净化。此系统的影响因素主要有以下方面：工作周期、渗透系数、水力负荷。快速渗滤系统是定期注入污水以浸入渗透系统，干燥并氧化土壤表面，从而使渗透土壤表面的好氧条件周期性地再生。它能将污染物截留在浅层土壤中，使其完全有效地分解，并具有出色的 COD、BOD 和氮处理效率。

（4）湿地系统（wetland system）

湿地处理系统位于土壤－植物－微生物的复合生态系统中。由于受控污水的管理，土壤常常会达到饱和的状态。在生态系统运行期间，污水通过土壤和防水作用的结合而被完全净化。采用湿地处理系统来处理废水，它比氧化池具有更高的净化效率，并且比传统的污水处理厂具有更低的运营成本。尤其是湿地系统对污水处理厂无法清除的营养元素具有出色的清洁效果。在这个系统中 BOD 的含量会下降至 5%～40%，COD 的含量可以下降到 10%～50%，N 和 P 的含量也会下降至 10%～40%。

（5）地下渗滤系统（subsurface infiltration system）

这个系统是一种将污水混入地下改良土壤层，利于毛细管浸润、渗透和重力扩散并移动到周围土壤的系统，并具有净化土壤微生物和土壤植物生态系统的功能。通过在物质循环过程中逐渐分解污水中的污染物来净化水质的中小型自然生态处理系统。

（三）固体废物处理生态工程

1. 城市生活垃圾堆肥技术

堆肥方法通过微生物的分解作用将垃圾中的固体有机物转化为稳定的土壤型腐殖质，

从而将其应用于农田、果园、蔬菜保护区等。堆肥可以消除或明显减少垃圾中携带的病原微生物和幼虫，消除垃圾中的异味，并改善公众的健康。与垃圾填埋或焚化的方法相比，堆肥方法的优点是不占用或占用不可耕地、循环利用氮和磷资源以及不会对环境造成污染。

废物堆肥是微生物在废物作用下对垃圾中有机物进行生化分解的过程。因为堆肥的环境不同，它可以是厌氧细菌主导的腐烂发酵过程，也可以是好氧细菌主导的氧化分解过程。与氧气堆肥相比，处理周期更短，没有异味，堆肥产品除 CO_2 与水之外，当前的废物堆肥主要是有氧堆肥，因为其化学性质稳定且不影响环境。垃圾堆肥的具体条件如下：

首先是微生物：不管堆肥的类型如何，主要的微生物都是细菌、放线菌以及真菌。这些微生物主要是与土壤、食物垃圾或其他废物混合的有机废物，其数量通常为 $10^6 \sim 10^{25}$ 个/kg。这是因为微生物的生长和繁殖所引起的代谢过程，这些微生物在代谢过程中发生生化变化，添加特殊生长的菌株或驯化的微生物通常可以加快堆肥过程并缩短堆肥周期。

其次是湿度：所有生化过程都需要水作为介质，在堆肥过程中，废物的水分含量必须在 45%～65%之间，以促进微生物的生存和繁殖，因此通常需要一定量的水。

第三是养分：适于微生物生长和繁殖的碳氮比应为（30～35）∶1，一般废物中碳氮比相对较高，磷缺乏严重。氮和磷补充方式包括：

①加入氮气溶液

②增加城市污水污泥

③添加适量的粪肥，并根据废物中的可用碳计算氮和磷的补充量。

第四是温度：由于嗜热细菌和嗜温细菌的作用，废物堆肥的温度可以升高到60℃，这种变化可以展示出微生物的生化活性的状态。

最后就是通风：对于生活垃圾的机械堆肥，需要进行通风和搅拌，旨在确保废物与空气完全接触并促进细菌的生长，同时会阻碍热量和水分的损失。

堆肥可划分为间歇法和连续法。第一种间歇堆肥法是对收集到的废物进行批量堆肥。垃圾一旦堆积，就不会再添加新鲜垃圾，直到之前的垃圾在微生物的作用下变成腐殖质样物质为止。第二种连续堆肥法就是堆肥的投入物和成品，因为输出是连续的，所以与第一种方法相比较而言，它就会需要更高水平的机械化以及更加复杂的设计和构造。在应用中，第一种方法适用于小型社区和农村地区，而第二种方法则更加适宜大型堆肥厂的使用。

2. 城市垃圾的蚯蚓处理生态工程方法

用蚯蚓解决废物问题也属于垃圾处理的一种方法，这种方法具有投资少、见效快、操作简单和高效的优势。它可以是独立的整套废物处理系统，也可以是用作废物处理厂中的一个处理环节，一般情况下设计为用于垃圾堆肥和蚯蚓处理两阶的处理系统。

利用蚯蚓解决废物的过程本质就是在垃圾处理过程中联合蚯蚓以及微生物共同分解垃圾，这种处理方式主要是以蚯蚓为主体。在该系统中，蚯蚓可以直接分解垃圾，并在消化后将垃圾中的有机物转化为简单的供给物质。这些物质与蚯蚓排泄的钙盐结合形成蚓粪颗粒。另一方面，垃圾有机物的微生物分解或半分解是蚯蚓的优质营养来源，两者之间形成了彼此依存的联系。相关的研究证实，存在蚯蚓的堆肥中的微生物数量可能是无蚯蚓堆肥中的微生物数量的两倍。

蚯蚓的蛋白质含量很高，其中含有的干物质蛋白质可以达到70%，使其成为牲畜和家禽的优质食物来源。同时，蚯蚓这种生物在医学和食品中具有很高的实用性。除了处置废物之外，它还可以被用于很多方面，比如处理酒厂、畜禽养殖场以及农业固体废物和废水。

3. 污水污泥的堆肥与土地处理利用

在处理城市污水和工业废水时，会产生大量的沉淀物和悬浮固体。这些物质中有一部分是直接在污水当中抽离的，例如沉淀池中的一些沉淀物。在污水的处理过程中也会生成一部分沉淀物质。主要包括使用活性污泥方式出现的活性污以及生物膜和混凝法出现的沉淀污泥。通常情况下，市政二级污水处理厂产生的污泥量占污水总量的0.3%~0.5%。进行深层次清理的时候污泥的含量会比原理啊的多出增加0.5~1.0倍。清理这些废物的成本是整个废物处理厂总成本的20%~50%。当前随着城镇化的速度逐渐加快，会出现很多的城市污水处理工厂，一些污泥的处理会是一个新比较严重的环境问题。

在处理这些污泥的过程中，会采用堆肥以及土地处理的方式，经过这两个流程之后，会实现其最终的一个处理流程，在这个过程中会最大程度的利用污泥中的氮、磷等一些微量元素和其他的资源，这种方式对于废物质的处理而言是一种可以推崇的高效率方式。

如果采用堆肥处理的方式处理废物质时，具体的原理就是通过微生物的发酵而产生的热量使得污泥达到熟化的程度，这些污泥中的有机物分解为相对稳定的腐殖质样物质、生物细胞物质等等。这种方式还需要处理另外一个比较关键的问题，就是在污水的处理过程中要消除其中的病原细菌以及一些寄生虫卵，尽可能降低对农业使用环境的负面影响。

污泥堆肥与固体废物堆肥属于两个不同的概念，两者之间存在着很大的差别，具体表现如下：

1、无需分选或粉碎原料，操作简单便捷。

2、污泥不能有塑料或玻璃等物质，对于农业生产而言会更加便捷。

适用于堆肥的污泥的水分含量通常是50%~60%。在堆肥的过程中，添加膨胀型和可改善堆肥的材料是非常有必要的，例如一些木片和粉碎的植物秸秆等物质。添加这些物质旨在控制污泥堆肥的孔隙以及污泥当中的水分含量，提升通风的条件并稳定堆肥的混合物。

根据不同的需氧程度，可以将污泥堆肥的方式划分为好氧堆肥和厌氧堆肥两种方式；根据不同的温度条件，可以将其划分为中温堆肥以及高温堆肥两种方式。根据不同的工艺条件，可将其划分为露天式堆肥和封闭式堆肥。当前使用的主要是好氧高温堆肥的方式，这种方式存在着非常多的优点，比如堆肥温度高、降解有机物效率高、杀菌效果好、堆肥周期短，但是也存在一些不可避免的问题，它会使得土壤以及水资源中的氮含量下降。因为污泥中污染物具有多样化的特点，有必要确保污泥中污染物的含量符合国家的相关标准，以确保食品安全并避免造成土壤和地下水的污染。

(四) 大气污染防治的生态工程

这一生态工程关键的主体就是一些绿色的植物，在层层筛选后选出的一些绿色植物有着非常重要的作用，具体表现在吸收和吸附污染物、净化空气中的化学污染物、解决物理污染以及生物污染等等不同的方面。

1. 植物对大气中化学污染物的净化作用

大气中存在着非常多的化学污染物，其中主要有二氧化碳、二氧化氮、氟化氢、光化学烟雾以及其他无机或有机气体，同时还包括汞和吸附在大气粉尘上的重金属化合物

筛选净化空气污染物的绿色植物时，必须考虑这些植物吸收和净化污染物的能力，而且还必须考量对一些污染物是否具有高度的抵抗力。

2. 植物对大气物理性污染的净化作用

(1) 植物对大气飘尘的去除效果

植物去污的有效性与诸如植物种类、种植面积、密度和生长季节等因素有着密切的联系。通常，高大茂盛的同矮小稀疏的树木相比较而言有着更好的除尘效果，并且植物的叶片形状、生长角度和叶片表面粗糙度对于其效果也有很大的作用。比如山毛榉林吸收的灰尘量是同一地区的云杉树的两倍之多，但杨树的灰尘吸收率仅为同一地区的榆树的灰尘吸收量的1/7，后者的灰尘滞留能力可以达到12. 27 g/m^3。

(2) 植物对空气中的细颗粒物的去除效果

当前空气污染的主要污染物就是大气细颗粒物，由于大气细颗粒物会对人体健康造成非常大的危害，它还会携带细菌和污染物，并且这些污染物在空气中难以沉积降落，对各方面的影响极为深远，再加上其控制和治理的难度非常大，大气细颗粒物已成为公众、政府和学者的共同关注点。当前，在不可能仅靠污染物处理来解决环境问题的前提下，植被去除是减轻城市空气污染压力最有效的方法，城市绿化就是其中的关键举措。

3. 植物对城市热污染的防治作用

人类对大地表面状态进行处理改变最明显场所的就是城市地区。城市的建设使得许多

建筑物、混凝土以及沥青的路面取代了原来的田野和植被，很大程度上使得土壤表面反射率和储热能力发生改变，并创造了一个与农村地区有很大不同的热环境。与此同时，由于人口和工业密度的增加，出现市区温度比周围温度高的现象，这被称为“热岛效应”。

因为“热岛”效应的出现，城市内部和外部的温度差通常为0.5～1.5℃。绿色植物是控制地面温度最关键的要素之一。植被丰度会对可感热流和潜热流率之间的日照分布产生很大的作用，斑块分布、大小和表面属性的不同对于覆盖区域和裸露地面的温度之间存在明显的差别。植被对减轻城市的“热岛”效应具有巨大影响。据相关的报道，夏季城市绿化区的温度与裸露地区相比会低2～4℃，同时还有其他大气指标也得到了极大的改进

所以增加城市的绿化范围是缓解“热岛”效应的关键步骤之一。相关的研究证实，某地区拥有的植被范围越大，城市“热岛”效应的缓解效果就会越明显。但是，当一地区植被的覆盖率比较稳定或其不会出现明显的变化时，城市绿色系统的空间分布将会对城市的“热岛”效应产生直接的影响。密集且统一的绿色系统胡进一步有助于缓解城市的“热岛”效应。

（五）矿山生态恢复与环境污染控制

根据产品的特性，矿井会划分为冶金矿山和非金属矿山两种不同的类型，为重如一些黑色金属记忆有色金属就属于冶金矿，煤炭石材等就属于第二章非金属矿；按照开采方法的差异将其它分为露天矿和地下矿井，生态环境破坏的过程和特征会由于不同的矿山类型和开采方式而有明显的不同。

采矿造成的生态破坏包括三个过程：

首先，采矿活动会直接对地表造成损坏。例如，露天开采直接破坏了表层土壤和植被，而进行地下开采则可能出现地层塌陷等其他危险的情况。

其次，采矿过程中产生的废物会占据较大的存储空间，会对原始的生态系统造成破坏。

第三，在采矿过程中，废水、废气和固体废物的有害成分会通过水流和大气循环对矿区周围的大气、水和土地造成污染。

按照上述的介绍，采矿的生态影响可以概括为景观破坏、生物破坏以及环境质量破坏。矿山恢复生态工程本质上就是对上述三种破坏类型的生态环境进行恢复，从这个角度而言，这种生态工程的建设具有生态环境又具有环境生态工程的特征。

1. 稳定化技术

这项技术包括地表景观的稳定性和矿区废物的稳定性两种内涵。因采矿造成的洼地、回填形成的平坦土地以及废物倾倒形成的斜坡，在开始生态重建之前需要实施有效的措施以保证景观特征的稳定性。废物稳定化的概念就是防止有毒物质释放到周围环境中。这项

技术通常包括以下方面：

①工程方法，包括填埋、覆盖、隔离、夯实等

②生物方法，如植物固定

③化学方法，如增加其化学稳定性等

①覆盖、隔离等工程方法；

②植物固定等生物方法；

③增强化学稳定性等化学方法；

2. 植被恢复技术

这项技术主要是选择相关的植物品种以及提升土壤的相关条件。挑选植物品种必须首先关注两个方面，即植物对于生态系统中的土壤条件是否适应及这种植物对土壤是否具有良性的影响，这种适应性表现了植物对于土壤毒性是否具有抵抗力。除了改善土壤的物理条件外，植物品种对土壤的积极影响主要是会增加土壤肥力。因为恢复植被的地区会组成一个全新的生态系统，因此物种之间作用的生态机制也要视为关键要素。而且，对人类而言植被恢复所带来的经济利益是一件非常重要的事情。

3. 就地生态修复

就地生态修复的操作流程十分繁复，主要的过程包括五个基本环节：对污染场地进行彻底调查、研究处理能力、消除污染物、设计和实施生态修复技术以及通过技术评估技术实施。其中，需要对污染区进行彻底调查，了解这一区域的污染类型和水平、生物学特征等等。

利用污染特征的评估确定是否对受污染的土壤进行生态恢复，以及是否可以进行相关治理的操作。在了解受污染区域的生物学特征之后，可以确定具有特定分解功能的微生物是否适合该区域。对水土层特性的理解主要是提供一些有用的信息，包括生物降解过程特定环境的适用性以及水力设计系统的相关操作流程等。

这种生态恢复方式的成功主要依赖的是能够刺激污染物分解的微生物，以及污染场地的环境条件是否得到改善或有效管理。换句话说，恢复受污染土壤微生物生态的技术的关键在于添加营养、共氧化底物、电子受体和添加其他促进微生物生长的物质等等。

第十一章　生态环境影响评价理论基础

第一节　生态环境影响评价的基本概念

一、生态环境的概念

生态环境是由各种自然要素构成的自然系统，具有环境与资源的双重属性。传统生态学强调生态系统的自然属性，以生物为中心，以自然法则为根本，人类一切活动首先应遵守自然规律。

在环境科学中生态环境是指以人类为中心的生态系统，是由人类与生态环境构成的大系统。人类是系统的主体和核心，人类周围的自然界是客体，两者相互联系、相互作用并相互影响。在系统中人类具有生物属性和社会属性。首先人类作为生态系统中食物链顶端的生物类群，遵循大自然的物质循环和能量转换，具有生老病死、应激适应和新陈代谢的基本生物功能。同时作为群居的人类种群，表现出有利于集体和社会发展的特性，以及主观能动的获取物质资料的方式对自然界的影响远远超过其他生物类群。在一定的程度下干扰了自然界原有的稳定与平衡，从而又间接影响人类的生存和发展。由于人类的复杂属性，环境科学中的“生态环境”的涵义远远超过了传统生态学中的定义。

环境科学是研究环境及其与人类的相互关系的综合性科学，是在可持续发展为前提条件下，实现人类自身生存和发展，坚持统筹兼顾，综合决策，合理开发。

二、生态环境影响评价的概念

生态环境影响评价从评价的角度不同可分为生态环境质量评价和生态影响评价。

生态环境质量评价也就是生境评价，是对生物所处环境的状态给予评价，主要考虑生态系统自然属性。生境指在一定时间内具体的生物个体和群体生活地段上的生态环境，也称栖息地。主要包括：生态系统结构及其组分的质量，系统输入与输出，自稳性与抗性。不同生态系统的动态变化及外部特征，不同生态系统状态对人类生存的适宜程度等。环境质量评价更注重环境因子本质属性和健康状况的客观评价。比如，珍稀濒危野生动植物栖息地适宜性与重要性评价，草地资源健康评价，野生生物种群状况评价、自然保护区的价值评价和生物多样性评价等。为了改善生态环境质量，就必须对生态环境的优劣程度进行合理地定性、定量地分析和评价，生态环境质量综合评价是一项系统性研究工作，涉及到自然及人文等学科的许多领域。

生态影响评价是评价生态系统质量变化与工程对象的作用影响关系。例如，分析具体的开发建设行为所带来的生态后果，特定生态系统的生产力和环境服务功能，分析区域主要的生态环境问题，评价自然资源的利用情况和潜在价值等都属于生态环境影响评价的范畴。

生态影响评价是环境影响评价的核心和灵魂，但是，目前我国的研究较多地停留在生态环境质量评价。工程对象的作用影响又以污染影响评价为主，相关生态环境影响评价的研究与运用和实际需要尚有较大差距。

第二节　主要生态学理论

一、生态环境影响评价中的主要术语

（一）生态学（ecology）

生态学是研究生物体与其周围环境（包括非生物环境和生物环境）相互关系的科学。生态学的研究对象很广，从个体的分子一直到生物圈，但主要是指个体、种群、群落、生态系统和生物圈五个层次。

（二）生态系统（ecosystems）

生态系统是指在一定时间和空间内，由借助物种流动、能量流动、物质循环、信息传递和价值流动而相互联系、相互制约的生物群落与其环境组成的具有自调节功能的复合体。

（三）生物量（biomass）

生物量即某一时间单位面积或体积栖息地内所含一个或一个以上生物种，或所含一个生物群落中所有生物种的总个数或总干重（包括生物体内所存食物的重量）。生物量（干重）的单位通常是用 g/m^2 或 J/m^2 表示。

（四）生态因子（ecological factors）

生态因子指环境中对生物的生长、发育、生殖、行为和分布有着直接或间接影响的环境要素。主要包括光照、水分、温度、大气、土壤、火和生物因子等七大类。

（五）植被覆盖率（vegetation coverage）

植被覆盖率通常是指植物面积占土地总面积之比，一般用百分数表示。通常用植物茎叶对地面的投影面积计算。

（六）生物多样性（biodiversity）

生物多样性是指在一定时间和一定地区所有生物（动物、植物、微生物）物种及其遗传变异和生态系统的复杂性总称。它包括植物、动物和微生物的所有种及其组成的群落和生态系统。分为遗传（基因）多样性、物种多样性、生态系统多样性和景观多样性四个层次。

（七）种群（population）

种群是指在同一时期内占有一定空间的同种生物个体的集合。具有空间特征、数量特征和遗传特征。

（八）生物群落（biological community）

生物群落指特定时间和空间中各种生物种群之间以及它们与环境之间通过相互作用而有机结合的具有一定结构和功能的复合体。也可以说，一个生态系统中具生命的部分即生物群落。

（九）优势种（dominant species）

对群落结构和群落环境的形成有明显控制作用的植物种称为优势种。优势层的优势种常称为建群种。

（十）空间异质性（spatial heterogeneity）

空间异质性是指生态学过程和格局在空间分布上的不均匀性及其复杂性。

（十一）生态演替（ecological succession）

生态演替指在同一地段上生物群落有规律的更替过程，也就是随着时间的推移，一个生态系统类型被另一个生态系统类型代替的过程。

（十二）环境承载能力（carrying capacity）

环境承载能力是指在一定时期内，在维持相对稳定的前提下，环境资源所能容纳的人口规模和经济规模的大小。

（十三）生态监测（ecological monitoring）

生态监测指利用各种技术测定和分析生命系统各层次对自然或人为作用的反应或反馈效应的综合表征来判断和评价这些干扰对环境产生的影响、危害及其变化规律，其为环境质量的评估、调控和环境管理提供科学依据。

（十四）生物监测（biological monitoring）

生物监测利用生物个体、种群或群落的状况和变化及其对环境污染或变化所产生的反应，阐明环境污染状况，从生物学角度为环境质量的监测和评价提供依据。

二、生态环境保护基本原理

（一）保护生态系统的整体性

生态系统整体性的内涵包括地域的连续性、物种多样性、生物组成协调性、环境条件的匹配性。

1. 地域的连续性

生物圈是地球上最大的生态系统，在这个囊括地球所有生物的循环系统中又包含无数个小的循环系统，它们彼此联系，相互依存，决不孤立。生态结构是生态系统的构成要素，也是系统中时间、空间分布以及物质、能量循环转移的途径，包括平面结构、垂直结构、时间结构和食物链结构四种顺序层次，独立而又相互联系，亦是系统结构的基本单元。生物分布地域的连续性是生态系统存在、维系、协调、构成生态系统结构整体性和稳定性的重要条件。“环境的整体性不会因行政区划的改变而改变，不会因国界的变更而变更，不会服从关于地理变更的行政命令或司法判决。在整体的环境区域内的所有的人、集团甚至国家，都是“一损俱损，一荣俱荣”。

由于人类开发利用土地的规模越来越大，将原来连续成片的野生生物的生境分割、破碎成一块块越来越小的处于人类包围中的“小岛”，形成易受干扰和破坏的岛状生境，造成生境破碎化，破坏生态系统的完整性的同时也加速了物种灭绝的进程。生境破碎化，使原有的整片生境形成了许多斑块生境，对分布其中的物种的正常散布和移居活动产生了直接影响，减少了物种扩散和建立种群的机会。斑块面积越小，生境容纳量就越小。生境破碎化造成物种的部分生境丧失，种群原有生境面积减少，所能维持的平均物种个体数量随之降低。同时，种群扩散受到限制导致种群分布范围缩小，进而影响种群的未来发展动态。生境破碎化还会改变种群内基因组成，降低遗传效应，种群内部同系繁殖而无法完成种群遗传变异，导致物种灭绝。

在生境破碎化过程中，常会留下像补丁一样的生境残片，称为斑块生境，当作用持续不断地加剧，斑块面积越来越小，斑块数据增加，原有斑块与那些高度改变的逆退景观相互隔离，最终退缩消失，发展成在生物地理学上所称的生境岛屿。而岛屿生境彼此隔离，缺乏与外界物质和遗传信息的交流，种群的扩散与繁衍，迁入和迁出模式都被改变，对干扰的恢复能力弱化。因此，岛屿生态系统是不稳定或脆弱的。近代已灭绝的哺乳动物和鸟类，大约75%是生活在岛屿上的物种。

2. 物种多样性

物种（包括动物、植物、菌类、原生生物和原核生物，甚至病毒等所有物种）数量以及分布的清单是评价与保护物种多样性与生物多样性的基础。物种多样性反映一定区域内指动物、植物和微生物种类的丰富性，物种多样性是群落和生态系统功能复杂性和稳定性的重要量度指标。物种多样性有三个重要方面：组成多样性、结构多样性和功能的多样性。因此，保护物种多样性首先是保护一定区域内物种的丰富程度，度量方法有物种的总数、物种密度、特有种比例和物种稀有性等。同时还要保护物种均匀程度和种间性状差异性，也就是生态系统类型的多样性。

生物组成种类繁多而均衡复杂的生态系统是最稳定的，因为其内部各种生物组成的食物链和食物网纵横交错，其中任何一个种群偶然的兴盛与衰落，都可以由其他种群及时抑制或补偿，体现出系统自我调节和自我修复的能力。人工生态系统由于生物种类往往比较单一，其系统稳定性就很差，容易因害虫入侵造成大面积的物种消亡，加上没有其他物种的抑制或生物阻隔作用而引发灾难性的后果

人类活动使全球环境剧烈变化，自然生态系统的退化又严重威胁物种多样性，进而又威胁人类自身的生存和发展，形成恶性循环。比如，人类开发活动导致生境的破碎、土壤动植物区系变化，遗传改良导致作物品种单一化、古老地方物种丧失，引种导致的外来种入侵致使土著生物灭绝等。

3. 生物组成的协调性

长期进化过程中，各种生物物种之间相生相克，通过互生、共生、竞争、捕食、寄生和拮抗等作用形成复杂而微妙的相互依存又相互排斥的关系。“二豆良美，润泽益桑”的

间种，“种桐护茶”的收获，“蓬生麻中，不扶而直”的效果都是指相生的情况。“螳螂捕蝉，黄雀在后”的食物链，“草盛豆苗稀”的竞争都是指相克的情况。

（1）协调原理（Harmony principle）

由于生态系统长期演化与发展的结果，在自然界中任一稳态的生态系统，在一定时期内均具有相应的协调内部结构和功能的能力。生物组成的协调性既包括功能上的协调性，也包括结构上的协调性，两者相辅相成。比如生态修复过程中对植物的配置，利用植物层间的混配与结合，形成高低错落、疏密有致的复层植物群落。尽力将各种各样的生物有机地组合在一起，宜草则草，宜树则树，各得其所，造成一个和谐、有序、稳定的环境植物群落。

（2）生态位分化原理（principle of ecological condition differentiation）

包括竞争排斥原理和生态位分化。生态位分化主要是指自然系统中一个种群在时间、空间上的位置及其与相关种群之间的功能关系。竞争排斥原理是指具有生态位相同或相近的两个物种不能占据同一个生态位，或者共存；如果两个物种占据同一个生态位，最终一个物种将会被另一个物种所取代。

生态位重叠与竞争基本是正相关关系。合理通过生物种群优化匹配，利用其生物对环境的影响，充分利用有限资源，减少资源浪费，增加转化固定效率，是提高人工生态系统效益的关键。人工生态系统营造的过程中注重“乔、灌、草”结合，实际就是考虑到植物分层由上而下构建的复杂空间格局，加上丰富的层间植物，充分利用多层次空间生态位，使有限的环境资源得到最大限度地利用，增加生物产量和发挥防护效益的有效措施。植物多层次布局的同时，又相应产生众多的新的生态位，可以为动物（包括鸟、兽、昆虫等）、低等生物（真菌、地衣等）生存和生活的适宜生态位，使各种生物之间巧妙配合，既能够最大限度地充分利用原本有限的自然资源，又通过生物间的相生相克原理互相牵制，避免“一家独大”而导致的生态灾难的发生，从而形成一个完整稳定的复合生态系统，发挥系统较高的生产服务功能。比如，栖息地水环境因子中营养成分（氨氮、硝酸盐氮、总氮、溶解性总氮及溶解性总磷等）与浮游食性营养生态位显著正相关，而与肉食性营养生态位显著负相关，底栖食性则与溶解性总磷显著正相关；水环境因子的季节变化由于影响水体中饵料资源的分布，进而影响鱼类的食物组成。再如，“果－菇”工程，就是利用果园中地面弱光照、高湿度、低风速的生态位，接种适宜的“食用菌”种群，加入栽培食用菌的基料（菌糠）以及由此释放出 CO_2 及果树所需的养料，它们又给果树提供了适宜生态位。

4. 环境条件的匹配性

生物是环境的产物，生物体内的所有成分和营养均来自所处的自然环境，生物要不断的从所在的生境中摄取需要的养分，自然界复杂大分子分解形成生物可利用的简单小分子，经过吸收和同化作用转化为生物体本身。如大马哈鱼产卵需要特定的环境，生活在海洋里的大马哈鱼到了繁殖期就会洄游数千公里的路程到它出生的河流中去产卵。例如，当水体中输入较多量的N、P等营养元素，则水体中分解利用这些营养元素的微生物和藻类的生物量将随之增加，从而降低了水中N、P等增加的浓度；而微生物和藻类的生物量的增加，又导致水中食物链上级浮游生物的数量增加，迁移转化及贮存了更多营养元素，从而自我调节与控制了水中这些营养盐浓度，避免水体中有机质及营养盐浓度的过度增高。这种自我调节是维持水体自净，防治污染的基础，但是这种调节能力，即缓冲能力是有一定限度的，如果干扰超过其缓冲能力，则将破坏原有的生态系统结构功能和生态平衡，可能对人类社会及自然产生不利。同时，生物也是环境的基本组成部分，生物有机大分子通过生化分解作用又回归自然环境中，从而完成生态系统的物质大循环。生物影响着环境的构成和功能，并潜移默化地改变着环境，尊重自然、顺应自然、保护自然，强调生物与自然相互联系、相互依赖和相互作用的整体性，才能形成生物与自然和谐相处。

（二）保持生态系统的再生能力

自然生态系统的再生能力是由自我组织、自我设计、自我优化、自我调节、自我再生和自我繁殖等一系列机制构成，是生物为核心的最活跃最具生命力的系统特征，也是维护生态系统结构稳定、功能稳定及动态稳态的根本能力。

生物在对环境长期适应的过程中，在生态系统自然演替的过程中，扮演着“工程师”的角色，通过设计，能很好地适应对系统施加影响的周围环境，同时系统也能经过操作，使周围的理化环境变得更为适宜，每一个处在顶极演替状态的生态系统毫无疑问是最客观的大自然自我设计的杰作。例如：丝兰依靠丝兰蛾进行传粉，丝兰蛾则以丝兰的花蜜为食物源，雌蛾将卵产在丝兰的子房内，只有在丝兰子房内受精卵和幼虫才能正常发育；小丑鱼会帮助海葵洁净水质，还会帮海葵吸引食物过来，当然海葵也会帮小丑鱼驱逐敌人；鳄鱼鸟帮助鳄鱼清理口腔和身上的寄生虫，也通过这个方式获取食物，这些生物间的共生是地地道道的毫无人工斧凿的“天作地合”。

自我优化是具有自组织能力的生态系统，在发育过程中，向能耗最小、功率最大、资源分配和反馈作用分配最佳的方向进化的过程。自我组织系统有三个主要特征：第一，不断同外界环境交换物质和能量的开放系统。第二，由大量次级子系统所组成的宏观系统。第三，有自行演替的历史进程。低层次的子系统或元素一旦形成，就会出现原有层次所不具备的新性质。自组织过程就是子系统之间关系升级的过程。自然规律是不以人类的意志为转移的，人类干预仅是提供系统一些组分间匹配的机会，其他过程则由自然通过选择和协同进化来完成。假如要建立一个特定结构和功能的生态协调系统，人们在一定时期对自组织过程的干涉或管理必须保证其演替的方向，以便使设计的生态系统和它的结构与功能维持可持续性。

生态系统是由生产者、消费者、分解者组成的开放的自我维持系统。绿色生物扮演的生产者通过光合作用将太阳能转化为生物能，开启了系统中物质循环和能量传递，也就开始了“吸天地之精华，造万物之精灵”的自然运作，并通过干扰和负反馈机制不断修正方向和平衡结构，达到系统完善和可持续的发展。

依据生态学原理，通过生物、生态以及工程的技术和方法，人为地改变和消除生态系统退化的主导因子或过程，调整、配置和优化系统内部及其与外界的物质、能量和信息的流动过程及其时空秩序，能使生态系统的结构、功能和生态学潜力成功地恢复并得以提高。

保持生态系统的再生能力主要从以下七个方面：保护生境范围或寻求类似的替代生境；保持生态系统恢复或重建所必需的环境条件；保护多样性；保护优势种、建群种；保护居于食物链顶端的生物及生境；退化生态系统，应保证主要生态条件的改善；可持续的方式开发利用生物资源。

（三）以生物多样性保护为核心

生物多样性概念包涵三个相互独立的属性。

①组成水平多样性：单元的统一性和变异性

②结构水平多样性：物理组织或单元的格局

③功能水平多样性：生态和进化过程

生物多样性的总经济价值包含了它的可利用价值（use value）和非利用价值（non-use values）。可利用价值可以被进一步分成直接利用价值（direct use values），间接利用价值（indirect use values）和备择价值（option values），即可能的利用价值。非利用价值主要是存在价值（existence values）。生物多样性所提供的使用价值常常不能就地实现，而可能会通过某种通道，在空间上的流动，到达一个具备适当外部条件的地区，实现其使用价值。

（四）关注特殊问题

在环境影响评价中，科学评价规划或者建设项目的布局或实施行为的环境合理性是最应关注的问题。从“以人为本”和可持续发展出发，保护那些对人类长远的生存与发展具有重大意义的环境事物（即敏感保护目标），是重中之重。因此，环境敏感区、敏感保护目标常是评价的重点内容，也是判定或衡量评价工作是否深入或是否完成任务的标志。

（五）着重解决重大生态环境问题

1. 生态保护红线

生态保护红线是我国环境保护的重要制度创新之一。

生态功能保障基线包括禁止开发区生态红线、重要生态功能区生态红线和生态环境敏感区、脆弱区生态红线。纳入的区域，禁止进行工业化和城镇化开发，从而有效保护我国珍稀、濒危并具代表性的动植物物种及生态系统，维护我国重要生态系统的主导功能。禁止开发区红线范围可包括自然保护区、森林公园、风景名胜区、世界文化自然遗产、地质公园等。自然保护区应全部纳入生态保护红线的管控范围，明确其空间分布界线。其他类型的禁止开发区根据其生态保护的重要性，通过生态系统服务重要性评价结果确定是否纳入生态保护红线的管控范围。

环境质量安全底线是保障人民群众呼吸上新鲜的空气、喝上干净的水、吃上放心的粮食、维护人类生存的基本环境质量需求的安全线，包括环境质量达标红线、污染物排放总量控制红线和环境风险管理红线。环境质量达标红线要求各类环境要素达到环境功能区要求。具体而言，要求大气环境质量、水环境质量、土壤环境质量等均符合国家标准，确保人民群众的安全健康。污染物排放总量控制红线要求全面完成减排任务，有效控制和削减污染物排放总量。

自然资源利用上线是促进资源能源节约，保障能源、水、土地等资源高效利用，不应突破的最高限值。能源利用红线是特定经济社会发展目标下的能源利用水平，包括能源消耗总量、能源结构和单位国内生产总值能耗等。水资源利用红线是建设节水型社会、保障水资源安全的基本要求，包括用水总量和用水效率等。土地资源利用红线是优化国土空间开发格局、促进土地资源有序利用与保护的用地配置要求，使耕地、森林、草地、湿地等自然资源得到有效保护。

2. 我国不同地区主要生态退化问题

中国地处中纬度地区，南北跨纬度 49 度，东西跨经度 62 度，地形多样，气候复杂，从农业生产和资源的角度看，表现为东部适农、西部宜牧，南方水丰、北方干旱，山地平川农林互补。然而我国国土辽阔，自然生态环境退化严重，而且不同地区主要生态问题各有特点。

第三节　退化生态系统的恢复

一、退化生态系统的恢复的理论基础

（一）物质循环再生原理（Principle of Recycling and Regeneration）

生态系统的物质循环是指无机化合物和单质通过生态系统的循环运动。生态系统中的

物质循环可以用库（pool）和流通（flow）两个概念来加以概括。库是由存在于生态系统某些生物或非生物成分中的一定数量的某种化合物所构成的。对于某一种元素而言，存在一个或多个主要的蓄库。

生物有机体在生活过程中，大约需要 30～40 种元素。其中如 C、O、H、N、P、K、Na、Ca、Mg、S 等元素的需要量很大，称为大量元素；另一些元素虽然需要量极少，但对生命不可缺少，如 B、Cl、Co、Cu、I、Fe、Mn、Mo、Se、Si、Zn 等，叫作微量元素。这些基本元素首先被植物从空气、水、土壤中吸收利用，然后以有机物的形式从一个营养级传递到下一个营养级。

物质循环的特点是循环式，与能量流动的单方向性不同。能量流动和物质循环都是借助于生物之间的取食过程进行的，在生态系统中，能量流动和物质循环是紧密地结合在一起同时进行的，它们把各个组分有机地联结成为一个整体，从而维持了生态系统的持续存在。在整个地球上，极其复杂的能量流和物质流网络系统把各种自然成分和自然地理单元联系起来，形成更大更复杂的整体—地理壳或生物圈。

在生物圈中，各种化学物质，如 O_2、C、N、S 及 H_2O 等，在地球上生物与非生物之间，在土壤岩石圈、水圈、大气圈之间循环运转。各种化学元素滞留在通常称之为“库(Pool)”的生物与非生物成分中，元素在库与库之间迁移转化构成生物地球化学大循环。将库容量大，元素在“库”中滞留时间长、流动速度慢的“库”称之为“贮存库”，反之，库容量小，元素在“库”中滞留时间很短，流动速度快的“库”称之为“交换库”。

生态系统中所有的物质循环都是在水循环的推动下完成的，水是载体也是动力。在气体循环中，物质的主要储存库是大气和海洋，物质循环与大气和海洋密切相联，具有明显的全球性，循环性能最为完善。凡属于气体型循环的物质，其分子或某些化合物常以气体的形式参与循环过程。包括氧、二氧化碳、氮、氯、溴、氟等。气体循环速度比较快，物质来源充沛，不会枯竭。主要蓄库与岩石、土壤和水相联系的是沉积型循环，如磷、硫循环。沉积型循环速度比较慢，参与沉积型循环的物质，其分子或化合物主要是通过岩石的风化和沉积物的溶解转变为可被生物利用的营养物质，而海底沉积物转化为岩石圈成分则是一个相当长的、缓慢的、单向的物质转移过程，时间要以千年来计。这些沉积型循环物质的主要储库在土壤、沉积物和岩石中，而无气体状态，属于沉积型循环的物质有：磷、钙、钾、钠、镁、锰、铁、铜、硅等，其中磷是较典型的沉积型循环物质，磷的主要来源是磷酸盐类岩石和含磷的沉积物（如鸟粪等）。

（二）生态系统的结构有序性原理（Structural Ordering Principle）

1. 结构与功能

每一个系统本身一定要有两个或两个以上的组分所构成。系统内的组分之间具有复杂的作用和依存关系。比如人工林生态系统，本身就包括着森林生物和森林环境两大组分，而其两大组分又可以自成系统（子系统）。像森林生物要分成植物（林木与伴生植物）、动物（鸟兽昆虫）、微生物（真菌、地衣）等。从环境角度讲，作为人为生态系统又应当分成自然环境和社会经济环境。这些组分形成了复杂的水平格局和垂直格局。没有森林生物不能称其为森林，没有森林环境也不会形成森林。所以生态工程实施中必须把环境与生物进行充分协调与选择，从而构成一个和谐而高效的人工系统。从生物部分来看，首先是以植物为主的绿色植物群落，它是这个系统的生产者；以放牧性食物链节点存在的动物群落，是依赖于绿色植物而存在的，同时，也对绿色植物群落有明显的作用。还有以腐生性食物链节点利用以上两种生物残体和其形成的小环境为生的低等生物群落等等。

不同类别的生态系统，不同时期、不同区域的同类生态系统，其结构可能不同，因此呈现不同状态和宏观特性，从而对自然界、人类社会、经济的支持、贡献和制约作用也不同，而生态系统的功能是接受物质、能量、信息，并按时间程序产生物质、能量、信息。概括来说，可谓“由输入转化为输出的机制，从而造成系统及其状态的变换”。它是组成系统的全部或大部分成分（状态变量）与由系统外输入及向系统外输出的物质、能量和信息的综合效应。例如物流（物质的迁移、转化、积累、释放、代谢等）、能流、信息流、生物生产力、自我调节、污染物的自净等。一个生态系统的功能决定一个生态系统的性质、生产力、自净能力、缓冲能力，以及它对自然、人类社会、经济的效益和危害，也是该生态系统相对稳定和可持续发展的基础。

2. 群落交错区

两个或多个群落之间的过渡区域为群落交错区。在群落交错区往往包含两个重叠群落中所有的一些种以及交错区的特有种；群落交错区的环境比较复杂，两类群落中的生物能够通过迁移而交流，能为不同生态类型植物定居，从而为更多的动物提供食物、营巢地隐蔽条件，从而产生边缘效应。

3. 边缘效应

在两个或多个不同性质的生态系统（或其他系统）交互作用处，由于某些生态因子（可能是物质、能量、信息、时机或地域）或系统属性的差异和协同作用而引起系统某些组分及行为（如种群密度、生产力和多样性等）不同于系统内部的较大变化，这种现象称为边缘效应。

生态系统是一个有机整体，它本身必须具备自然或人为划定的明显边界，边界内的功能具有明显的相对独立性。一片果园、一片人工林，它们与相邻的系统是具有明显边界的，其功能与其它系统也是不同的，然而，系统的边缘部分常表现出与中心部分不同的生态学特征。系统或斑块中心部分在生物地球化学循环、气象条件等方面均可能与边缘不同，边缘常具有较高的初级生产力。不同森林群落的交界处，农田和草原交接处，城市与乡村结合部，江河海洋交汇处等，均体现着不同性质系统间相似相离、相互联系又相互独立的独特性质。在自然生态系统中，边缘效应在性质上有正效应和负效应。正效应表现出效应区（交错区、交接区、边缘）比系统或斑块的中心区域有更高的生产力和物种多样性等。负效应主要表现在群落交错区种类组分减少，植株生理生态指标下降，生物量和生产力降低等。

（三）平衡原理（Balance Principle）

生态系统在一定时期内，各组分通过相生相克、转化、补偿、反馈等相互作用，结构与功能达到协调，而处于相对稳定态。此稳定态是一种生态平衡。生态平衡就整体而言可分为以下几种：

1. 结构平衡

生物与生物之间、生物与环境之间、环境各组分之间，保持相对稳定的合理结构，及彼此间的协调比例关系，维护与保障物质的正常循环畅通。

2. 功能平衡

由植物、动物、微生物等所组成的生产—分解—转化的代谢过程和生态系统与外部环境、生物圈之间物质交换及循环关系保持正常运行。但由于各种生物的代谢机能不同，它们适应外部环境变化的能力与大小不同，加之气象等自然因素的季节变化作用，所以生物与环境间相互维持的平衡不是恒定的，而是经常处于一定范围的波动，是动态平衡。

3. 收支平衡

当一个生态系统中物质的输入量大于输出量，且超越生态系统自我调节的能力时，过度输入的物质和能将以废物的形式排放到周围环境中，或是以过剩物质的形式积蓄于生态系统中，这样就造成收支失衡，原有协调结构与功能失调，导致环境污染，这种状况即生态停滞。其指标可以按输入与输出的某些物质的比量来计测，即在一定时期内，某些物质的输入量与输出量的比例大于1。当生态停滞严重时，如水体接受过量废水中的一些污染物质，其量超越该水体可迁移、转化、输出的量，出现收支失衡，导致污染，这就应当增支节收，恢复收支平衡。一方面调整并协调内部结构和功能，改善与加速生态系统中物质的迁移、转化、循环、输出，以增加过剩物的输出，同时，另一方面控制过剩物的输入。在一个生态系统中某些物质的输出量大于输入量，其比例小于1，此种状况即生态衰竭，如过度放牧、过度捕捞等，这是以破坏资源及环境，牺牲可持续发展为代价，来获取一时的高产与暂时效益的。在这种情况时，应当采取增收节支，以恢复收支平衡。一方面增加生态系统物流中匮乏物质的输入量，另一方面调整与协调该生态系统内部结构与功能，改善与加速物质循环，减少匮乏物质的输出。只有某些物质输入与输出量平衡时，即其比量接近1时，才反映人类活动对该生态系统的不利影响是不大的。社会一经济一自然复合生态系统中，不仅在物流方面要力求收支平衡，而且在人力流、货币流方面也可能出现停滞与衰竭的问题，这可应用一些经济规律来解决。

(四) 系统自我调节与生态演替

系统自我调节：是属于自组织的稳态机制，其目的在于完善生态系统整体的结构与功能。而不仅是其中某些成分的量的增减。当生态系统中某个层次结构中某一成分改变，或外界的输出发生一定变化，系统本身主要通过反馈机制，自动调节内部结构（质和量）及相应功能，维护生态系统的相对稳定性和有序性。

生态演替原则：随着时间的推移，一个群落被另一个群落代替的过程，就叫作演替。群落演替的三阶段：侵入定居阶段（先锋群落阶段）一些物种侵入裸地定居成功并改良了环境，为以后侵入的同种或异种创造有利条件；竞争平衡阶段。通过种内或种间斗争，优势的物种定居并繁殖后代，劣势物种被排斥，相互竞争过程中共存下来的物种，在利用资源上达到相对平衡；相对稳定阶段。物种通过竞争平衡地进入协调进化，资源利用更为有效充分，群落结构更加完善，有比较固定的物种组成数量比例，群落结构复杂、层次多样。

在未经干扰的自然状态下，森林群落从结构较简单、不稳定或稳定性较小的阶段（群落）发展到结构更复杂、更稳定的阶段（群落），后一阶段总比前一阶段利用环境更充分，改造环境的作用也更强，称为进展演替。在人为不利干扰作用下，群落结构则从稳定复杂向简单不稳定方向发展，称为逆向演替。例如，英国南约克郡的匹克国家公园运用生态演替方式对破坏的景观进行恢复，通过种植优选出的乡土草种，耐受力强的慢生地方草种来代替种植速生但是抵抗力弱的农业草种，栽培形成多层次的植物群落，逐步改良采矿废弃地的土壤，促进植被进展演替，很好的恢复了地表覆被。

(五) 景观生态原理

景观生态学是宏观生态学的基础，其基本内容包括：景观空间异质性理论；利用景观背景选点恢复；斑块恢复的空间框架理论；景观研究的尺度性（多尺度特征）。

1. 景观空间异质性理论

景观是异质性的，是由不同演替阶段、不同类型的斑块构成的镶嵌体，这种镶嵌体结构由处于稳定和不稳定状态的斑块、廊道和基质构成。斑块、廊道和基质是景观生态学用来解释景观结构的基本要素。景观格局一般指景观的空间分布，是指大小与形状不一的景观斑块在景观空间上的排列，是景观异质性的具体体现，又是各种生态过程在不同尺度上作用的结果。物种、能量和物质于斑块、廊道及基质之间的分布方面表现出不同的结构。因此，景观的物种、能量和物质在景观结构组分之间的流动方面表现出不同的功能。

2. 利用景观背景选点恢复

能够根据周围环境的背景来建立恢复的目标，并为恢复地点的选择提供参考。景观中有某些点对控制水平生态过程有关键性的作用，可称之为景观战略点，将给退化生态系统恢复带来先手、空间联系及高效的优势。

3. 斑块恢复的空间框架理论

对于大尺度不同的空间动态和不同恢复类型都可利用景观指数如斑块形状、大小和镶嵌等来表示。如果可以将物质流动和动植物种群的发生与不同的景观属性联系起来，那么对景观属性的测定可以使恢复实施者们预见到所要构建的生态系统的反应并且可以提供新的、潜在的更具活力的成功恢复方案。

4. 景观研究的尺度性（多尺度特征）

第一，空间格局与生态学过程之间的关系并不局限于单一的或特殊的空间尺度和时间尺度。

第二，景观生态在一个空间或时间尺度上对问题的理解，会受益于对格局作用在较小或较大尺度上的试验和观察。

第三，在不同的空间和时间尺度上生态学过程的作用或重要性将发生变化。因此，生物地理过程在确定局部格局方面相对来讲是不重要的，但对区域性格局可能会起主要作用。

第四，不同的物种和物种类群（如植物、草食动物、肉食动物、寄生生物）在不同的空间尺度上活动（生存），因此，在一个给定尺度上的研究，对不同的物种或物种类群的分辨率是不同的。每一个物种对景观的观察和反应是独特的。对一个种来说是同质性的斑块，而对另一个种来说则是相当异质性的。

第五，景观组分的尺度是由具体的研究目的或确切的经营问题的空间尺度或大小来定义的。假如一个研究或经营问题主要涉及一个特定的尺度，那么，在更小尺度上出现的过程与格局并不总是可以被察觉的，而在更大尺度上出现的过程与格局则可能被忽略。

二、退化生态系统修复的目标及原则

（一）退化生态系统修复的目标

广义的恢复目标是通过修复生态系统功能并补充生物组分使受损的生态系统回到一个

更自然条件下，理想的恢复应同时满足区域目标和地方目标。恢复退化生态系统的目标包括：建立合理的内容组成（种类丰富度及多度）、结构（植被和土壤的垂直结构）、格局（生态系统成分的水平安排）、异质性（各组分由多个变量组成）、功能（诸如水、能量、物质流动等基本生态过程的表现）。

那么，结合规划及建设项目进行生态恢复工程的目标应有4个：

（1）恢复诸如废弃矿地这样极度退化的生境

（2）提高退化土地上的生产力

（3）在被保护的景观内去除干扰以加强保护

（4）对现有生态系统进行合理利用和保护，维持其服务功能

（二）退化生态系统修复的原则

第一，修复生态系统要坚持生态效益最佳原则、生态风险最小原则与资源消耗最低原则，这是生态系统恢复和重建的重要目标之一，也是实现生态效益、经济效益和社会效益完美统一的必然要求。趋利避害、寻求风险最小是保护自然生态系统的根本要求。

第二，自然优先原则：自然有它的演变和更新的规律，同时具有很强的自我维持和自我恢复能力，生态设计要充分利用自然的能动性使其维持自我更新，减少人类对自然影响，同时带来极大的生态效益。

第三，最小干预最大促进原则：景观设计是在既定的空间环境中进行的，人类的活动势必对自然环境产生一定的干扰，生态设计要把干扰降到最低并且努力通过设计的手段促进自然生态系统的物质循环、能量流动和信息传递，维护环境中的自然过程与原有生态格局，增强生物多样性。

三、退化生态系统恢复的途径和方法

恢复是通过人类主观意愿的参与和引导，模拟原生生态系统特有的结构、功能、多样性和动态，经过系统正态演替建立起具有区域地带性的原生生态系统的恢复途径。但是，原生生态系统的具体特征只能推断而难以确定，演替过程漫长又易于受到干扰作用而偏离原定设计目标。因此，在工程、经济和生态效果中寻求平衡，坚持最小风险，最大收益原则，恢复可以是直接地、完全地返回到地带性的原生生态系统；也可以是停留在多种可选稳定状态的某一种，或是生态系统长期目标的某种中间稳定状态。根本目的是修复被破坏的或功能受阻的生态功能和特征上，那么，广义的生态系统的恢复便包括：恢复、重建、改良和保护。

第一，重建途径是在生态系统经历了各种退化阶段，或者超越了一个或多个不可逆阈

值时所采取的一种恢复途径。对于退化较严重的生态系统，尤其是自然植被已不复存在或林下土壤条件也发生根本改变的地区，应该采取重建途径。比如公路或铁路建设占用了林地的情况下，需要易地补偿，是不可能再恢复到原来地带性生态系统的，选择新的植被类型以适应新的环境条件，把地带性生态系统的结构和功能作为原理模型来效仿，重新构筑与现实生态状况相协调的自我维持生态系统结构是高效而现实的途径。重建要求持久的人为经营管理与连续不断地能量、物质和水分、养分供给，重建就是通过基于对干扰前生态系统结构和功能的了解，目标从保护转而利用。

第二，改良是改善环境条件使原有的生物生存，一般指原有景观彻底破坏后的恢复。改进是指对原有的受损系统进行重新的修复，以使系统某些结构与功能得以提高。

第三，保护途径需要采取保护措施的对象是那些完全没有受到破坏或者破坏较轻，原始植被没有发生根本改变的生态系统，也包括受到干扰，但所形成的群落相对稳定，自然演替速率很慢的生态系统。比如对一般的天然林通常采取封山育林、禁伐禁猎的措施；对于具有特殊意义的天然林采取建立保护区的措施，进行科学和有效的管理。

在恢复比较困难或不可能的情况下，社会对土地和资源的要求又强烈，需要一种或多种植被转换，因而重建是必要的，通过建立一个简化的生态系统而修复生态系统。这种生态系统管理得好，就可以恢复得更复杂。从理论上讲，重建需要越过几个恢复的临界阈值。对极度退化的生态系统就必须改良，这意味着对生态系统长期的管理和投资，不再追求生态系统自我更新，而是完全人工制造并维持。

不同类型和不同程度的退化生态系统，其恢复方法也不尽相同。从生态系统的组成成分来看，主要包括非生物和生物系统的恢复。无机环境的恢复技术包括水体恢复技术（如污染控制、去除富营养化、换水、积水、排涝和灌溉技术）、土壤恢复技术（如耕作制度和方式的改变、施肥、土壤改良、表土稳定、控制水土侵蚀、换土及分解污染物等）、空气恢复技术（如烟尘吸附、生物和化学吸附等）。生物系统的恢复技术包括植被（物种的引入、品种改良、植物快速繁殖、植物的搭配、植物的种植、林分改造等）、消费者（捕食者的引进、病虫害的控制）和分解者（微生物的引种及控制）的重建技术和生态规划技术的应用。

在生态恢复实践中，同一项目可能会应用上述多种技术。总之，生态恢复中最重要的还是综合考虑实际情况，充分利用各种技术，通过研究与实践，尽快地恢复生态系统的结构，进而恢复其功能，实现生态、经济、社会和美学效益的统一。

四、生态系统恢复成功的评价标准

对于原本偏离自然状态的系统，经过一段时间自然再生和人工设计后，如何评价生态恢复的程度？理想的恢复是指系统的结构和功能回到接近其受干扰以前的结构与功能，结构恢复指标是乡土种的丰富度，而功能恢复的指标包括初级生产力和次级生产力、食物网结构、在物种组成与生态系统过程中存在反馈，即恢复所期望的物种丰富度，管理群落结构的发展，确认群落结构与功能间的联结已形成。

第十二章　生态环境保护发展

第一节　自然资源及其保护控制

一、自然资源状况

自然环境中对人类有用的一切物质和能量都称为自然资源，如阳光、岩石、矿物、土壤、空气、水、野生动植物等。自然资源的开发与利用有一个过程，在当时经济技术条件下，可以利用的自然资源被称为资源；暂时还不能利用的自然资源被称为潜在的资源。

（一）自然资源的分类

第一，按用途分类，可分为生产资源、风景资源、科研资源等。

第二，按属性分类，可分为矿产资源、土地资源、气候资源、水资源、海洋资源、生物资源等。

第三，按照自然资源更新能力分类，可分为太阳能、风能、水能、潮汐能等，它们都可不断更新。一般情况下，应用这些自然资源不会造成环境污染，但水能和潮汐能的利用可能带来复杂的生态变化。尽管如此，不断更新的自然资源应充分加以利用。不过，不断更新的自然资源由于比较分散或处在特定的位置及开发投资巨大，开发利用难度较大。

可更新的自然资源，如森林、草原、野生动植物、水资源等，只要合理利用，其自然状态不易被破坏。一般情况下，这些自然资源的利用量不能超过其更新量，否则会造成这些自然资源的破坏。一旦这些资源破坏以后，恢复起来将十分困难。难以更新的自然资源包括各种矿产，在目前地球内部和表面仍在形成着一些矿产，但其速度十分缓慢。这是难以更新的自然资源。矿产资源是人类非常急需的宝贵财富，又难以更新，因此应当珍惜它，并节约使用、回收利用、综合利用。

不可更新的自然资源包括各种古生物化石、地层剖面等。它们是地球演化、自然环境演化、生物进化的历史性产物。这个过程是不可逆的。因此这些自然资源十分珍贵，不可更新，应当仅供科研、教学及旅游应用，千万不能破坏。

（二）自然资源的特点

第一，可用性。可用性是指可以被人们利用，这是自然资源的基本属性。自然资源通常有多种用途，也就是多功能性，自然资源的可用性与稀缺性有着极密切的关系。

第二，整体性。各种自然资源不是孤立存在的，而是相互联系、相互影响、相互制约的复杂系统。但在这个系统中，每种资源都可以彼此独立存在，都有其个性。

第三，空间分布的不均匀性和严格的区域性。各种自然资源在自然界中并不是均衡分布的，不同区域的自然资源组合和匹配都不一样，因地制宜是自然资源利用的一项基本原则。

另外，各种自然资源还有各自不同的特点，如生物资源的可再生性，水资源的可循环和可流动性，土地资源有生产能力和位置的固定性，气候资源具有明显的季候性，矿产资源具有不可更新性和隐含性等。

二、自然环境状况

自然环境是人类生存、繁衍的物质基础。保护和改善自然环境是人类维护自身生存和发展的前提，也是人类与自然环境关系的两个方面，缺少任何一个方面都会给人类带来灾难。

（一）自然环境的组成和结构

自然环境的组成物质有岩石、矿物、土壤、大气、水、生物等。自然环境为圈层结构，其中最基本的是岩石圈、大气圈、水圈、生物圈四个圈层。地球的表层是由空气、水和岩石（包括土壤）构成大气圈、水圈、岩石圈，在这三个圈的交汇处是生物生存的生物圈。这四个圈在太阳能的作用下，进行着物质循环和能量流动，使人类和生物得以生存和发展。

1. 岩石圈

岩石圈又称大陆圈，是指地壳及上地幔部分，地壳平均厚度约17km，土壤岩石圈为生物存在与繁殖提供了基地。地球上的岩石和土壤，在地质学上统称为岩石圈。地壳的化学成分中98%以上是氧、硅、铝、铁、铜、钙、钾、钠和镁等几种元素，其余各种元素总共所占的比例不到2%。

岩石经过日晒、雨淋和风吹逐渐风化，再加上动植物遗体以及菌类的分解作用，形成了土壤。土壤中的微生物从空气中摄取氮，并使之以硝酸盐的形式固定下来，供植物利用。植物从土壤中吸收矿物质，并经过水的输送作用，与前面提到的光合作用，把空气中的二氧化碳转化成碳水化合物，使植物枝叶繁茂，果实累累，为人类以及其他动物提供食物。所以，人类利用的全部矿物质都是来自土壤和岩石圈。因此，岩石圈是人类与其他生物生存的基地。

2. 大气圈

大气圈是包围地球表面的气体圈层，其厚度达数千公里。它分为对流层、平流层、中间层、暖层和散逸层。从地球表面到 1 000km 左右高空，覆盖着空气层，这就是所说的大气层。它供应生物呼吸，并防止外层空间的宇宙射线对生物的伤害。它的主要成分是氮（78.09%）、氧（20.94%）、氩（0.93%）、二氧化碳（0.02%~0.04%）、水蒸气和其他的微量气体。其中氮、氧、二氧化碳和水蒸气都是生物生命不可缺少的基本物质，特别是氧气，它是人和一切动物的生命一刻也不能离开的。

3. 水圈

地球表面各种形态的水的总和称为水圈，地球上被水覆盖的面积约占土地表面积的 70%，地球总水量约有 13.6 亿 km^3，其中 97.2% 以上的水都汇集在海洋中，淡水不到 3%。在淡水中，冰川和冰盖又占了 77.20%，所以，地球上水总量虽然很多，但真正能为人类直接利用的数量是非常有限的。水从地球表面蒸发进入大气层，水蒸气凝成雨雪，又返回地面，从而构成了水的循环，为陆地上的各种生物提供了适宜的水量。

4. 生物圈

生物圈是地表全部有机体及与之相互作用的生存环境的总和。生物圈包括动物、植物、微生物。生物圈是岩石圈、大气圈、水圈相互作用的产物，同时也给岩石圈、大气圈、水圈以广泛而深刻的影响和作用。生物圈是自然环境中最活跃、最敏感、最脆弱的部分。

生物圈的组成包括原核生物界、原生生物界、真菌界、植物界和动物界。原核生物界包括无细胞核生物，有 4 000 多种；原生生物界包括单细胞生物，有 5 万多种；真菌界包括真核细胞生物，没有叶绿素，有 8 万多种；植物界包括多细胞生物，有叶绿素，有 27 万种以上；动物界包括多细胞生物，有 150 万种以上。

（二）自然环境的特点

1. 整体性

自然环境的组成是复杂多样的，但其所有的组成部分又形成了一个统一的有机整体，既互为依存，又互为制约，往往牵一发而动全身。

首先，从自然环境的演化过程来看，某些要素孕育了其他要素。例如，岩石圈的形成和演化产生了原始的大气圈，岩石圈和大气圈的相互作用产生了水圈，岩石圈、大气圈、水圈有相互影响产生了生物圈。

其次，自然环境各要素之间相互影响和作用。例如，生物圈的发展演化极大地改变了水圈、大气圈、岩石圈的面貌，水圈对大气圈和岩石圈又产生了深刻的影响；此外，大气圈对岩石圈的影响也是显而易见的。

生物圈对其他圈层的作用表现为以下三点：

第一，对大气圈的作用。首先表现为增氧、减二氧化碳，初始的大气是缺氧、二氧化碳大量富集的环境，由于植物光合作用的作用，使大气中的氧逐渐富集起来；其次是造成大气污染，人类活动是大气污染的根源，大量排放二氧化碳、二氧化硫、氮氧化物、粉尘等；最后，还有清洁大气的作用，灌木和乔木具有减尘的作用，植物具有吸收有害气体的作用。

第二，对水圈的作用。主要是影响元素在水中的迁移、沉淀过程，放射虫、硅藻等吸收海水中的二氧化硅，造成 5×10^{11} kg/a 的二氧化硅沉淀，浮游生物使 2×10^{8} kg/a 的铅沉淀，使大量的碳酸钙沉淀；还可以浓缩水中的微量元素，一些微生物吸收锰、铜、钴、镍等元素，死亡后沉淀到海底形成锰结核，一些藻类，如海带、紫菜等，吸收碘元素，使其富集上万倍，净化污水，一些微生物能吸收有害元素；还能调节水的运动，植物吸收水的 99.9% 都要蒸腾到大气中，只有 0.1% 的水用于植物的成长。因此，生物圈具有调节大气湿度和气温之功效，植被能减慢地表水的运动速度和循环时间，保护区域水源。

第三，对岩石圈的作用。对岩石圈的破坏作用、生物的风化作用：生物在活动过程中，使岩石发生破坏，方式包括生物物理风化（根劈作用）和生物化学风化（化学的腐蚀作用）；影响土壤形成，土壤是指经风化作用形成，含有有机质或腐殖质的土层；保持水土，植被的枝叶能降低大气降水对土层的冲击作用，植物根系能稳固作用，林地可以阻留 80% 的降水，裸露的地表比林地的水土流失可大 100 倍；形成矿产、煤、石油、天然气；生物骨骼、贝壳等堆积形成石灰石矿；形成铜、铁、磷、钒、钼等矿产。

再者，自然环境各组成部分、各要素之间有物质流和能量流相沟通、相联系，彼此渗透，彼此融合。土壤就是岩石圈、大气圈、水圈、生物圈相互作用、渗透、融合的产物。

2. 区域性

自然环境中各个区域所处的纬度位置、海陆位置、地形互不相同，因此热量和水分组合也不同，进而产生了区域分异。

由于纬度位置不同主要产生了热量的分异，形成了热带、亚热带、暖温带、温带、寒温带、寒带的分异。由于大气环流和海陆位置不同产生了水分的分异，形成了湿润区、半湿润区、半干旱区、干旱区的分异。由于地形的不同，热量和水分的分异，产生了山地的垂直分带，产生了阳坡与阴坡、迎风坡与背风坡的分异。

3. 变化性

自然环境是不断演化的。自然环境演化的能量基础，在地球产生的初期，以地球内能为主，但后来逐步转化为外能，即太阳能为主。由于太阳能在地球表面具有地带性和周期性，因此自然环境的演化也具有地带性和周期性。总之，自然环境既生机勃勃，不断发展变化，又具有一定的规律性。当然，目前地球内能对自然环境仍有一定的影响。它的活动也有一定的规律性，不过与太阳能所带来的规律性不同，它有时也有一定的内在联系。

自然环境是开发系统。它与地球内部和宇宙空间都有物质与能量的流动。但是，自然环境又有相对孤立和封闭的特点，有一定的隔绝性。地壳把地球内部炽热的岩浆与地表自然环境隔离。大气层对地表自然环境又起着良好的保护作用，使大部分太阳能到达地表，又过滤了对生物不利的大部分紫外线，而且燃烧掉大部分进入大气层的陨石。

三、自然资源保护概要

(一) 水资源保护

水资源广义上是指地球上水的总体。水以固态、液态和气态的形式，存在于地球表面和地球岩石圈、大气圈、生物圈之中。地球水的总储量约 13.9 亿 km^3，其中海洋水占 97.2%；淡水储量仅为总储量的 2.8%，约 0.35 亿 km^3。实际上，水具有三态转化的独特性质，在太阳能驱使和日地运行规律的支配下，地球上的水无时不处于变化运动之中，存在着复杂的、大体上以年为周期的水循环。因此，从人类可利用的水资源角度看，水资源应该是指可恢复的和可更新的动态淡水量。水资源是人类生存和发展不可替代的自然资源，也是环境的基本要素。

1. 水资源保护

水资源保护包括水量保护和水质保护两个方面：

在水量保护方面，主要是对水资源进行统筹规划，涵养水源，调节水量，科学用水，节约用水，建设节水型工农业和节水型社会。

在水质保护方面，主要是制定水质规划，提出防治措施。

(1) 水质调查与评价

主要包括设立监测站网，选择分析化验指标，确定水体污染类型和污染程度等。

(2) 水体污染物质迁移、转化、降解和自净规律研究

主要研究污染物质在水体中存在形式与光照、温度、酸度、泥沙、水流状态等环境因子之间的关系，通过稀释、吸附、解吸、凝聚、络合、生物分解等物理、化学与生物作用所发生的降解自净过程的机理与规律，为建立水质动态模型、确定水环境容量、制定水环

境保护法规与标准、进行水质规划，防止水体污染，提供科学依据。

（3）水质模型研究

水质模型是定量化研究水体污染规律的重要手段，是水质规划、水质预测、水质预报的基础。它能揭示污染物质变化与河流、湖泊等水体的水文因子的关系。

（4）水环境保护标准研究

水环境保护标准是控制与改善水环境的依据，主要包括水环境质量标准、排放标准和各类用水标准等。水环境保护标准分为国家级、行业级和地区级三个等级。

（5）制定水质规划，提出水污染防治措施

根据水体条件、开发利用要求和排污情况，提出保护和治理规划以及各种治理工程的优化方案。

（6）水质管理

包括水体污染源的管理和河流、湖泊等水体环境的管理。水体污染源管理是对污染源排放的污染物种类、数量、特性、浓度、时间、地点和方式进行有效的监督、监测与限制，对其污染治理给予技术上指导；水体环境管理采取行政、立法、经济和技术等综合措施，对影响水体环境质量的种种因素，施加政治、经济的压力，以促进污染源治理和城市污水的处理。

（7）制定水法

水法是防止、控制和消除水污染，保障合理利用水资源的有力措施。我国先后颁布了《环境保护法》、《水法》、《水污染防治法》、《工业废水排放标准》和《地面水环境质量标准》等，使水资源保护工作逐步进入立法管理阶段。

世界各国水污染防治发展的特点是从局部治理发展为区域治理，从单项单源治理发展为综合防治，即把区域水资源丰度、利用状况、污染程度、净化处理和自然净化能力等因素进行综合考虑，以求得整体上的最优防治方案。

（二）草原保护

在生物圈中，草原生态系统的面积大约占全球陆地总面积的1/5，这对于维持生物圈的稳定具有重要意义。同时，草原生态系统又是人类的畜牧业基地，能够为人类提供大量的畜牧产品。但是，由于人类对草原的不合理开发利用，使许多草场上牧草的产量和质量都在下降，不少优良的草场已经或正在沦为沙漠，草原生态系统中的野生生物资源受到了严重破坏。因此，草原生态系统的合理利用和保护，关系到草原地区人类社会可持续发展。

1. 草原生态系统

草原生态系统是草原地区生物（植物、动物、微生物）和草原地区非生物环境构成的，进行物质循环与能量交换的基本机能单位。草原生态系统在其结构、功能过程等方面与森林生态系统、农田生态系统具有完全不同的特点。

（1）草原生态系统的特点

世界草原总面积为45亿hm^2，约占陆地面积的24%，仅次于森林生态系统。

草原生态系统所处地区的气候大陆性较强、降水量较少，年降水量一般都在250～450mm，而且变化幅度较大；蒸发量往往都超过降水量。另外，这些地区的晴朗天气多，太阳辐射总量较多，使草原生态系统各组分的构成上表现出了显著的特点：草原初级生产者的组成主体为草本植物，大都具有适应干旱气候的构造，如叶片缩小、有蜡层和毛层，以减少蒸腾和防止水分过度损耗，草原生态系统空间垂直结构通常分为三层，即草本层、地面层和根层，各层的结构比较简单，没有形成森林生态系统中那样复杂多样的小生境；草原生态系统的消费者主要是适宜奔跑的大型草食动物，如野驴和黄羊，小型种类如草兔、蝗虫的数量很多，另外还有许多栖居洞穴的啮齿类，如田鼠、黄鼠、旱獭、鼠兔和鼢鼠等，肉食动物有沙狐、鼬和狼。肉食性的鸟类有鹰、隼和鹞等，除此之外的鸟类主要是云雀、百灵、毛腿沙鸡和地鹊，它们之中有的栖居于穴洞之中。

（2）草原生态系统的作用

草原生态系统是将太阳能转化为化学能的绿色能源库。草原上的植物比较矮小，群落结构较为简单，单位面积的植被固定太阳能形成的有机物不如森林多。但是，由于草原植被植株矮小，呼吸消耗的有机物少，可供动物和微生物利用的有机物还是很多的。此外，由于草原的面积广阔，每年固定的太阳能总量更为可观。因此，草原生态系统在生物圈的物质循环和能量流动中，同样起着非常重要的作用。

（三）土地资源的保护

1. 基本概念

土地是指由地形、土壤、植被以及水文、气候等自然要素组成的自然综合体。土地资源是指在当前和可预见的未来对人类有用的土地，它是人类赖以生存和发展的物质基础，是农业生产最基本的生产资料。我国《土地管理法》指出，土地是指全国各行政区域管辖范围内的全部土地，包括耕地、林场、草地、荒地、河流、湖泊、滩涂、城镇及农村居民用地、工矿用地、交通用地、旅游及国防等特殊用地以及暂时还不能利用的其他用地等。

土地是人类赖以生存的最重要、最基本的自然资源，它是矿物质的储存所，它能保持土壤的肥沃，能生长草木和粮食，也是野生动物和家禽等的栖息所，陆地上的一切可更新资源皆赖以存在或繁衍。因而土地是人类最重要的生态环境要素。它具有固定性、整体性、生产性、有限性和不可替代性等特点。

2. 我国土地资源状况

我国土地总面积约占世界陆地总面积的1/14，仅次于俄罗斯和加拿大，居世界第三位；拥有3.26万km的海岸线和面积149.4万km^2的大陆架；属于我国资源主权的海域超过300万km^2。

我国土地资源主要特点有：

第一，土地辽阔，类型多样。

第二，山地多，平地少。

第三，农业用地绝对数量多，人均占有量少。我国人均耕地按统计约0.1hm^2，仅为世界平均值的1/3；我国每人占有林地约0.12hm^2，仅为世界平均数的1/5左右；天然草地稍多，但人均占有约0.35hm^2，不及世界平均数的1/2。农、林、牧用地总和，人均仅为世界的1/4～1/3。

第四，宜林地较多，宜农地较少，后备的土地资源不足。

第五，土地资源分布不平衡，土地生产力地区间差异显著。我国土地资源分布不平衡，土地组成诸因素大部分不协调，区域间差异大。

3. 我国土地资源存在的问题

（1）植被破坏与水土流失问题严重

水土流失是指缺乏植被保护的土地表层，被雨水冲蚀后引起跑土、跑肥、跑水，使土层逐步变薄变瘠的现象。目前，全国水土流失的面积已扩大到150万km^2，每年损失的土壤达50多亿t，被水冲走的氮、磷、钾达4 000多万t。不少地方由于植被破坏，气候和水文条件明显变坏。

（2）草原退化和土地沙漠化问题严重

土地沙漠化是指由于气候变化和人类活动等各种因素造成的干旱亚湿润地区的土地退化现象。它主要表现为土地植被遭到破坏后，在干旱的多风条件下出现风沙活动，使土地逐渐失去生物生长能力。目前全国有约1亿多hm^2农田、草场面临沙化的威胁。

（3）土地利用中的次生盐渍化较普遍

盐渍化是指土壤中积聚盐分形成盐渍土的过程，主要发生于内陆干旱、半干旱或滨海地区。我国盐渍土的分布范围甚广，在华北各省、东北的松辽平原、西北的甘肃、新疆、青海、内蒙古各地及滨海地区均有分布，约有5亿多hm^2。

（4）土地污染和酸化现象严重

随着工业的发展，生产过程中排放的污染对土地的污染越来越严重。酸雨导致土壤酸化，造成粮食、蔬菜和水果减产。

4. 保护土地的对策

（1）加强土地的管理

合理利用土地和切实保护耕地是我国的基本国策。各级人民政府应当采取措施，全面规划，严格管理，保护、开发土地资源，制止非法占用土地的行为。

（2）做好土地资源的调查和规划工作

国家建立土地调查制度，县级以上人民政府土地行政主管部门会同同级有关部门进行土地调查，土地所有者或者使用者应当配合调查，并提供有关资料。各级人民政府应当依据国民经济和社会发展规划、国土整治和资源环境保护的要求、土地供给能力以及各项建设对土地的需求，组织编制土地利用总体规划。

（3）土地复垦

对过去采矿和其他占用的土地进行复垦，以保护土地资源。

（4）防治沙漠化

严禁滥垦草原，加强草原管理，控制载畜量，严禁过度放牧，以保护草原植被。

（5）搞好水土保持工作

搞好水土保持，要实行预防和治理相结合，以预防为主；治坡与治沟相结合，以治坡为主；生物措施与工程措施相结合，以生物措施为主。因地制宜，综合整治。

（四）湿地保护

湿地包括沼泽、泥炭地、湿草甸、湖泊、河流、滞蓄洪区、河口三角洲、滩涂、水库、池塘、水稻田以及低潮时水深浅于6m的海域地带等。

1. 湿地资源

湿地是重要的国土资源和自然资源，如同森林、耕地、海洋一样具有多种功能。湿地的功能和效用有：提供水源，补充地下水；调节流量，控制洪水，保护堤岸，防风；清除和转化毒物与杂质；保留营养物质；保持小气候，湿地可影响小范围气候；防止盐水入侵；野生动物的栖息地；旅游休闲。

2. 我国湿地概况

我国地域辽阔，地貌类型千差万别，地理环境复杂，气候条件多样，是世界上湿地类型齐全、数量丰富的国家之一。

（1）湿地类型多

按照《湿地公约》对湿地类型的划分，31类天然湿地和9类人工湿地在我国均有分布。我国湿地的主要类型包括沼泽湿地、湖泊湿地、河流湿地、河口湿地、海岸滩涂、浅海水域、水库、池塘、稻田等自然湿地和人工湿地。

（2）湿地面积大

我国湿地面积约6.594万hm^2（其中还不包括江河、池塘等），占世界湿地面积的10%，位居亚洲第一位、世界第四位。

（3）分布广

在我国境内，从寒温带到热带、从沿海到内陆、从平原到高原山区都有湿地分布，而且还表现为一个地区内有多种湿地类型和一种湿地类型分布于多个地区的特点，构成了丰富多样的组合类型。

（4）区域差异显著

我国东部地区河流湿地多，东北部地区沼泽湿地多，而西部干旱地区湿地明显偏少。

（5）生物多样性显著

我国的湿地生境类型众多，其间生长着多种多样的生物物种，不仅物种数量多，而且有很多是我国所特有，具有重大的科研价值和经济价值。

3. 我国湿地的保护与利用存在的主要问题

我国在湿地保护和合理利用方面虽然取得了很大成绩，但由于人口众多，资源长期过度消耗，且随着湿地的开发、污染加剧，天然湿地急剧减少，湿地功能和效用也不断下降，面临着严重的威胁。具体表现如下：

（1）对湿地的盲目开垦和改造

盲目地进行农用地开垦、改变天然湿地用途以及城市开发占用天然湿地直接造成了我国天然湿地面积消减、功能下降。

（2）生物资源过度利用

我国重要的经济海区和湖泊滥捕的现象十分严重，不仅使重要的天然经济鱼类资源受到很大的破坏，而且也严重影响了这些湿地的生态平衡，威胁着其他水生物种的安全。在内陆湿地生态系统中，生物多样性受到严重威胁。我国的红树林由于围垦和砍伐（木材、薪柴）等过度利用，天然红树林面积已经减少了72%。

（3）湿地水资源的不合理利用

湿地是工农业和居民生活等的主要水源地，不合理用水已使我国湿地供水能力受到重大影响。

（4）湿地污染加剧

污染是我国湿地面临的最严重威胁之一，湿地污染不仅使水质恶化，也对湿地的生物多样性造成严重危害。目前许多天然湿地已成为工农业废水、生活污水的纳污区。

（5）泥沙淤积日益严重

长期以来，一些大江、大河上游水源涵养区的森林资源遭到过度砍伐，导致水土流失加剧，影响了江河流域的生态平衡，河流中的泥沙含量增大，造成河床、湖底淤积，湿地面积不断缩小，功能衰退。

（6）海岸侵蚀不断扩展

海岸侵蚀在我国滨海湿地区是较普遍的问题，尤其在我国南部海区更为明显。

海浪、潮流、飓风、植被破坏、开采矿物和砂石是造成海岸侵蚀的主要因素。

4. 湿地的保护对策

（1）进一步开展湿地调查和科学研究

重视湿地调查和科学研究工作，开展湿地调查，进行湿地分类、演化、生态保护、污染防治、合理开发利用与管理等领域多方面的科学研究，开展全国湿地资源调查，掌握全国资源状况。

（2）建立和完善湿地保护政策、法制体系

完善的政策和法制体系是有效保护湿地和实现湿地资源可持续利用的关键。建立行之有效的湿地管理经济政策体系，对保护我国湿地和促进湿地资源的合理利用，具有极为重要的意义。

（3）制定合理开发利用规划

在确保生态平衡和自然资源永续利用的前提下，综合考虑不同利用途径的经济效应，提出不同地区、不同类型的最佳开发利用和保护管理方案。在大规模开发利用之前，要进行环境影响评价，减免可能带来的不利影响。

（4）建设自然保护区

建立各种湿地类型的自然保护区是保护湿地生态系统和湿地资源的有效措施之一。

（5）积极开展国际合作与交流

湿地保护是国际社会关注的热点。我国湿地对全球生物多样性保护、全球气候变化、跨国流域的水文系统等都具有重要影响。加强国际合作，通过双边、多边、政府间、民间等多种合作形式，全方位引进先进技术、管理经验与资金，开展湿地优先保护项目合作。

（五）森林资源保护

森林保护直接关系到水资源保护、土地资源保护、生物资源的保护。因此，森林保护是陆地生态系统保护的关键。

1. 森林生态系统

森林生态系统是森林群落与外界环境共同构成的一个生态功能单位。森林生态系统结构和功能上的特点可概括为以下四点：

（1）生物种类多、结构复杂

森林的垂直成层现象形成的各种小生境，发展了种类繁多的动物群落和其他生物群落。据有关资料，仅在一块 $40hm^2$ 的热带雨林内，即已发现 1 500 种开花植物、750 种树木、400 种鸟类、180 种蝶类、100 种不同的爬行类和 60 种两栖动物，这还不包括难以计数的各种昆虫。

（2）系统稳定性高

森林生态系统经历了漫长的发展过程，各类生物群落与环境之间协同进化，使生物群落中各种生物成分与其环境相互联系、相互制约，保持着相对平衡状态。所以，系统对外界干扰的调节和抵抗力强，稳定性高。

（3）物质循环的封闭程度高

自然状态的森林生态系统各组分健全，生产者、消费者和分解者与无机环境间的物质交换完全在系统内部正常进行，对外界的依赖程度很小。

（4）生产效力高

森林生态系统具有明显的生产优势，其生物量最大、生产力最高。森林每年的净生产量占全球各类生态系统的近一半。

2. 森林生态系统在维持生态平衡中的作用

森林是宝贵的自然资源，是人类生存发展的重要支柱和自然基础。森林覆盖率通常是衡量一个国家或地区经济发展水平和环境质量的一个重要指标。这不仅因为森林生态系统具有重要的经济价值且又属于可更新资源，而且它在维持生态平衡和生物圈的正常功能上还发挥着重要的作用。

（1）具有综合的环境效益

森林生态系统对于 CO_2 和 O_2 在大气中的平衡起着调节作用。每公顷阔叶林在生长季节每天能通过光合作用吸收近 1t 的 CO_2，释放 0. 75t 的氧，能满足 973 人的需氧量。

（2）调节气候

森林能降低年平均温度、缩小年温差和日温差，减缓温度变化的剧烈程度，这是因为森林的呼吸蒸腾和蒸发水分消耗了大量热能。因此，夏季中森林在垂直和水平的一定范围内的气温较空旷地低，冬季又因林地内散热量较空旷地少而又使气温略高于森林外。

森林由于增加了近地层大气的阻力，故能够降低风速，减弱风力，降低风灾损失。

森林在调节气候方面的另一个重要功能就是增加降雨量。森林蒸腾作用可促进水分的小循环，改善小气候。

（3）涵养水源，保护水土

降雨或融雪过程中沿地面流失的水分称为地表径流。强烈的地表径流会造成洪水和土壤冲刷，给工农业生产和人民生活带来灾难性后果。国内外大量研究与观测表明，森林的破坏会使水土流失量成倍增加，森林涵养水源和保持水土的功能是显著的，是人为工程措施所不能替代的。

（4）具有生物遗传资源库的功能

森林具有明显的层序性，形成了许多不同的小生境或小气候条件，为各类动物提供了良好的栖息场所。每个小生境中生活着许多有代表性的生物。据估计，森林群落仅在热带雨林中就有数万种生物。这些生物遗传库已经给现代农作物和药材提供了许多物种。实际上，现代农作物和药材都是来自野生物种。

此外，森林还是重要的工业产品资源，为许多工业部门提供了原料。

3. 我国森林资源存在的主要问题

我国森林资源存在的主要问题有以下三个方面：

（1）森林资源人均占有量很低

（2）森林分布不均匀

我国森林资源的地理分布很不均衡。全国森林资源主要分布在东北和西南林区，整个西部地区森林覆盖率只有9.06%。

（3）用材林中的成熟林蓄积量持续减少使森林质量降低

许多地区的成熟林资源已经濒于枯竭，现存的成熟林大多位于未开发的边远山区。成熟林资源缺乏，将导致全面采伐中、近熟林资源，使林龄结构不合理，森林质量下降，森林林分郁闭度降低。

此外，因毁林开荒以及被征用的有林地面积大，年均达4.4×10^5 hm^2；有林地逆转为无林地、疏林地或灌木林地的面积增大。

4. 我国森林生态系统恢复和重建对策

（1）加快森林生态战略工程的建设，增大森林生态系统的比例

由于历史的原因，我国人口集中或工农业发展水平较高的地区，目前恰恰是我国森林覆盖率低或生态脆弱、自然环境差的地区。而在历史上这些地区多是森林的分布区，具有适宜于森林生长的良好自然条件。因此，这些地区应是我国森林生态系统恢复和重建的重点区域。例如，我国“三北”防护林体系“太行山绿化工程”长江中上游综合治理工程“黄河中上游水土保护林建设”平原绿化及沿海防护林体系等都是森林生态系统恢复和重建的重大战略措施，对于增加森林生态系统的比例，改变目前的森林生态系统分布格局等都有着重要意义。

（2）积极推广农林复合生态系统的建设

农林复合生态系统是把农、林、牧、渔等种植业、养殖业结合起来建立的，其形式是以林木为主体的农、林、牧、渔结合的人工复合生态系统。实际上，就是采用生态工程设

计手段，利用树木具有比较长期稳定的生产食物、饲料、燃料、木材等产品的能力和保护农业的功能，进行空间、时间上多层次种植、养殖的结构配置，形成经济而合理的物流、能流，提高单位土地面积上的生物生产力和经济效益。同时，这也有利于提高系统的稳定性、改善土地及环境条件、减少水土流失等。

（3）尽快建立南方用材林基地

我国秦岭和大别山以南的广大地区多为山区或半山区，其水热条件优越，林木生长快，树种资源丰富，发展林业的潜力很大，造林后稍加经营管理，十年就可成林。这是我国培育后续森林资源的重要基地，同时也可减轻对现有森林生态系统的破坏和改善这一地区的生态环境。

（4）加强科学管理、发挥现有森林综合效益潜力

我国现有森林生态系统的综合效益没有得到充分发挥，在森林资源的开发中，经济价值观仍占据主导地位，而木材的利用过程中浪费又很大，与世界先进国家的水平相比差距很大。因此，发挥森林的综合效益和提高开发利用水平，保护和改建现有森林生态系统，是我国森林生态系统恢复的重要内容和措施。

（5）加强森林生态系统的理论研究工作

研究城市林木，包括公园、城郊森林公园、街区绿化点、行道绿化带、庭院和工业绿化隔离带等对城市能流、物流、环境质量以及居民身心健康等方面的功能，促进城市林业的发展。加强农林复合生态系统、庭院林业及林区立体林业的研究，找出适合于不同类型地区的自然经济特点的、各种类型的最优人工配置或集约经营，同时又以林业为主体的综合生产经营模式，促进我国森林生态系统的恢复和重建。

四、自然环境保护概要

（一）基本概念

环境保护是指人类为解决现实的或潜在的环境问题，协调人类与环境的关系，保障经济社会的持续发展而采取的各种行动的总称。

环境保护是人类有意识地保护自然资源并使其得到合理的利用，防止自然环境受到污染和破坏，对受到污染和破坏的环境做好综合治理，以创造出适合于人类生活和工作的环境。

环境保护已成为当今世界各国政府和人民的共同行动和主要任务之一。我国则把环境保护作为我国的一项基本国策，并制定和颁布了一系列环境保护的法律、法规，以保证这一基本国策的贯彻执行。

（二）环境保护的方法与措施

环境保护方法和手段多种多样，有工程技术的、行政管理的，也有法律的、经济的、宣传教育的，其主要有以下三点：

第一，防治由生产和生活活动引起的环境污染，包括防治工业生产排放的“三废”（废水、废气、废渣）、粉尘、放射性物质以及产生的噪声、振动、恶臭和电磁微波辐射，交通运输活动产生的有害气体、废液、噪声，海上船舶运输排出的污染物，工农业生产和人民生活使用放出的有毒有害化学品，城镇生活排放的烟尘、污水和垃圾等引起的污染。

第二，防止由建设和开发活动引起的环境破坏，包括防止由大型水利工程、铁路、公路干线、大型港口码头、机场和大型工业项目等工程建设对环境造成的污染和破坏，农垦和围湖造田活动、海上油田、海岸带和沼泽地的开发、森林和矿产资源的开发对环境的破坏和影响，新工业区、新城镇的设置和建设等对环境的破坏、污染和影响。

第三，保护有特殊价值的自然环境，包括对珍稀物种及其生活环境、特殊的自然发展史遗迹、地质现象、地貌景观等提供有效的保护。

我国环境保护的主要对策有：实行可持续发展战略；采取有效措施，防治工业污染；开展城市环境综合治理，治理城市废气、废水、废渣和噪声；提高能源利用率，改善能源结构；推广生态农业，坚持不懈的植树造林，切实加强生物多样性的保护；大力推广科技进步，加强环境科学研究，积极发展环保产业；运用经济手段保护环境；加强环境教育，不断提高全民族的环境意识；健全环境法规，强化环境管理。

（三）环境保护技术对策

1. 水环境保护对策

（1）对水环境进行合理的功能分区，按功能区控制污染，保护水资源

水环境功能分区是进行水环境保护的依据。根据水环境的现行功能和经济、社会发展的需要，依据地面水环境质量标准进行水环境功能区划，是水环境保护和水污染控制的依据。

首先，按照水域功能划定保护级别，提出控制水污染的要求。

其次，按照功能区实行总量控制。所谓总量控制是指为了保持某环境功能区的环境目标值所能容许的某种污染物的最大排放量。所以，水环境功能区划是实施水污染总量控制的依据。

（2）制定水污染综合防治规划

水污染综合防治的主要内容和制定工作步骤如下：

第一，在水环境调查评价的基础上，分析确定水环境的主要问题。

第二，划分水污染控制单元。根据水环境问题分析结论，考虑行政区划、水域特征、污染源分布特点，将污染源所在区域与受纳水域划分为一个水污染控制单元。

第三，提出环境目标，进行可达性论证。环境目标要有主要污染物总量控制目标和水环境综合整治各分项的具体目标。

第四，确定污染物消减量及其消减比例分配方案。

第五，制订水污染综合防治规划及实施方案。

第六，实施规划的支持和保证，包括资金来源分析、年度计划的制定、实施排污申报登记和排污许可证制度的建议方案以及必要的技术支持等。

（3）实行排污许可证制度，对主要污染源由浓度控制转向总量控制

在推行排污许可证制度时，一定要结合中国目前的技术水平与管理体制。

（4）加强乡镇企业的水污染综合防治

我国乡镇企业分布广、与农业生态系统交错在一起，对耕地和河流支流（或者河网）已构成严重威胁，必须尽快进行综合治理。

（5）严格对建设项目进行审批和环境监督

其一，严格遵照国家的产业政策。对拟建项目首先要对照国家的现行产业政策进行严格审查，凡是不符合国家产业政策以及与国家产业政策相违背的项目一律不得通过环境评价和立项审批。

其二，推行清洁生产、实施可持续发展。对新建、改建、扩建项目，应当尽可能采用原材料消耗少、耗能低、效率高、排污少的成熟工艺和技术，贯彻和推行清洁生产，向可持续发展方向迈进。

其三，采取科学、合理的污染防治措施。受科学技术发展水平的限制和当地经济承受能力的制约，现阶段生产过程中还不太可能不排放少量的污染物，因此对这些排污必须采取一定的污染防治措施，必须做到达标排放。

其四，推行节约用水和废水再用，尽可能减少新鲜水的使用量；为了实现废水处理回用目的，针对拟建项目特点，提出对排放的废水采用适宜的处理措施。

其五，在项目建设期因清理场地和基坑开挖、堆土造成的裸土层应就地建雨水拦蓄池和种植速生植被，减少沉积物进入地表水体。

其六，施用农用化学品的项目，应当在安排好化学品施用时间、施用率、施用范围和流失到水体的途径等方面想办法，将土壤侵蚀和进入水体的化学品减少到最少。

其七，在农村或城市远郊有条件的地区，可利用人工湿地对非点源污染（如营养物、农药和沉积物污染等）进行控制。

2. 大气环境保护对策

大气环境保护主要是通过大气污染控制来实现。大气污染综合防治可采取下列措施：

（1）制定综合防治规划，实现“一控双达标”

大气污染控制是一项综合性很强的技术，由于影响大气质量的因素很多，因此要控制大气环境污染，无论是对国家，还是对一个地区或者城市都必须有全面而长远的大气污染综合防治规划。所谓大气污染综合防治规划是指从区域或者城市的大气环境整体出发，针对该地区大气污染问题，根据对大气环境质量的要求，以改善大气环境质量为目标，抓住主要问题，综合利用各种措施，组合、优化以确定大气污染防治方案。

“一控”是指实施污染物排放总量控制。“双达标”是指所有工业污染源都要达标排放；直辖市、省会城市、经济特区城市、沿海开放城市和重点旅游城市环境空气和地面水环境质量，按照功能分区分别达到国家标准。

（2）调整工业结构，推行清洁生产

工业结构是工业系统内部各部门、各行业间的比例关系，是经济结构的主体，主要包括工业部门结构、行业结构、产品结构、原料结构、规模结构等。工业部门不同、产品不同、生产规模不同，那么单位产值污染物的产生量、性质和种类也不同。因此，在经济目标一定的前提下，通过调整工业结构可以降低污染物排放量。在调整工业结构的同时，必须实施清洁生产。清洁生产把综合预防的环境策略持续地应用于生产过程和产品中，从而减少排放废物对人类、对环境的影响，提高资源利用率，降低成本并减少处理处置费用，既是减少排污、实现污染物总量控制目标的重要手段，又是促进经济增长方式转变的重要手段。

（3）改善能源结构，大力节约能源

由于我国能源结构仍然以燃煤为主，且能耗大、浪费严重，而汽车尾气的污染日益突出。因此，要有效地解决城市大气污染问题，必须改善能源结构，并且大力节能。可以采取一些必要的措施，如集中供热，城市煤气化，积极开发利用地热能、风能、太阳能、氢能、核能、水电能和生物质能等清洁能源等。

（4）综合防治汽车尾气及扬尘污染

对汽车尾气污染必须采取综合防治的措施：首先，应建立、健全机动车污染防治的法规体系递延的执行。其次，应完善相应的配套管理措施，如健全车辆淘汰报废制度，杜绝超期服役车和病残车的污染。再次，采取一定的技术措施，如在汽车的设计和生产过程中，通过改进发动机结构和燃烧方式，提高生产工艺水平，减少污染物排放；采用安装尾气催化净化装置，对机动车排向大气的废气做出最后处理—使其达标排放：采用清洁燃料。

扬尘是指沉降于地面后由于各种原因重新被扬弃于空气中的灰尘。可以采取以下一些措施来进行防治；尽量减少土地裸露—加强环卫工作—施工防护—城市整体的防风防尘措施—加强管理监督。

（5）完善城市绿化系统

完善的城市绿化系统可以调节水循环和，碳：氧，循环—调节城市小气候：可以防止风沙、降低地面扬尘、滞尘：可以使空气增湿、降温—缓解，城市日程表，效应：可以增大大气环境容量—并且可以吸收有害气体—具有净化作用等。因此—建立完善的城市绿化系统是大气污染综合防治具有长效能和多功能的战略性措施。

（6）控制酸雨和二氧化硫的污染

酸雨污染是发生在较大范围内的区域性污染—酸雨控制区应当包括酸雨最严重的地区及其周边二氧化硫排放量较大的地区。由于二氧化硫污染集中于城市—因此二氧化硫污染控制区应当以城市为基本控制单元。酸雨和二氧化硫来源于燃煤所引起的含硫气体—因此控制酸雨和二氧化硫污染主要是控制含硫气体的排放—应当采取烟气脱硫技术来控制工业含硫气体的排放。

（7）强化城市大气环境质量管理

强化对大气污染源的监督控制—实施城市空气质量周报和日报—进行大气污染气象预报以及大气污染预报。

3. 土壤环境保护对策

（1）加强土壤资源法制管理

加强土壤资源法制管理的宣传教育。经常宣传、普及土壤保护、防治土壤污染、退化和破坏的有关政策和法规知识—提高全民土壤保护法制管理意识。

严格执行土壤保护的有关法规和条例。目前，我国关于土壤保护方面的法规和条例有；《中华人民共和国宪法》、《中华人民共和国环境保护法》、《中华人民共和国土地管理法》、《中华人民共和国矿产资源法》、《中华人民共和国水土保持法》、《土地复垦规定》、《土地管理法规实施条例》等。

（2）加强建设项目的环境管理

重视建设项目选址的评价—要选择对土壤环境影响最小—占用农、牧、林业土地资源最少的地区进行项目开发。

加强清洁生产意识—鼓励采用清洁生产工艺—减少污染物的排放和对环境的影响：对建设项目的工艺流程、施工设计、生产经营方式—提出减少土壤污染、退化和破坏的替代方案—减小对土壤环境的影响。

严格执行建设项目的，三同时，管理制度。认真执行与建设项目相关的防治土壤污染、退化和破坏的措施，必须与主体工程同时设计、同时施工、同时投产。

（3）加强土壤环境的监测和管理

建设项目开发单位应当设置环境监测机构、配备专职监测人员，保证监测任务和管理的执行。

第一，完善监测制度，定期进行污染源和土壤环境质量的常规监测。

第二，加强事故或者灾害风险的及时监测，制定事故灾害风险发生的应急措施。

第三，开展土壤环境质量变化发展的跟踪监测，进行土壤环境质量的回顾评价或者后评估工作。

（4）加强土壤保护的科学技术研究

①开展土壤污染修复技术研究

随着工业、城市污染的加剧和农用化学物质种类、数量的增加，土壤重金属污染日益严重。土壤重金属污染具有污染物在土壤中移动性差、滞留时间长、不能被微生物降解的特点，并可经水、植物等介质最终影响人类健康。因此，治理和恢复的难度大，应当开展土壤污染特别是重金属污染的修复技术。

②开展土壤退化的防治研究

土壤退化是在各种自然因素、特别是人为因素影响下所发生的导致土壤农业生产能力或土地利用和环境调控潜力即土壤质量及其可持续性下降（包括暂时性的和永久性的），甚至完全丧失其物理的、化学的和生物学特征的过程，包括过去的、现在的和将来的退化过程，是土地退化的核心部分。土壤退化的研究涉及很多研究领域，不仅涉及土壤学、农学、生态学及环境科学，而且也与社会科学和经济学及相关方针政策密切相关。然而，迄今为止，国内外的大多数研究工作偏重于对特定区域或特定土壤类型的某些土壤性状在空间上的变化或退化的评价，很少涉及不同退化类型在时间序列上的变化。而且，在土壤退化评价方法论及评价指标体系定量化、动态化、综合性和实用性以及尺度转换等方面的研究工作大多处于探索阶段。

③开展土壤资源调查与合理利用规划

充分利用当地的土地利用规划资料，或者进行土壤资源调查，开展土壤合理利用规划的研究。

土地资源调查是通过运用土地资源学的有关知识，借助现代的科学技术手段
（包括遥感、航测等），查清土地资源的数量、质量、结构、分布格局及其发生和发展的规律。

土地资源保护与合理利用规划的任务是对区域土地资源的利用现状进行分析，明确土地利用和保护中存在的需要问题；确定土地资源保护的目标、任务和方针；确定区域重点土地类型的保护方案；划分地区土地资源保护的生态功能区，确定各分区的相应管理要求；制订土地整理、复垦、开发方案；制定规划实施和管理的相关政策措施。

④开展土地复垦试验研究

我国正处于工业化快速发展阶段，大规模的生产建设活动挖废、塌陷、压占了大量土地资源，使原本就十分紧张的耕地保护形势更为严峻。那些被破坏的土地多数为基本农

田，土壤肥沃，集中连片，水、电、路等基础条件较好。如能按照"因地制宜，综合整治，宜耕则耕，宜林则林，宜渔则渔，宜草则草"的原则进行复垦利用，将可产生巨大的社会效益和经济效益。

第二节　生物多样性保护

一、保护生物多样性的意义与作用

生物多样性是人类赖以生存的各种有生命的自然资源的总汇。因此，实现生物多样性的有效保护与可持续利用，对维护自然生态平衡和生态安全，保障社会经济的可持续发展，具有深远意义。生物多样性的丰富程度和保护水平已成为综合国力和国家可持续发展能力的重要体现。

（一）生物资源是人类的食物来源

人类食物无一例外地来自生物，如农作物、家畜、家禽、鱼虾、野生动物等。

人类目前仅利用20余种植物生产粮食。其他未被人类食用的生物有许多是可食用的，是今后潜在的食物来源。

（二）野生物种是培育新品种的原材料

人类饲养或栽培的动植物，由于其遗传物质基础狭窄，会出现退化现象，需要自然界野生祖型及近亲的遗传物质，作为新品种培育的基础。一般来说，任何一个作物品种，如小麦、大豆以及其他禾谷类，使用5~15年之后，其抗病虫害的能力就会逐渐减弱，需要更新。一个优良的新品种一旦培育成功并经过推广，每年创造的经济价值往往是数以亿元计。

（三）物种是许多药物的来源

我国传统医学的中草药绝大部分来自野生植物和动物。现代医学依靠野生动植物的程度越来越高。

（四）物种资源能够提供大量的工业原料

自然界中的动植物向人类提供了毛发、皮革、纤维、油料、香料、胶脂等各种原料，其价值十分可观。

（五）物种具有科研价值

仿生学的研究表明，生物的各种器官和功能可以给科学技术的发明以莫大的启示。例如雷达、红外线追踪、声纳等先进技术的发明，都得到了生物机制的启迪。通过对萤火虫发光功能的研究，搞清了化学发光的原理，科学家据此设计出一种可以没有火星也不发热的发光装置，可在特殊条件下做光源应用。

（六）物种资源是保持生态平衡的必要条件

当生态系统丧失某些物种时，就可能导致系统功能的失调，甚至使整个系统瓦解。就农业生态系统而言，要维持其生产能力，不但要保持高质量的土壤和适宜的小气候条件，还必须保持有益的授粉和无敌动物，特别是保持某些有益的昆虫及它们的栖息条件。

（七）物种资源具有美学价值

许多野生动植物具有令人陶醉的观赏价值。动物中的大熊猫、丹顶鹤、金丝猴等，植物中的金花茶、杜鹃花等，都有很高的美学价值，可以美化生活，陶冶情操，而且还是文学艺术创造的源泉，给人以美的享受，具有很高的旅游价值。

第三节　城市生态保护与可持续发展要务

一、城市生态系统

城市生态系统是人类根据自身的愿望改造城市环境所建立的人工生态系统，是人类与环境系统在城市这个特定空间的组合，是一个规模庞大、组成及结构十分复杂、功能综合的“社会—经济—自然”复合生态系统。

（一）城市生态系统的组成与特点

1. 城市生态系统的组成

（1）社会生态亚系统

城市人口是系统状态变化的最主要变量，其数量增减和质量变动都直接影响系统整体。城市人口按其固定程度可分为固定人口和流动人口；固定人口按其是否分担社会义务，又分为劳动人口和被抚养人口；劳动人口按其服务对象分为基本人口和服务人口，也可简称劳力。

基本人口是指在工业、农业、交通运输业以及其他不属于地方性的行政、财经、文教等单位中工作的人员。它不是由城市规模决定的，却对城市规模起决定性作用。

服务人口是指在为当地服务的企业、行政机关、文化、商业服务机构中工作的人员，其人数多少随城市规模而变动。

被抚养人口是指未成年的、丧失劳动力的以及没有参加劳动的人口，主要包括老弱病残、儿童、学生、待业青年等。它一般是随劳动力人口数量而变动的。

流动人口是指在本市无固定户口的人口。一般分常住流动人口和临时流动人口两类。前者指临时工、季节工、借调人员、支援人员和驻市办事人员等；后者指因前来开会、参观学习、工作出差、游览及路过而短时间停留的人。流动人口比例直接牵涉到城市交通、商业、服务行业等的服务效果及社会生活质量。它随城市性质、季节的不同而差异很大。

（2）经济生态亚系统

经济生态亚系统是城市活跃的经济政治生活和高密度的物质信息生产过程。它们是城市的命脉和支柱，是联系社会、自然两个亚系统的经络和桥梁，一般由物资生产、信息生产、流通服务及行政管理等职能部门组成。各种产业比例的大小决定了城市的性质。

物质生产部门主要由工业、农业：建筑业等部门组成。它们设法从系统内部或外部获取物质能量，并按照社会的需求转换成具有一定功能的产品。

信息生产部门主要由科技、教育、文艺、宣传、出版等部门组成，旨在为社会积累、加工传授和推广信息，培育、输送人才，满足社会在生产和生活活动中的信息及人才需求。

流动服务部门主要由金融、保险、交通、通讯、商业、物质供应、旅游、服务等部门组成。它们不直接生产产品，只是为各个生产和生活部门牵线搭桥、横向联络、促进系统的物质能量的快速循环或流动，以保证城市社会经济活动的正常进行，是城市不可缺少的重要组成部分。

行政管理部门主要是由城市的党政工团、公检法等职能部门及各级管理部门组成。它们没有直接的经济效益，却通过各种纵向联系和管理维持城市功能的正常发挥和社会的正常秩序。

（3）自然生态亚系统

自然生态亚系统以生物结构和物理结构为中心，包括生物部分（植物、动物、微生物）和非生物部分（能源、生活和生产所需的各种物质）。该系统的特征是生物与环境的协调共生，环境对城市活动的支持、容纳、缓冲、净化。

2. 城市生态系统的特点

城市生态系统是人类改造自然生态系统的产物，它是一个由自然再生产过程、经济再生产过程及人类自身再生产过程组合在一起的多层次、多单元的、复杂的人类生态系统。与自然生态系统相比，它有以下特点：

（1）具有整体性

城市生态系统包括自然、经济与社会三个子系统，是一个以人为中心的复合生态系统。组成城市生态系统的各部分相互联系、相互制约，形成一个不可分割的有机整体。任何一个要素发生变化都会影响整个系统的平衡，导致系统的发展变化，以达到新的平衡。

（2）人口的增加与密集

随着工农业生产的发展，人口集中的速率十分惊人。人口密集、经济活动集中大大改变了原来自然生态系统的组成、结构和特征。大量的物质、能量在城市生态系统中流动，输入、输出、排放废物都大大超过原来自然生态系统，造成大量残余物质积累在城市，使城市成为污染最严重的地区。

（3）与自然生态系统的结构和功能大不相同

人和自然、经济和环境相互依赖、互相制约，形成“人口—资源—经济—环境”有机组合的复杂系统。这个系统在形态结构上主要受人工建筑物及其布局、道路和物质输送系统、土地利用状况等人为因素的影响。不论是垂直分布还是水平分布都是人为形成的；在营养结构上不但改变了原自然生态系统中各营养组的比例关系，而且也不同于自然生态系统的营养关系，在食物（营养）的输入、加工、传送过程中，人为因素也起着主导作用；在生态流方面，物质、能量、信息流动的总量大大超过原自然生态系统，而且比原自然生态系统增加了人口流和价值流，人类的社会经济活动起着决定性作用。城市生态系统的调节机能是否能维持生态系统的良性循环，主要取决于这个系统中的人口、资源、经济、环境等因素的内部以及相互之间能否协调。

（4）城市生态系统是一个开放系统

城市生态系统是一个开放系统，是由其他系统输入资源、能源（包括食物），排出废物（利用外系统的自净能力）。处于良性循环的自然生态系统，其形态结构和营养结构比较协调，只要输入太阳能，依靠系统内部的物质循环、能量交换和信息传递，就可以维持各种生物的生存，并能保持生物生存环境的良好质量，使生态系统能够持续发展（称为自律系统）。城市生态系统则不然，系统内部生产者有机体与消费者有机体相比数量显著不足，大量的能量与物质需要从其他生态系统（如农业生态系统、森林生态系统、湖泊生态系统、海洋生态系统等）人为地输送，故它是“不独立和不完全的生态系统”。实践证明，一个领先外部输入能量、物质的生态系统，在系统内部经过生产消费和生活消费所排出的废物，也要依靠人为技术手段处理或向其他生态系统输出（排入），利用其他生态系统的自净能力，才能消除其不良影响。

（5）城市生态系统中的人类活动影响着人类自身

城市化的发展过程不断地影响着人类自身，改变了人类的生活形态，创造了高度的物质文明和精神文明。这种自身的驯化过程使人类产生了生态变异，如前额变小，脑容量变大，身高增加等。同时，城市发展中环境的不良变化影响了人类的健康，引起了公害和所谓的“文明病”。例如，大气污染使得人群肺癌发病率市区比郊区高，大城市比小城市高；居住密度过大使一些市民产生“拥挤症”。

（二）城市生态系统的结构

1. 城市生态系统的形态结构

城市最初是为宗教、军事和政府而建的。随之，聚居为商业带来了发展机会。随着商业的发展以及后来的工业革命，各行各业的人们结合在一起，更有效地发挥各自的作用，城市化开始普遍起来。

城市间外貌的差异主要来自三种因素：包括城市最迅速发展的时间、城市的自然位置及城市的战略位置。

住房建筑和人口相对密度的差别，基本可以反映城市在发展过程中可利用的交通运输和居住地的类型，也可反映当时资源的可利用程度和居民的爱好。例如，较老的城市一般街道比较狭窄、街区小、住宅稠密，反映着汽车普及以前的文明面貌。较新的城市或老城市的新区，则街道较宽，有商业中心等，反映着汽车普及的文明状态。大部分城市都是上述两种情况的混合产物。

一个城市的位置是指它所在地区的直接可辨认的自然特点。铁路时代以前的许多城市都位于通航的水域附近。城市的位置差异很大，可能位于山峦起伏或平坦的地区，可能位于排水良好或排水不良或干燥的地区，它们的宏观或微观气候也可能差别较大。在交通线的铺设以及使各城市各具特色的种种活动的布局中都反映了城市的地理条件。城市的战略位置决定了它的发展和前途，一般均为交通枢纽及交流的转运中心。

2. 城市生态系统的营养结构

在自然生态系统中，绿色植物、动物、微生物等与环境系统所建立起来的营养关系构成了自然生态系统的营养结构。它在人类出现以前就已形成。在自然生态系统中，由于低位营养级的生物在数量上大大超过其相邻高位营养级的生物，就形成了底部宽、上部窄的生态金字塔。而在城市生态系统中，人是主体，处于顶层的消费者（主要是人）的生物量，大于低位营养级的生产者（绿色植物），因此生态金字塔是倒置的。

（三）城市生态系统的功能与生态流

1. 城市生态系统的功能

（1）生产功能

城市的生命力在于生产，有目的地组织生产和追求最大的产量是城市生态系统区别于自然生态系统的一个显著标志。城市生产活动的特点是能量流、物质流高强度、密度，空间利用率高，系统输入输出量大，主要消耗不可再生能源，系统对外界依赖性强。

城市生产可分为四类：

第一，初级生产，包括农业及采矿等直接从自然界生产或开采工业原材料的生产过程；

第二，次级生产，包括制造、加工及建筑等行业，它们将初级生产品加工成半成品、成品以及机器、设备、厂房等扩大再生产的基本设施和为居民生活服务的食品、衣物、用品、住宅、交通工具等；

第三，流通服务，金融、保险、医疗卫生、商业、服务业、交通、通讯、旅游业及行政管理等流通服务行业构成了城市生态系统的第三产业，它们保证和促进了城市生态系统内物资流、能量流、信息流、人口流、货币流的正常运行；

第四，信息生产，科技、文化、艺术、教育、新闻、出版等部门为城市生产信息，培训人才，这是人类社会区别于动物社会的一大特征，也是城市生产区别于农业生产的主要部分。其中，科学技术和教育是城市生态系统发展的基础，其功能发挥的正常与否，直接影响城市生态系统的演替进程。

（2）生活功能

城市生态系统功能的正常与否决定一个城市吸引力的大小和城市发展的水平。生存、发展、不断提高生活水平是人类的本能需求。只有当人们的日益增长的生活需求得到满足，生活环境不断得到改善时，其生产积极性才能被调动起来并得到最大限度的发挥。城市的生活功能应能满足居民的基本需求和发展需求。

（3）还原功能

城市有限空间内高强度的生产和生活活动从根本上改变了本地的地质、水文、气候、动植物区系及大气等原来面貌，破坏了原生态系统的自然平衡。要使城市和外部环境相互协调一致，保持区域生态的平衡和稳定，确保城市生产和生活活动的正常进行，城市一方面必须具备消除和缓冲自身的发展给自然造成不良影响的能力，另一方面在自然界发生不良变化时，应尽快使其恢复到原状。这是由城市生态系统的还原功能来完成的。城市生态系统的还原功能包括自然净化功能和人工调节功能两个方面。

城市生态系统的这三种功能是相辅相成的、相得益彰的。生产搞不好，城市发展便难为无米之炊；生活搞不好，人们积极性调动不起来，城市无从发展；还原功能弱，城市生态系统中的物质流、能量流就不能正常运行，城市的经济、社会就不能够得到持续、稳定的发展。

2. 城市生态流

城市生态系统的功能是靠其中连续的物质流、能量流、价值流及人口流来维持的。它们将城市的生产与生活，资源与环境，时间与空间，结构与功能，以人为中心串联起来。弄清了这些流的动力学机制和调控方法，就能掌握城市这个复合体中复杂的生态关系。因此，称这些流动为城市生态流。

（1）物质流

城市生态系统是人和人工物质高度聚集的地区。城市每天都要从外界输入大量的粮食、水、原料、劳动资料等，又要向外界输出大量产品和“三废”物质等。所以，城市是地球表层物质流在空间大量集中的地域。物质流的流速依据不同城市的技术结构状况和管理状况的不同而不同。城市的物质流可分为自然物质流、经济物质流和废弃物物质流三大类。

（2）能量流

城市生态系统的维护能大大超过了自然生态系统。如要维持城市的经济功能和生态功能，必须不断地从外部输入自然能量，如输入食物能、煤、石油、天然气、水能等，并经过加工、储存、传输、使用、余能综合利用等环节，使能量在城市生态系统中进行流动。一般来说，城市的能流是随着物质流的流动而逐渐转化和消耗的，它是城市居民赖以生活、城市经济赖以发展的基础。城市物质流具有可回收、处理、循环再利用的特点，城市能流在开发、转化（如煤转化为电能）、传输、使用的过程中，能量逐渐消耗，部分余热余能会以热能的形式排人城市生态环境。

（3）信息流

城市具有新闻传播网络系统，可以迅速传播大量信息。城市具有现代化的通讯设施，如电话、电报、传真、计算机网络等，能够将生产、交换、分配和消费的各个领域和环节衔接起来，高效地组织社会生产和生活。

（4）人口流

人口流是城市生态系统功能的重要动态特征。它包括属于自然生态系统的人口流和属于社会经济系统的人才劳力流两大类。

（5）价值流

城市生态系统是人类社会劳动及物质、经济交流的产物。因此，在系统运转过程中必然伴随着价值的增值和货币的流动。城市生态经济系统价值量的增值，不但包括一定时间城市总体产品价值的数量，而且还包括通过人类经济活动改变了自然资源状况和城市生态环境质量状况所形成的生态环境价值（正值的或负值的）的数量。

二、城市生态保护

（一）城市化产生的主要生态环境问题

城市在人类社会的发展过程中已发挥并将继续发挥重要作用，城市化是人类社会发展进步的趋势。但必须清醒地看到，城市化的发展也产生了一系列严重的生态环境问题。对这些问题若不给予足够重视和妥善解决，将会影响城市化的进程，影响城市居民的生活，甚至能影响到全人类的生存和发展。

城市化过程中产生的主要生态环境问题如下：

1. 自然生态环境遭到彻底破坏，居民与大自然长期隔离

城市化确实使人类为自身创造了方便、舒适的生活条件，满足了自己的生存、享乐和发展上的需要。但是，城市化过程中必然造成的自然生态环境绝对面积减少并使之在很大区域内发生了质变和消失。自然生态环境的彻底破坏将引起一系列的变化，如城市热岛效应、生活方式的改变等，这对人类的影响都是长期的、潜在的慢效应。另外，人类在享受着现代文明的同时，却抑制了绿色植物、动物和其他生物的生存与发展，改变着它们之间长期形成的相互关系。因此，人类将自己圈在了自身创造的人工化的城市里而与自然生态环境长期隔离。加之城市规模过大，人口过分集中，其结果往往是许多“文明病”或“公害病”相继产生。

2. 污染严重，生活环境质量恶化

废水、废气、固体废弃物及噪声已成为现代城市最突出的四大环境问题，被人们称之为“四害”。它们都是城市生态系统的代谢产物，也是造成大气、水污染和其他污染的根源。目前，世界上一些大城市的大气污染已达到了相当严重的程度，如呼吸道疾病的发病率持续高涨；城市的水污染也十分严重，城市饮用水源的污染也导致了许多传染病的流行和发生；我国城市噪声污染也是一个突出问题，其中超过75dB的就占50%，并且以每年增长0.5～1.0dB的速度在加重；城市固体废弃物也是城市化引起的一个突出而又亟待解决的环境问题。

(3) 水资源缺乏

现代化城市由于人口和工业高度集中，加之有些城市规模过大，水的需求量剧增，因而水资源的缺乏成为全世界城市的普遍问题。

(二) 城市生态保护的内容

城市是一个规模庞大、结构复杂、功能综合的社会—经济—自然复合生态系统。城市生态问题的表现是多方面的。要建设经济高效、社会和谐、环境优美、生活舒适、健康文明的现代化城市，必须进行城市生态保护。

城市生态保护的内容很多，下面仅就九个主要方面的问题加以简要介绍：

1. 城市发展应与生态承载力相适应

生态承载力是指在某一时期、某种状态或条件下生态系统所能承受的人类活动作用的阈值。“某种状态或条件”是指现实的或拟定的生态系统的组成与结构不发生明显改变这样的前提条件。“能承受”是指不影响生态系统发挥其正常功能的条件。由此可见，生态承载力的大小可以人类活动的方向、强度、规模来加以反映。

2. 合理利用土地，保持适宜密度

城市的构型（垂直分布、水平分布）主要由土地利用规划来决定，这不仅影响城市生态系统的形态结构，而且影响物质流、能量流和信息流。所以，城市的土地利用规划应该符合生态要求。从宏观上要控制土地利用结构、组成（如控制工业用地不能过多，绿地必须有相当的比例等），使城市总体布局符合生态要求。环境管理部门应该做好土地利用的开发度评价和生态适宜度分析，为城市规划、城市建设部门提供依据。

3. 工业合理布局

改善老城市的工业布局，在新建城市或老城市的新区工业合理布局，这是改善城市生态结构、防治城市环境污染的重要措施。

改善老工业布局或新设置工业布局都应遵循三项原则：

①工业布局应符合生态要求，在生态适宜度大的地区设置工业区

②工业布局应综合考虑经济效益、社会效益与环境效应

③即要有利于改善城市生态结构，促进城市生态良性循环，又要有利于发展经济

4. 改善工业结构

在城市生态系统中，经济再生产过程是很重要的中间环节。经济结构影响着城市生态结构和生态系统的循环、能量交换。工业结构是城市经济结构的主体，为改善生态结构，促进良性循环，必须着手改进城市的工业结构。工业部门不同，规模不同，其单位产值的各种污染物发生量和种类也不同。

改善工业结构的原则是：在保证经济发展目标的前提下。力争资源输入少，排污量小；符合城市的性质功能，能体现出区域经济的特色和优势；能满足国家经济发展战略的要求，满足本城市提高居民生活质量的需要。

改善工业结构就是要通过定量预测分析，优选出经济效益和环境效益都比较好的工业结构。

5. 实施生态工艺，提高生态效率

城市作为一个高效的“社会—经济—自然”复合生态系统，其内部的物质代谢、能量流动和信息传递关系不是简单的链，而是一个环环相扣的网。其中网结和网线各司其能，各得其所。物质能量得到多层分级利用，废物循环再生，各部门、各行业间共生关系发达，系统的功能、结构充分协调，使得系统能量损失最小，物质利用率最高。

6. 改善能源利用方式，节约使用能源

我国的能源以煤炭为主。在未来相当长的时期内，煤炭作为我国城市主要能源的格局

是不会改变的。当前，我国城市严重的大气污染主要是由燃煤引起的。要减轻能源对城市生态环境的影响，必须改善煤炭利用方式，节约使用能源。

7. 加强绿化系统建设

绿化系统是城市生态系统的重要组成部分，它对于城市的绿化、美化、净化及维持城市生态系统的平衡具有十分重要的作用。加强城市绿化建设，改善城市小气候，减轻污染，也可调节城市生态系统的物质循环，制造氧气，维持“碳—氧”平衡。

8. 控制人口增长，提高人口素质，创造和谐稳定的人口环境。

人口过多的问题是大城市的通病。通过控制人口增长速率来控制人口规模，充分发挥城市的教育优势，提高人们的文化、身体、健康、思想道德素质，创造和谐稳定的人口环境。

9. 普及与提高生态意识

人是城市生态系统的主体，是城市环境的设计者、建设者和管理者。人的行为对城市功能的好坏起着支配作用。因此，必须普及生态意识，发动群众自己来认识城市、发展城市、保护城市。

第四节　农业生态保护操作实务

一、农业生态系统

（一）农业生态系统的概念

农业生产的主要对象——农业生物，包括农业植物（农作物、林木、果木、蔬菜等）、农业动物（畜、禽、鱼类、虾类、贝类等）。农业生产是在一定的气候、土壤、水分、地形等自然条件制约下进行的，因此，农业生态系统与自然生态系统有着密切的联系及许多相似之处。可以说，农业生态系统是由自然生态系统脱胎而来的。

农业生态系统就是在人类活动的干预下，农业生物与其环境之间相互作用，形成的一个有机综合体。也可以将农业生态系统简单地概括为由农业生物系统与农业环境系统以及人为调节控制系统组成。因此，农业生态系统中不仅有生物和非生物，还有人为调节控制系统，即包括了人类农业生产活动和社会经济条件，而且经济因素和社会因素是整个农业生态系统中十分重要的内容。因此，更确切地讲，农业生态系统是一个“社会—经济—自然”复合生态系统。

（二）农业生态系统的特点

1. 人为作用

农业生态系统是在人类干预下由自然生态系统脱胎而来的，是人类活动的产物。人为作用大致可归纳为三个方面：

①人是农业生态系统的参加者，即人参加了农业生态系统的物质和能量运转

②人是农业生态系统的享用者

③人是农业生态系统的改造者。人类并不完全满足于已有的农业生态系统。从事农业的人员实际上就是不断地改造农业生态系统

2. 社会性

农业生态系统不可能脱离社会经济条件，社会制度的不同及科学技术发展水平的不同，均会深刻地影响农业生态系统的组成、结构及生产力。

3. 波动性

由于人类长期而频繁的干扰，农业生态系统中动植物区系大为减少，食物链简化，层次性削弱。栽培作物和饲养放养的动物都是经人工培育、选择的品种，经济价值高但抗逆性差，往往造成农业生态系统稳定性降低，容易遭受各种自然灾害。另外，农业生态系统中的土壤也是一个较不稳定的自然环境因素，如果长期播种某一作物，又无良好的经营管理，营养不合理，养分输出大于输入，土壤便会逐渐退化。除此之外，降雨、风、光照等自然条件也具有一定的波动性。

4. 综合性

农业生态系统的结构和功能是复杂而综合的，不仅其内容、措施多种多样，自然因素和人为活动的关系也十分复杂。因此，发展农业生产必须树立整体观点，把农业当作一个整体进行综合分析，全面考虑。

5. 选择性

选择性即因地制宜，分别进行分析，选择针对性措施。农业生态系统的内在矛盾很多，要分清主次，明确缓急，选择适宜措施，对症下药。如果措施选择不当，有时可能会出现相反的效果。因此，选择的前提条件是要认真分析和研究农业生态系统，弄清其结构、功能及演变规律。

6. 开放性

在农业生态系统中，生产的有机物大部分输出到系统外，因此要维持营养物质输入输出的平衡，必须大量向系统中输入物质和能量，否则营养物质平衡就会失调，系统生产力就会不断下降。但是，大量物质不合理地投入又可能会造成农业生态平衡的破坏，以及生

态环境质量的下降。

（三）农业生态系统的组成与结构

1. 农业生态系统的组成

农业生态系统主要由农业生物系统、农业环境系统和人工调节控制系统三部分组成。其中农业生物系统包括农业植物（粮食作物、经济作物、饲料作物、经济林、用材林、薪炭林等）、农业动物（畜类、禽类、虾、蟹、贝类、蜂、蚕、特种经济动物等）和农业微生物；农业环境系统包括农业气候、光照、地形、坡向坡度、土壤、温度、湿度、降雨量等；人为调节控制系统包括各种农业技术和农业输入，如品种选育、土壤改良，施用化肥和有机肥、灌溉、病虫杂草防治等。

2. 农业生态系统的结构

农业生态系统的结构包括形态结构、食物链结构、因果网络结构、层状结构和总体结构。

（1）形态结构

包括水平结构、垂直结构和时间结构。

水平结构是指在一定生态区域内，各种农业生物种群或类型所占的比例或分布情况，即通常所说的区划和布局。最佳水平结构应与当地自然资源相适应，并能满足社会要求。

垂直结构是指农业生物群体在垂直空间上的组合与分布。对于农田生态系统而言，垂直结构还可分为地上结构与地下结构两部分。地上结构主要是复合群体茎、枝、叶在空间的合理分布，以求得群体最大限度地利用光、热、水、气资源；地下结构部分主要是复合群体根系在土壤中的合理分布，以求得土壤水分、养分的合理利用，达到种间互利的目的。

时间结构是指在生态区域内各个农业生物种群的生长发育和生物量积累与当地自然资源协调吻合的状况。不同地区，可供农业生物种群利用的自然资源，多是随时间而变化的。要尽可能合理搭配各种农业生物，充分利用自然资源，不断提高农业生态系统的生产力；也要尽可能地使外界物质、能量的投入与农业生物的生长发育紧密配合，防止过多或过少，以实现较高的生态效率。

（2）食物链结构

农业生态系统中存在着许多食物链结构，其中有些是生物在长期演化过程中形成的。如果在食物链中增加新环节或扩大已有环节，使食物链中各种生物能更充分地、多层次地利用自然资源；一方面可以使有害生物得到抑制，增加系统的稳定性，另一方面可以使原来不能利用的产品再转化，增加系统的生产量。

（3）因果网络结构

农业生态系统中的因果关系不是简单的因—果关系，而是因中有因，果中有果，形成一个因果网络。

（4）层次结构

从系统角度出发，可以将农业生态系统看成是一个层状结构。其中每一个高级层次对低一级层次处于战略地位，高级层次影响低级层次；反过来低级层次也会影响高级层次。不同层次解决问题的内容、影响的因素是不同的。

（5）总体结构

总体结构中主要组成部分包括农业环境、农业生物、农业技术、农业输入和农业输出。农业环境和农业生物是农业生态系统的两个基本方面，两者之间关系密切。为了实施农业技术，必须有一定的劳动与资本输入、农业经营管理、农业科学技术知识的普及等。而这一切又受到农业政策的深刻影响。在农业输入与输出的关系上，要求有较高的经济效果，即要考虑到农业劳动生产率、商品生产率、投资利润率、农业生产者的经济收入及国家从农业上取得的财政收入等问题。

（四）农业生态系统的能量流动

农业生态系统的能量来源，主要为太阳辐射能和辅助能两大类。农业生产主要是通过农业生态系统中绿色植物的光合作用来利用太阳辐射能，即农业植物茎叶吸收大气中的二氧化碳，根系摄取土壤中的矿物养分和水分，在日光照射下把无机物转化成淀粉、蛋白质、脂肪、维生素、纤维素等有机物，同时把太阳能转化为化学贮藏能。农业动物取食农业植物后，在体内经过一系列的生理生化过程，转化为肉、蛋、乳、皮、毛等动物产品。

（五）农业生态系统的物质循环

农业生态系统是生物圈的一部分，必然参加生物圈范围内水分、碳、氧、氮、磷等各种生物地球化学循环。

农业生物为了自身的生长、发育、繁殖，必须从周围环境中吸收各种营养物质和能量，主要有氮、氢、氧、碳等构成有机体的元素，还有钙、镁、磷、钾、钠、硫等无机元素，以及铜、锌、锰、硼、钼、钴、铁、氟、碘等微量元素。生物及其他生产者从土壤中吸收水分和矿物营养，从空气中吸收 CO_2，并利用目光能制造各种有机物，随着食物链或食物网使这些物质从一种生物体中转移到另一种生物体。在转移进程中未被利用及损失的物质又返回环境中重新为植物所利用。

二、农业生态保护

农业生态保护就是要遵循农业生态规律，保护农业生态环境，维护农业生态系统的动态平衡，促使农业经济持续、协调、稳定地发展。农业生态保护涉及的内容很多，归纳起来主要包括维护农业生态系统平衡、防治农业生态环境污染和解决农村能源问题三个方面。

（一）维护农业生态系统的平衡

农业生态系统是具有不同层次、不同环节的立体交叉的网络结构，其物质、能量流动的动态平衡是人类从事农业生产的自然基础。

农业生物资源与非农业生物资源不同，它不断地生长发育和繁殖后代，因此利用得当就不会枯竭，是“可更新资源”。但这种可更新性是有条件的，即农业生态系统中物资、能量的收支要基本平衡。这就要求人们在利用农业生物资源时，必须遵循生态平衡法则，即农业生物资源利用量不能大于其生产量。

1. 因地制宜发展大农业

农业生产的最大特点之一就是受自然环境条件限制。不同地区其自然环境条件差异很大，因此必须因地制宜，按照当地的土地适宜性、太阳能资源、水资源等客观条件，发展农、林、牧、副、渔及多种经营。

2. 遵循农业生态系统的整体性原则

农业生态系统是由农业生物与农业环境相互联系、相互作用、相互制约，通过物资运转和能量流动而形成的一个不可分割的综合体系。农业生态系统中某一成分发生变化，必然引起其他成分及整个系统结构的变化。因此，在调控农业生态系统时，应当遵循这一整体性原则。

3. 综合防治农业病虫害

在农业生态系统中，害虫与天敌之间存在着相对的生态平衡，是一种对立统一的关系。综合防治就是以生态学理论为指导，科学地使用化学防治、生物防治、农业防治、物理防治及其他防治方法，因地制宜，互相协调，合理配合，取长补短，达到经济有效地控制（不是消灭）病虫害，并将对生态环境的污染和对人类健康的影响降低到最低限度的目的。

3. 灌溉系统与排水系统协调配套

农业灌溉系统与排水系统需配套。若排灌脱节，必然会导致土壤次生盐碱化。地表水、地下水、盐分都是农业生态系统中重要的生态因子，它们都按照一定的规律在生态系统中运动。大面积灌溉工程必须辅以完整的排水系统，以防止地下水位升高及保持盐分运动的平衡。

4. 保护农业生态系统养分平衡

根据养分平衡的生态学原理，对于一个农田生态系统来说，要想多产出就得多投入，要获得作物高产，就必须具备土壤肥沃的物质基础，处理好用地与养地的关系。

（二）防治农业生态环境污染

1. 化肥污染及其防治

（1）化肥污染

化肥是重要的农业生产资料。现代农业通过施加化肥来维持农业生态系统的养分平衡，以大幅度地提高农产品量。随着化肥使用面积和施用量的增加，加之化肥的不合理施用，化肥引起的生态环境污染问题越来越严重。

化肥污染的影响有四个方面：

第一，对土壤的影响，化肥施用过量会造成土壤酸化，使土壤中营养元素不平衡，影响作物对营养元素的吸收，并且化肥中的有害成分（如磷肥中的镉、氟化物和放射性物质等）因长期积累而污染土壤；

第二，对水环境的影响，过量施肥以及肥料结构和施肥方法不当都会导致氮、磷等养分的流失，易引起地表水体的富营养化；

第三，对大气环境的影响，由于氨挥发以及硝化和反硝化作用造成氮肥气态损失，过量施用氮肥有可能使大气中氮含量增加，促进酸雨及酸沉降的形成；

第四，对农产品品质的影响，由于过量施用化肥会使农产品中重金属和硝酸盐积累，致使农产品品质下降，直接影响人类的健康和生活质量。

（2）化肥污染的防治

防止化肥污染关键是科学合理使用化肥。不要长期过量使用同一种肥料，掌握好施肥时间、次数和用量，采用分层施肥、深施肥等方法减少化肥散失，提高肥料利用率；提倡化肥与有机肥配合使用，增强土壤保肥能力和化肥利用率，减少水分和养分流失，促进土质疏松，防止土壤板结；制定防止化肥污染的法律法规和无公害农产品施肥技术规范，使农产品生产过程中肥料的使用有章可循、有法可依，有效控制化肥对土壤、水源和农产品产生的污染。

2. 农药污染及其防治

（1）农药污染

农药污染主要是指化学农药污染。农药污染是指由于人类活动直接或间接地向环境中排入了超过其自净能力的农药，从而使环境质量降低，以至影响人类及其他环境生物安全。

（2）农药污染的防治

在农药生产和使用过程中，严格执行国家有关标准和规定；通过对各种病虫害发生规律的调查研究，及时预报，抓住防治关键时期适时用药，减少用药次数；研究推广先进喷雾技术，改进农药剂型，开发使用高效、低毒、低残留、易分解的农药，提高防治效果，降低施药量，减少农药残留；推广采用农业防治、物理防治、生物防治、人工防治、营养防治、生态防治，这样可大大减轻农药的污染；对农药残留超标的农田，改种经济作物、花卉、苗木，减少对粮食、蔬菜的危害，保护人体健康。

（三）解决农村能源问题

1. 农村能源问题

我国幅员辽阔，人口众多，是一个发展中的农业大国，各地经济和社会发展极不平衡。虽然经过改革开放三十多年的快速发展，我国能源建设取得了很大的成绩，全国能源供需总体平衡，但由于历史的原因和受地理条件的制约，大部分农村的能源问题仍很突出。据初步调查，全国农村约50%以上的生活能源是由秸秆和薪柴等生物质提供的，能源利用效率低，生产和生活条件相对比较简陋。长期以来，农村生活燃料一直以薪柴为主，是影响我国广大地区生态环境建设的难点。

大量采伐和使用薪柴，不仅破坏了当地自然生态环境，同时也造成了大量污染，严重影响了经济发展和人民生活水平的提高。特别是在我国大江大河发源地的西部地区，农民砍树烧柴已严重危及退耕还林、天然林保护等生态工程的实施。

2. 解决农村能源问题的途径

要解决农村能源问题，可通过建设农村小水电站、风能、太阳能设施或废弃物集中气化供气设施，解决生活能源问题；也可通过新型炉灶的开发应用，改变目前农村传统灶具低热值的燃烧方式，开发推广高效、节能、节柴灶具。解决农村能源问题应当因地制宜，采取多种途径，除采用供电、供煤等途径外，还可以兴建沼气池，推广节柴灶，利用风能、水能、太阳能、地热能等，改变靠砍树来解决燃料问题的做法。

三、生态农业

（一）生态农业的基本概念

生态农业是按照生态学原理和经济学原理，运用现代科学技术成果和现代管理手段以及传统农业的有效经验建立起来的，能获得较高的经济效益、生态效益和社会效益的现代化农业。

中国的生态农业包括农、林、牧、副、渔和某些乡镇企业在内的多成分、多层次、多部门相结合的复合农业系统。20世纪70年代主要措施是实行粮、豆轮作，混种牧草，混合放牧，增施有机肥，采用生物防治，减少化肥、农药、机械的投入等。80年代创造了许多具有明显增产增收效益的生态农业模式，如稻田养鱼、养萍，林粮、林果、林药间作的主体农业模式，农、林、牧结合，粮、桑、渔结合，种、养、加结合等复合生态系统模式，鸡粪喂猪、猪粪喂鱼等有机废物多级综合利用的模式。生态农业的生产以资源的永续利用和生态环境保护为重要前提，根据生物与环境相协调适应、物种优化组合、能量物质高效率运转、输入输出平衡等原理，运用系统工程方法，依靠现代科学技术和社会经济信息的输入组织生产，通过食物链网络化、农业废弃物资源化，充分发挥资源潜力和物种多样性优势，建立良性物质循环体系，促进农业持续稳定地发展，实现经济、社会、生态效益的统一。因此，生态农业是一种知识密集型的现代农业体系，是农业发展的新型模式。

（二）生态农业的基本特点

1. 综合性

生态农业强调发挥农业生态系统的整体功能，以大农业为出发点，按“整体、协调、循环、再生”的原则，全面规划，调整和优化农业结构，使农、林、牧、副、渔各业和农村一、二、三产业综合发展，并使各业之间互相支持，相得益彰，提高综合生产能力。

2. 多样性

生态农业针对我国地域辽阔，各地自然条件、资源基础、经济与社会发展水平差异较大的情况，充分吸收我国传统农业精华，结合现代科学技术，以多种生态模式、生态工程和丰富多彩的技术类型装备农业生产，使各区域都能扬长避短，充分发挥地区优势，各产业都根据社会需要与当地实际协调发展。

3. 高效性

生态农业通过物质循环和能量多层次综合利用和系列化深加工，实现经济增值，实行废弃物资源化利用，降低农业成本，提高效益，为农村大量剩余劳动力创造了农业内部就业机会，保护农民从事农业生产的积极性。

4. 持续性

发展生态农业能够保护和改善生态环境，防治污染，维护生态平衡，提高农产品的安全性，变农业和农村经济的常规发展为持续发展，把环境建设同经济发展紧密结合起来，在最大限度地满足人们对农产品日益增长的需求的同时，提高了生态系统的稳定性和持续性，增强农业发展后劲。

（三）生态农业理论指导体系

生态农业实践的理论指导依据主要包括：生物与环境的协同进化原理，生态系统中生物与环境之间存在着复杂的物质、能量交换关系，环境影响生物，生物也影响环境，两者互相作用，协同进化。在实践中，与此有关的还有整体性原理、边际效应原理、种群演替原理、自适性原理、地域性原理及限制因子原理等。生态农业遵循这些原理，因时因地制宜，合理布局，立体间套，用养结合，共生互利；而违背这些原理则会导致环境质量下降，甚至使资源枯竭。为此，生态农业建设实践中得出了“依源设模，以模定环，以环促流，以流增效”的生态农业模式设计方法；生物之间链索式的相互制约原理，生态系统中同时存在多种生物占据不同的生态位，它们之间通过食物营养关系的相互依存和相互制约构成一定的食物链，多条食物链又构成食物链网，网中任一链节的变化都会引起部分或全部食物链网的改变，网中营养级之间能量遵守十分之一定律。依此原理设计了“粮（果）—畜—沼—鱼”等食物链生态农业模式。

在生态农业中，合理设计食物链，多层分级利用，可使有机废弃物资源化，使光合产物实现再生增殖，发挥减污补肥增效的作用，强调秸秆还田及以沼气为主体的农村能源建设；遵循结构稳定性和功能协调性原理，在自然生态系统中，生物与环境经过长期的相互作用，在生物与生物、生物与环境之间建立了相对稳定的结构，具有相应功能，此中又遵循生物共生优势原则、相生相克趋利避害原则和生物相生相养原则。生态农业利用这些原理和原则优化稳定结构，完善整体功能，发挥其系统的综合效益。

根据生态效益与经济效益相统一的原理，生态农业建设实践强调经济、生态、社会三大效益的协同提高，其中经济效益是目的，生态效益是保障，社会效益是经济效益的外延。为获取较高的生态效益和经济效益，必须对自然资源进行合理配置，充分合理地利用国土资源及其他自然资源，充分利用劳动力资源，调整经济结构，实现农业生产的专业化和社会化，逐步走上农业产业化的发展轨道。

（四）中国生态农业建设的基本内容

1. 充分利用太阳能，努力实现农业生产的物质转化

即利用绿色植物的光合作用，不断提高太阳能的转化率，加速物流和能流在生态系统中的运动过程，以不断提高农业生产力。

2. 提高生物能的利用率和废物的循环转化

这里所说的废物主要是指作物秸秆、人畜粪便、杂草、菜屑等。对于这些废物，传统

的处理方法是直接烧掉或作为肥料直接肥田，这实际上是一种浪费。如果把作物秸秆等用来发展畜牧业，用牲畜粪便制造沼气，就既为农村提供了饲料和能源，又为农业生产增加了肥源。

3. 开发农村能源

解决农村能源问题应当因地制宜，采取多种途径，除采用供电、供煤等途径外，还可以兴建沼气池，推广节柴灶，利用风能、水能、太阳能、地热能等，改变靠砍树来解决燃料问题的做法。

4. 保护、合理利用和增值自然资源

要保护森林，控制水土流失，保护土壤，保护各种生物种群。

5. 防治污染，使农业生产拥有一个良好的生态环境

在生态农业建设过程中要防治污染，从而拥有一个良好的生态环境。

6. 建立农业环境自净体系

主要措施有扩大绿色植被覆盖面积，修建大型氧化塘，保护天敌等有益野生生物。

7. 推广生物防治

加快发展生物源农药，减轻环境污染。

（五）生态农业的类型

生态农业模式的类型很多，主要有以下三种类型：

1. 时空结构型

这是一种根据生物种群的生物学、生态学特征和生物之间的互利共生关系合理组建的农业生态系统，使处于不同生态位置的生物种群在系统中各得其所，相得益彰，更加充分地利用太阳能、水分和矿物质营养元素，是在时间上多序列、空间上多层次的三维结构，其经济效益和生态效益均佳。

2. 食物链型

这是一种按照农业生态系统的能量流动和物质循环规律而设计的一种良性循环的农业生态系统。系统中一个生产环节的产出是另一个生产环节的投入，使得系统中的废弃物多次循环利用，从而提高能量的转换率和资源利用率，获得较大的经济效益，并有效地防止农业废弃物对农业生态环境的污染。

3. 时空食物链

综合型这是时空结构型和食物链型的有机结合，使系统中的物质得以高效生产和多次利用，是一种适度投入、高产出、少废物、无污染、高效益的模式类型。

第十三章　我国生态教育的发展与展望

第一节　我国生态教育的发展历程

党的十八大明确提出大力推进生态文明建设，实现中华民族永续发展。这标志着党对中国特色社会主义规律认识的进一步深化，表明了加强生态文明建设的坚定意志和坚强决心。党的十九大提出要“加快生态文明体制改革，建设美丽中国”。为了满足人们日益增长的优美生态环境需要，强化对生态文明建设的总体设计和组织领导，推动生态文明建设新格局。建设生态文明，要以资源环境承载能力为基础，以自然规律为准则，以可持续发展、人与自然和谐为目标，建设生产发展、生活富裕、生态良好的文明社会，推动形成人与自然和谐发展的现代化建设新格局。

习近平总书记强调，要加快构建生态文明体系，加快建立健全以生态价值观念为准则的生态文化体系，确保生态文明建设力度全面提升。《中共中央国务院关于加快推进生态文明建设的意见》指出，“提高全民生态文明意识。积极培育生态文化、生态道德，使生态文明成为社会主流价值观”。《国家教育事业发展“十三五”规划》总结了“十二五”时期我国教育改革发展取得的成就，提出为加快推进教育现代化，应“增强学生生态文明素养”，并明确提出“强化生态教育”的培养任务。习近平总书记提出的以生态文化体系的健全带动生态文明建设再上台阶，还有《国家教育事业发展“十三五”规划》中对生态教育的专门论述，都反映了生态教育对我国生态文明建设的重要性。生态教育是构建生态文化体系、建设生态文明的脉络之源、行动之基。而习近平生态文明思想为新时代生态教育指明了方向。

2020 年是“十四五”规划编制前期调研之年，应系统梳理我国生态教育历程与经验，深入学习习近平生态文明思想，完善生态教育体系，推动各级各类学校和各种行业的生态教育，发挥生态教育在生态文明建设中的引领作用。

一、我国生态教育的发展历程

从中华人民共和国建立至今，我国生态教育的发展经历了以下 5 个阶段。

（一）生态文明思想孕育与生态教育萌芽（中华人民共和国成立初期—1977年）

生态教育是伴随着对生态文明建设的探索和生态文明思想的孕育而不断发展的。早在中华人民共和国成立之初，国家领导人绿化造林的思想和倡议就孕育了生态教育的萌芽。

1955年10月，毛泽东同志指出“荒山应当绿化，也完全可以绿化”。1956年3月，毛泽东同志向全体青年发出“绿化祖国”的号召：“在一切可能的地方，均要按规格种起树来。”1958年8月，毛泽东同志强调，“要使我国祖国的河山全部绿化起来”，“到处都很美丽”，这是我们建设美丽中国的思想基础。他用“用二百年绿化了，就是马克思主义”的论断将保护环境的行为定义为践行马克思主义。当有关同志询问农业的优先发展问题时，毛泽东同志提出“互相依赖，平衡传递”的思想，这正是“和谐共生”“平衡可持续”的生态文明思想的前身。

民国时期的高等林业教育培养的人才，为中华人民共和国的林业教育奠定了基础，也为林学等生态专业的发展提供了人才储备和智力支持。中华人民共和国成立初期的林业教育对民众起到了宣传林业思想的作用，也可看作是认识森林对保护环境的重要意义的生态思想的启蒙。

1972年我国代表团出席联合国在斯德哥尔摩召开的第一次人类环境会议，参与《人类环境宣言》起草，会上提出经周恩来总理审定的中国政府关于环境保护的32字方针：“全面规划，合理布局，综合利用，化害为利，依靠群众，大家动手，保护环境，造福人民。”这次会议是环境保护史上的第一座里程碑，开辟了保护环境、践行生态文明的历史新纪元。

中华人民共和国成立初期到改革开放前的这一阶段，主要是我国探索生态文明建设和孕育生态教育思想的阶段。高等林业教育在民国时期成果积淀的基础上，继续沿着专业教育的道路发展。第一代领导集体对环保的经验总结，为建设生态文明的发展道路奠定了思想基础，为生态教育的酝酿和萌发提供了土壤和温床。

（二）环保教育促使生态教育初具雏形（1978～1989年）

改革开放不仅是经济制度的解放，也是一次思想的解放，环境保护工作逐步进入公众视野，环保思想逐渐融入教育中。1978年全国人民代表大会将“国家保护环境和自然资源，防治污染和公害”写入修订的《中华人民共和国宪法》中。同年12月，邓小平同志指出“应该集中力量制定……各种必要的法律，例如人民公社法、森林法、草原法、环境保护法……做到有法可依，有法必依，执法必严，违法必究”，开启了生态法治建设的道路。1978年，中共中央发布《环境保护工作汇报要点》，提出普通中小学要增加环境保护的教学内容，中小学校出现了以环境保护为主要内容的生态教育的雏形。1981 年，《国务院关于在国民经济调整时期加强环境保护工作的决定》指出，中小学要普及环境科学知识。同年国家教育委员会（下文简称“国家教委”，1998 年机构改革，更名为“教育部”）颁发《关于修订全日制五年制小学教学计划的说明》，强调加强小学自然科学常识的教育。1987 年，国家教委在制定义务教育教学计划时，提出有条件的学校应对环保教育单独课。1989 年，《中华人民共和国环境保护法》颁布并开始施行，提出鼓励环境保护科学教育事业的发展，环境保护科学教育有了法律依据和保障。

这一阶段，“生态文明”概念尚未明确提出，基础教育国家课程教学计划中多以“环境保护”“环境科学知识”等概念代替。虽然名称上与“生态教育”有差异，但本质是相同的，即教育学生认识自然、了解生态、爱护环境，这也是生态教育的目标。高等教育阶段，一方面是北京林业大学、东北林业大学、南京林业大学、中国农业大学等农林和农科特色学校带动林学系相关学科专业不断发展；另一方面是生态学在生物学学科下以二级学科的形式开始探索学科内涵和体系成长。国家教委对义务教育阶段的环保教育单独设课的提议，为后期生态教育课程体系建设打下了基础。国家环保工作文件提出在中小学普及环境知识的要求，为生态教育的探索和发展提供了重要的政策支持。

（三）生态教育在相关课程中渗透进行（1990 ~2000 年）

1990 年，国家教委印发《现行普通高中教学计划的调整意见》提出，环保教育安排在选修课和课外活动中进行，或渗透到有关学科中结合进行。1992 年，国家教委组织审查义务教育各学科教学大纲，要求小学和初中的相关学科应重视进行环境教育。同年，第一次环境教育工作会议提出“环境保护，教育为本”的方针，充分表明了教育在环境保护作为基本国策中的根本性作用。1996 年，第四次全国环境保护会议提出，要加强环境保护的宣传教育，增强干部群众自觉保护生态环境的意识，突出了教育在环境保护中的主渠道作用。2000 年，教育部印发《全日制普通高级中学课程计划（试验修订稿）》，将普通高中生态教育的人才培养目标定为“具有自觉保护环境的意识和行为、对自然美具有一定的感受力、鉴赏力、表现力和创造力”。这是生态教育从以学科渗透为主要形式到提出明确的培养目标的发展过程，这一阶段教育部对学校环境教育的教学计划、课程要求等进行调整，提出培养目标，将环境保护的知识和教学要求明确化、具体化。

该阶段以生态教育在相关课程中的渗透进行为主要特点，既是对生态教育课程建设的探索，也是使生态教育重要性逐渐凸显的过程。生态教育在其他相关学科中渗透，一方面体现了人们的生态意识觉醒，对生态教育的重要性和必要性有了清晰的认识；另一方面，体现了生态教育在发展之初经历的艰难摸索和教育者对其严谨唯实的态度。

（四）课程改革引领生态教育初成规范（2001～2014年）

21世纪开始，生态文明理念和生态教育逐渐奠定了在基础教育中的重要位置。2001年，教育部印发《基础教育课程改革纲要（试行）》，把培养环境意识作为体现时代要求的培养目标列入其中。生态教育课程建设成为基础教育课程改革的重要内容。2003年教育部发布《中小学环境教育实施指南（试行）》，要求各地各校积极开展包括垃圾分类教育在内的环境教育活动，对1～12年级的环境教育目标作出具体要求，指出“环境教育是学校教育的重要组成部分”。之后的十多年间，中小学德育、生物、地理等相关学科的课程标准和教材均落实了“增强学生的环境保护意识，养成保护环境的观念”的要求，生态教育课程逐渐丰富。2011年，《全国环境宣传教育行动纲要（201～2015年）》发布，提出探索“十二五”时期环境宣传教育规律，构建具有鲜明环境保护特色的宣传教育理论体系。同年，教育部修订了义务教育课程标准，把生态教育内容和要求纳入了相关课程目标中。2014年，《教育部关于培育和践行社会主义核心价值观进一步加强中小学德育工作的意见》发布，明确要求各地各校开展以节约资源和保护环境为主要内容的生态文明教育。

与此同时，高等教育生态学科也在不断建设与发展。2013年，《教育部农业部国家林业局关于推进高等农林教育综合改革的若干意见》发布，提出统筹高等农林教育发展。这是继生态学在2011年被国务院学位委员会调整为一级学科后，多部门联合发布的发展高等院校生态教育、服务生态文明建设的文件，促进了“卓越农林人才教育培养计划”的出台。2014年修订的《中华人民共和国环境保护法》提出，教育行政部门、学校应当将环境保护知识纳入学校教育内容，培养学生的环境保护意识。

随着“生态文明”被写入党的十七大报告，党的十八大报告独立成篇论述生态文明建设，“五位一体”战略布局为教育领域的生态文明建设提供了政策保障。国家层面生态教育课程建设政策的集中出台，促成生态教育体系的发展。中小学生态教育的课程规范逐渐形成，课堂加实践的教学形式体现了生态教育体系的基础架构。高等院校生态教育为生态文明建设提供了人才支持。

（五）生态文明教育被写入国家教育发展规划（2015年至今）

2015年，《中共中央国务院关于加快推进生态文明建设的意见》提出“把生态文明教育作为素质教育的重要内容”，“生态文明教育”的概念正式被纳入素质教育中。该意见指出要提高全民生态文明意识，培育生态文化，使生态文明成为社会主流价值观。2015年，教育部印发《中小学生守则》中提出“勤俭节约护家园，不比吃喝穿戴，爱惜花草树木，节粮节水节电，低碳环保生活”，要求中小学生养成节约资源、保护环境的行为习惯。2017年《中小学德育工作指南》发布，强调将生态教育作为重要的德育内容。同年

《国家教育事业发展“十三五”规划》成段论述“增强学生生态文明素养”，提出强化生态文明教育，将生态文明理念融入教育全过程，鼓励进行生态文明教育课程教材的开发。生态文明教育正式被写入国家教育发展规划，纳入学校教育体系。

2018年，习近平在全国生态环境保护大会提出，加快构建生态文明体系，加快建立健全以生态价值观念为准则的生态文化体系。同年《公民生态环境行为规范（试行）》提出十条行为规范，旨在牢固树立社会主义生态文明观，强化公民生态环境意识，推动形成人与自然和谐发展的现代化建设新格局。另外，教育部、农业农村部、国家林业和草原局共同发布《关于加强农科教结合实施卓越农林人才教育培养计划2.0的意见》，提出高等农林教育创新发展，培养卓越生态学人才的政策建议。该意见是在2013年相关政策上的升级，使生态教育政策从发展基础教育扩展到了强化高等教育，为多学段一体化的生态教育体系建设和新农科背景下的农林人才培养打下了基础。

从初期以“宣传”为主的教育形式，到增强民众的生态文明意识以营造良好的社会教育氛围，再到被明确提出要纳入教育全过程，我国生态教育经历了稳打稳扎的基础夯实和循序渐进的发展过程。

第二节　我国生态教育的发展特点与现状

一、生态教育发展的特点

我国生态教育过去70年的发展，经历了几个不同的阶段，但都是在探索和徘徊中前行。回顾过去的生态教育的政策发展和转变，具有4个特点。

（一）生态教育从探索走向规范

生态教育发展之初是以环境教育为重点领域和主要内容，相关政策多为“建议”和“倡导”。主要是由于在起步时，各界对其重要性和必要性尚不笃定，相关实施路径还有待探讨，“生态”与“教育”的融合还存在一些难度。因此相关课程建设和教学计划大多以尝试和渗透为主。随着《基础教育课程改革纲要（试行）》把培养环境意识作为时代要求的培养目标，《中华人民共和国环境保护法》（2014年修订）提出教育部门应当将环境保护知识纳入学校教育内容，《国家教育事业发展“十三五”规划》成段论述“增强学生生态文明素养”，明确提出强化生态教育，我国生态教育体系才逐渐走向规范。随着新时代高等教育农林人才培养计划的提出，生态教育的政策从基础教育扩展到了高等教育，实现了学段全覆盖。高等教育的生态学和环境学科的建设和专业规模进一步得以强化和规范。

至此，大中小幼一体化的生态教育规范体系有望建立。

（二）生态教育从小众走向主流

随着人们生态意识的觉醒和生态素养的提高，生态教育的政策探索也从边缘化走向了中心化。《中共中央国务院关于加快推进生态文明建设的意见》提出要使生态文明成为社会主流价值观，《国家教育事业发展“十三五”规划》提出要将生态文明理念融入教育全过程。2018 年全国教育大会上，习近平总书记提出立德树人是教育的根本问题。而生态教育是全面落实立德树人根本任务的时代要求，是新时代“五位一体”发展理念下德育的重要组成部分。生态教育与德、智、体、美、劳的各方面都密切相关，它们互相融合、互相促进。随着《中国教育现代化 2035》提出“更加注重以德为先，更加注重全面发展”的基本理念，以及到本世纪中叶建成富强民主文明和谐美丽的社会主义现代化强国的教育发展目标，生态教育逐渐从小众走向主流，从边缘走向中心。

（三）生态教育从局部走向全面

一是教育阶段，学校教育政策从基础教育阶段扩展到高等教育阶段，从最初的部分学段探索变成了各学段全覆盖。二是教育范围，从学校教育延伸到社会教育，以《公民生态环境行为规范（试行）》的颁布作为生态教育实行效果的监督和检验手段，并促使建立生态规范和生态素养提升的终身教育体系。三是教育目标，从培养环境意识，到生态优先、绿色发展，再到实现人的全面可持续发展，生态教育与人类发展的关系越来越紧密。四是教育区域，从保护环境、爱护家园，到建设人类命运共同体，主张尊崇自然，坚持走绿色、低碳、循环可持续发展之路，生态教育的区域对象从国内走向国际，融入世界，其意义从培养人的教育目标拓展为关注社会和谐与国家命运。

（四）生态学学科发展与科研教育共同深入

一方面，生态学学科得到了逐步规范和强化。生态学学科方向逐渐完善、规模不断扩大，科学的学科体系在更多高校得到快速建设和深入发展。随着生态学上升为一级学科，其在国际上的认可度不断攀升，并逐步与国际前沿接轨，相关院校开展了生态基础科学和应用科学的教育和研究。另一方面，生态科研教育为国家培养了大量的高端人才。国家重大生态环境保护的研究项目和工程推进了生态科研育人的进展。如“三北”防护林工程、退耕还林、退耕还草、青藏高原科考、草方格治沙、自然保护区建设与生态环境修复的示范与推广等重大项目，在建设生态环保科技创新体系、推动环保技术研发、科技成果转移转化和推广应用的同时，政府也加强了对生态技术领军人才和青年拔尖人才的培养，重点建设了一批创新人才培养基地，打造了一批高水平的科研团队。

二、我国生态教育的实施现状

在各项政策的鼓励支持下，我国生态教育得到了较快发展，基本形成了学校教育和社会教育共同发展、互相促进的局面

第一，学校生态教育有序进行，不断完善。学校生态教育是依托校园主体进行，以在校学生为对象的生态教育。经过环境教育的预热、生态文明建设的烘托和生态学科近年的发展，学校生态教育已初成体系。目前的基础教育生态课程兼具理论和实践，以生态文明基本理念为指导，以爱护环境、节约资源为主要内容，旨在引导学生树立生态文明意识，形成可持续发展理念、知识和能力。高等教育生态学从生态科学和技术、可持续发展路径和支持等方面，为建设生态文明提供人才储备。高校生态学学科成为一级学科后，得到快速发展，林学学科在前期深厚的积淀上继续深入发展，风景园林、林业工程、农林经济管理以及其他与生态学密切相关的学科均在蓬勃发展。非生态学专业的生态通识教育，采取了学科渗透和选修课的形式进行。具有不同生态认知程度的大学生都有较强的接受生态教育的意愿，并希望院校设置独立的生态课程，超过八成的大学生认为生态教育对自然环境、经济发展、社会和谐都有益，能有效促进社会的全面可持续发展［16］。中小学的生态教育大部分在自然、生物、地理等课程中进行，中小学生除了接受课程教育外，大部分还参加过学校或校外组织的以生态为主题的实践活动，并获得了家庭和社会支持。另外，网络、电视、报刊等也都是生态知识的来源渠道，中小学生对生态常识的认知尚有较大的提升空间。由于各地开展生态教育的时间各异，客观条件、教育资源等也不同，中小学生对生态知识的了解现状存在地区差异。我国整体的生态教育处于高度重视和效果有待进一步提升的状态。

第二，社会生态教育受生态现状的影响。社会生态教育是生态教育不可或缺的重要组成部分，与学校生态教育互为补充。2011 年第七次全国环境保护大会提出，要深入开展全民环境宣传教育行动计划，广泛动员全民参与环境保护，引导全社会以实际行动关心环境、珍惜环境、保护环境。虽然民众生态素养正在不断提高，但现状仍不容乐观。社会生态教育面临着生态环境较严峻的客观现状和民众生态素养有待提高的主观影响。一方面，生态环境受到了传统发展理念的影响，虽然经济在快速发展，但同时也付出了牺牲环境的代价，与资本密集产业相伴而生的高密度污染排放使经济发展陷入了“先污染，后治理”的困境。经济发展、生活富裕还使人们的消费观发生了改变，不合理的消费观加重了资源浪费和环境破坏。在这样的客观环境下，民众生态素养尚有较大的提升空间，社会生态教育有待进一步发挥其作用。我们应认识差距，加强民众生态素养的提高。除了要加强宣传教育外，还应提倡将意识转化为行动。另外应加强生态文明的法制建设，以严格的制度要

求助推社会生态教育的深入实施。

第三节　我国生态教育的展望

在习近平生态文明思想的指导下，应构建生态教育体系，以生态教育的发展促进生态文化的培育和充实。考虑到未来生态教育的发展，应以《国家教育事业发展“十三五”规划》中对生态教育的表述为教育目标，同时结合最新发布的《公民生态环境行为规范（试行）》，从学校生态教育体系构建、社会生态教育环境营造、生态管理制度保障等方面，共同构筑一体化的生态教育文化体系。

一、充分发挥习近平生态文明思想的引领作用

习近平生态文明思想是将马克思生态文明思想和我国传统生态思想结合的产物，其理论渊源深厚，理论特征明晰。它延伸和发展了马克思生态文明思想，吸收了人与自然协调、统一发展的思想精华，将博大精深的中华传统文化发扬光大。党的十八大提出了建设美丽中国的任务，强调把生态文明建设放在突出地位，将其与经济建设、政治建设、文化建设和社会建设协调发展，融入社会主义建设的各个方面。“五位一体”的总体布局为建设人类命运共同体的伟大工程奉献了中国智慧，生态文明建设写进党章和宪法等制度化的实践把生态文明思想推到历史新高点

二、加强构筑大中小幼一体化的学校生态教育体系

建设生态教育课程时，应注重课程的系统性、内容的现实性、操作的可行性、传播的广泛性、渠道的多样性。加强师资培养，深入领会 2018 年中央 4 号文件《关于全面深化新时代教师队伍建设改革的意见》，积极探索生态教育教师队伍建设的途径，以专业教师为生态教育注入活力。另一方面研究生态思想对其他课程的指导意义，加强生态文明理念在教育过程中的融入，从发展狭义的生态学科扩充为发展广义的可持续发展的教育事业。

三、营造全民参与、政府支持的社会生态教育的良好文化环境

一是重视媒介的宣传教育作用，我们应结合“互联网 +”的时代背景，响应《国务院关于积极推进“互联网 +”行动的指导意见》，积极探索互联网资源，开发网络生态课程、打造生态理念交流平台，提供正能量，重视网络舆情，以教育现代化的宏伟蓝图为指导，建立一套具有开放性、融合性、创新性、安全性的生态文明课程体系。二是加强政府公共服务，大力发展公共交通、鼓励绿色出行。出台共享经济等新业态的规范标准，推广

绿色产品，引导公众绿色低碳生活，为垃圾分类回收等生态实践提供设施支持和便利条件。反对奢侈浪费之风，推行绿色消费。以绿色家庭、绿色社区等的构建带动绿色社会的形成。三是社会民众和党政干部都要提高自身生态素养，将理念转化为实际行动，以自律和他律相结合的方式，共同促进社会生态教育在生活和工作中的成效体现。

参考文献

[1] 陈颖著. 农村生态环境管理与实践 [M]. 中国环境出版集团. 2019.

[2] 黄文平著. 生态环境管理体制改革研究论集 [M]. 北京：人民出版社. 2019.

[3] 江河著. 生态环境空间管理的探索与实践 [M]. 北京：经济管理出版社. 2019.

[4] 汪先锋著. 生态环境大数据 [M]. 中国环境出版集团. 2019.

[5] 许鹏辉著. 基于持续和谐发展的环境生态学研究 [M]. 北京：中国商务出版社. 2019.

[6] 谭娟著. 生态与生长 [M]. 上海：上海三联书店. 2019.

[7] 王文. 张桥英. 张蕾著. 环境生态学及土地资源管理研究 [M]. 北京：中国商业出版社. 2018.

[8] 张文刚. 雷勇. 祝亚平著. 工程管理与水利生态环境保护 [M]. 新疆生产建设兵团出版社. 2018.

[9] 胡荣桂. 刘康著. 环境生态学 [M]. 武汉：华中科技大学出版社. 2018.

[10] 宋海宏. 苑立. 秦鑫著. 城市生态与环境保护 [M]. 哈尔滨：东北林业大学出版社. 2018.

[11] 王东阳. 刘瑞娜. 李永峰. 杨倩胜辉著. 基础环境管理学 [M]. 哈尔滨：哈尔滨工业大学出版社. 2018.

[12] 殷培红. 和夏冰. 王彬. 杨志云著. 生态系统方式下的我国环境管理体制研究 [M]. 中国环境出版社. 2017.

[13] 王海芹. 高世楫著. 生态文明治理体系现代化下的生态环境监测管理体制改革研究 [M]. 北京：中国发展出版社. 2017.

[14] 舒展. 黄慧. 于文男著. 环境生态学 [M]. 哈尔滨：东北林业大学出版社. 2017.

[15] 范英梅著. 海洋环境管理 [M]. 南京：东南大学出版社. 2017.

[16] 任亮. 南振兴著. 生态环境与资源保护研究 [M]. 北京：中国经济出版社. 2017.

[17] 刘月琴. 康艳梅. 李顺编著. 互联网可信生态环境研究 [M]. 北京：知识产权出版社. 2017.

[18] 张晴雯. 展晓莹著. 农村生态环境保护 [M]. 北京：中国农业科学技术出版社. 2020.

[19] 吴成亮. 张洋. 路森编著. 城乡人居生态环境 [M]. 北京：中国建筑工业出版社. 2020.

[20] 李秀红著. 生态环境监测系统 [M]. 中国环境出版集团. 2020.

[21] 张伟. 蒋磊. 赖月媚著. 水利工程与生态环境 [M]. 哈尔滨：哈尔滨地图出版社. 2020.

[22] 卢福财著. 区域产业发展与生态环境 [M]. 北京：经济科学出版社. 2020.

[23] 王宾. 于法稳著. "文化创意 +" 生态环境产业融合发展 [M]. 北京：知识产权出版社. 2019.

[24] 许建贵. 胡东亚，郭慧娟著. 水利工程生态环境效应研究 [M]. 黄河水利出版社. 2019.

[25] 山宝琴著. 生态环境影响评价 [M]. 西安：西安交通大学出版社. 2018.

[26] 李艳著. 耕地质量与生态环境管理 [M]. 杭州：浙江大学出版社. 2018.

[27] 戴胜利著. 跨区域生态环境协同治理 [M]. 武汉：武汉大学出版社. 2018.

[28] 单耀晓著. 城市生态环境风险防控 [M]. 上海：同济大学出版社. 2018.

[29] 盛姣. 耿春香. 刘义国著. 土壤生态环境分析与农业种植研究 [M]. 世界图书出版西安有限公司. 2018.

[30] 罗小萍. 李韧著. 生态环境与公共健康领域的传播机制研究 [M]. 中国广播影视出版社. 2018.